图书在版编目(CIP)数据

图说消化系统组织动力学 / 史学义，邢文英，朱晓燕著. —郑州：
郑州大学出版社，2014.12

（图说组织动力学；6）

ISBN 978-7-5645-2041-0-01

Ⅰ．①图…　Ⅱ．①史…　②邢…　③朱…　Ⅲ．①消化系统–人体组
织学–图解　Ⅳ．①R322.4–64

中国版本图书馆 CIP 数据核字（2014）第 226385 号

郑州大学出版社出版发行

郑州市大学路40号 邮政编码：450052

出版人：王　锋 发行电话：0371-66966070

全国新华书店经销

郑州金秋彩色印务有限公司印制

开本：787 mm×1 092 mm　1/16

印张：18.75

字数：283千字

版次：2014年12月第1版 印次：2015年1月第2次印刷

书号：ISBN 978-7-5645-2041-0-01　定价：188.00元

本书如有印装质量问题，请向本社调换

编委会名单

主　任：章静波

副主任：陈誉华

委　员：吴景兰　张云汉　楚宪襄　郭志坤

　　　　张钦宪　史学义　宗安民　杨秦予

科学研究并非都是逻辑思维。恰恰相反，科学创造性活动最核心的那一部分是形象思维，是在对事物的已知认识的基础上猜的。最后验证是逻辑思维。

——钱学森

看是渗透着理论的。

——汉森

内容提要

　　本书是医用形态学新学科组织动力学系列出版
物的第六卷。正文前有"图说组织动力学"的点评与
序及引言，引言说明其思想来源和实践来源、理念与方
法、框架与范畴、规划与憧憬，作为阅读之导引。全书正文
主要由411幅显微实拍彩图及其注释组成。全书共分两章：第
一章消化管组织动力学，分别描述舌、食管、胃、空肠和结肠
黏膜、附属腺体和肌层的组织动力学过程；第二章消化腺组织
动力学，描述肝细胞动力学、肝小叶结构动力学及肝干细胞来
源与演化途径，胰腺外分泌部与胰岛结构动力学及胰腺干细胞
来源与演化途径。本书是著者多年科学研究的成果，资料翔
实、图像珍秘、观点独到、结论新奇，极具创新性和挑战
性。可供医学院校教师、本科生与研究生，消化系统
　　疾病临床学家，消化系统器官工程与组织工程研
　　究人员及系统科学工作者阅读和参考。

点评与序

　　组织学是研究机体微细结构与其相关功能及它们如何组成器官的学科。细胞是组成组织的主要成分，各种组织的构建和功能特点主要表现在它们的组成细胞上，因此，以细胞为研究对象的细胞学也是组织学的重要组成部分。鉴于组织和细胞是构成机体最基本的要素，组织学在医学与生命科学中具有较为重要的地位，组织学的教学与不断深入地研究的重要性也就不言而喻了。

　　迄今，组织学的研究方法大致分为两类：一类是活细胞和活组织的观察与实验，另一类是经固定后对组织结构的观察与分析。随着显微镜与显微镜新技术的不断改进、生物制片和染料化学的迅速发展，尤其是免疫细胞技术的建立，组织学曾经历过辉煌时期，但正如作者史学义教授所忧虑的那样，半个多世纪以来，组织学似乎被人们所漠视，其原因可能与组织学多以静止的观点观察机体的结构有关，与此同时，分子生物学、免疫学与细胞生物学的迅速发展，使得人们更多地将注意力放在当代新兴学科上。事实可能是这样的，当我还是个医学生的时候，组织学的教学手段基本上是在显微镜下观察组织切片，然后用红蓝铅笔依样画葫芦地画下来，硬记下组织的基本组成及特点。诚然，观察与绘图是必须的，但另一方面无形中在学生的脑海里形成了一个"孤立的"和"纵向的"不完全的组织学理念。

1

基于数十年的组织学专业教学与科研工作，本书作者史学义教授顿觉组织学不应只是"存在的科学"，而应是"演化的科学"；不应只以"静止的观点观察事物"，而应用"动态的观点观察事物"，于是查阅了大量的文献，历经数十载，不但观察了原河南医科大学近百年的全部库存组织学标本，而且还通过购置、交换从国内不少兄弟单位获得颇多的组织学切片，此外，还专门制作了适于组织动力学研究的标本。面对如此庞大工程，需要阅读上万张浩瀚的显微镜切片，作者闻鸡而起，忘寝废餐，奋勉劳作，终于经十余年努力完成该"图说组织动力学"鸿篇巨制。该套书共有10卷，资料翔实，观点独到，结论新奇，颇具独创性与挑战性，是一套更深层次研究组织动力学的全新力作，或许也称得上是一套组织动力学的宝典。纵观全套书，它在学术、研究思维及编写几个方面有如下主要特点。

（一）以动态的观点来观察与研究组织的结构与功能

　　作者以敏锐的洞察力，于看起来静止的细胞或组织中窥察到它们的动态过程。作者生动地描述，他在一张小白鼠肝细胞系的标本中惊讶地发现"一群细胞像鱼儿逐食一样趋向缺口处"，"原来这些细胞都是'活'的"。其实，笔者也有类似的经验，譬如在观察细胞凋亡（apoptosis）现象时，虽然只是切片标本，但即使在同一个标本中，往往也可以发现有的细胞皱缩，有的染色质凝聚与边集，有的起泡，有的产生凋亡小体等镜像。只要你将它们串联起来，便是活生生的细胞凋亡动态过程了。让读者能理解静态的组织学可反映出动态改变应是我们从事组织学教学与研究者的职责，更是意图力推动态组织学者的任务。

（二）强调组织与细胞的异质性

正如作者所一直强调的，"世界上没有完全相同的两片树叶"，无论是细胞系（cell line）或是组织（tissues），我们的观察与认识不能囿于"典型"表型，而应考虑到它们的异质性（heterogeneity），如此，我们便可发现构成组织的是一个"细胞社会"，它们不只会群聚，更是丰富多彩，充满着个性，并且相互有着关联。不但异常组织如此，即使正常组织也绝不是"千细胞一面"，呈均匀状态的，这在骨髓中是人们一直予以肯定的，属于递次相似法则。在如今炙热的干细胞研究中，人们也发现不少组织中存在有干细胞（stem cell）、祖细胞（progenitor cell）及各级前体细胞（precursor cell）直至成熟细胞（mature cell）等不同分化程度，以及形态特征各异的细胞群体。此外，即使在正常组织中也观察到"温和的"，不至于成为恶性的突变细胞。因此，作者强调从事组织学与细胞学研究不可将这种异质性遗忘于脑后。笔者十分赞同作者的观点。

（三）力挺直接分裂的作用与地位

细胞的增殖靠细胞分裂来完成。迄今，绝大多数学者认为有丝分裂（mitosis）是高等真核细胞增殖的主要方式，而无丝分裂（amitosis）则称为直接分裂（direct division），多见于低等生物，但也不排除高等生物在创伤、衰老与癌变细胞中也存在无丝分裂。此外，在某些正常组织中，如上皮组织、肌肉组织、疏松结缔组织及肝中也偶尔观察到无丝分裂。

但是本套书作者在大量切片观察的基础上认为人和高等动物的细胞增殖以直接分裂为主，而且认定早期、中期和晚期分裂方式和效率是明显不同的，早期的直接分裂由一个细胞分裂成众多子代细胞，中期直接分裂由一个母细胞分裂产生数个子细胞，晚期直接分裂通常由一个母细胞产生两个子细胞并且多为隔膜型与横缢型的直接分裂。史学义教授观察入微，证据凿凿，其观点显然是对传统观点与学说的挑战，至少对当前广为传播而名过其实的有丝分裂在细胞分裂研究领域中的独占地位提出强力质疑。本着学术争鸣的原则，或许会有不同看法，笔者认为需要有更多的观察。

（四）独创的编写形式

最后，本套书在编写上也别具一格，既不同于常见的教科书，以文字描述为主，配以插图；也不同于纯粹的图谱，图为主角辅以文字说明。另外，似乎与图文并重的，如 *Junqueira's Basic Histology* 也不完全一致。本套书以图为主，以一组图说明一段情节，相关的情节组合在一起构成一个演化过程。这种写法不仅形象，易于理解，更可反映出组织发生的动力学改变过程。这一写作技巧或许对于强调事物是动态的、发展的都有借鉴意义。

然而，诚如作者所说，"建立组织动力学这一新学科是一项宏大的工程，是需要千百万人的积极参与才能完成的艰巨任务"。本系列"图说组织动力学"只是一个抛砖引玉的试金之作，今后或许要从下述几个方面努力，以期更确证、更完整。

（1）用当代分子细胞生物学技术与方法阐明组织动力学的改变，尤其要证实干细胞在组织形成、衍生、衰老与萎缩中所扮演的角色。

（2）用经典的连续切片观察细胞的直接分裂过程和组织的动态变迁。

（3）用最新的生命科学技术与方法，如显微技术、纳米技术、3D打印技术，追踪、重塑组织结构。

（4）用更多种属、不同年龄阶段的组织标本观察组织动力学的改变，因为按一般规律不同种属、不同组织、不同年龄段的动力学改变是不会一致的。

总之，组织动力学是一个新概念，生命科学中诸多问题，需要医学形态学、系统生物学、细胞生物学、生理学及相关临床科学的广大科学工作者、教师与学生的共同参与。让我们大家一起努力，将组织动力学这门新学科做得更加完美。

最后，我谨代表本书编委会向国家出版基金管理委员会、郑州大学出版社表示感谢。为了我国学术繁荣、科学发展，他们向出版如此专业著作的作者伸出援手，由此我看到了我国科技赶超世界先进水平的希望。

章静波

2014年9月于北京

引言

一、困惑与思考

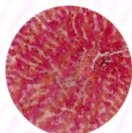

在医学院里初次接触到组织学，探究人体细胞世界的奥秘，令我向往与兴奋。及至从事组织学专业教学与科研工作，迄今已历数十载，由于组织学教学刻板，而科研又远离专业，使我对组织学的兴趣日渐淡薄。这可能与踏入专业之门时，正值组织学不景气有关。当时不少人认为组织学的盛采期已过，加之分子生物学的迅猛发展，不少颇有造诣的组织学家都无奈地感叹：人们连细胞中的分子都搞清楚了，组织学还有什么可研究的，组织学早该取消了！情况虽然并不至如此，但当时并延续至今的组织学在整个科学界的生存状态，确实值得组织学工作者深刻反思：组织学究竟是怎么了？

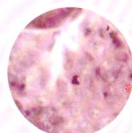

组织学面临困境的原因，首先是传统组织学的观念已经落后于时代的发展。新世纪首先迎来的是人类思维方式的革命。这种思维方式的转变，主要表现在从对事物的孤立纵向研究转向对事物的横向相互联系的研究，这样导致科学整体从机械论科学体系转向有机论科学体系，从用静止的观点观察事物转变为用动态的观点观察事物，使整个科学从"存在的科学"转向"演化的科学"。传统的组织学（histology），即显微解剖学(microscopic anatomy)，是研究人体构造材料的科学，是对机

体各种构造材料的不同质地和各种纹理的描述性科学，其主要研究内容是识别不同器官的结构、组织和细胞，而这些结构、组织和细胞，似乎是与生俱来、终生不变的。传统组织学孤立、静止的逻辑框架，明显有悖于相互联系和动态演变的现代科学理念。不同种类的细胞像林奈时代的"物种"一样，是先验的和不可理解的。这就导致组织学教学与科学研究相脱离，知识更新率低，新观念难以渗入、扩展。尽管血细胞演化和骨组织更新研究已较深入，但那只是作为特例被接纳，并不能对整个人体组织静态框架产生多大冲击。组织学教育似乎只是旧有知识的传承，而对学习者也毫无创造空间可言。国家级的组织学专业研究项目很少，组织学专业文献锐减。这些学科衰落的征象确实令人担忧。

其次，组织学与胚胎学脱节。胚胎学研究内容由受精卵分裂开始，通过细胞的无性增殖、分化、聚集、迁移，从而完成器官乃至整个机体的构建，胚胎学发展呈现一片生机勃勃的景象。而一到组织学，其中的细胞、组织、结构突然一片沉寂，犹如一潭死水。20世纪中叶，许多世界著名研究机构都参与了心肌细胞何时停止分裂的研究，并涌现大量科研文献。研究结果有出生前20天、出生后7天、出生后3个月，争论多年。这足见"胚成论"对传统组织学影响之深。其实，心肌细胞何曾停止过分裂呢！研究成体的组织学与研究机体发育的胚胎学应该分开来看，细胞在组织学和胚胎学中的命运与行为犹如在两个完全不同的世界。

再次，组织学不能及时吸纳和整合细胞生物学研究的新成果。细胞生物学是组织学的基础，有意或无意长期拒绝细胞生物学来源的新知识，也使组织学不合理的静态结构框架日益僵化守旧，成为超稳定的知识结构。细胞分裂是细胞学的基本问题，也是组织学的基本问题。直接分裂在细胞生物学尚有简单论述，在组织学却被完全删除。近年，干细胞研究迅猛发展，干细胞巢的概念已逐步落实到成体组织结构中，但很难进入组织学教材。这与传统组织学静态观念的顽固抵抗有关，其中最大的障碍就是无视细胞直接分裂的广泛存在。

最后，组织学明显脱离临床实践。医学实践是医学生物学发展最强大的推动力。近年，受社会需求的拉动，各临床专业的基础研究迅猛发展。但许多临床上已通晓的基本知识、基本概念在组织学中还被列为禁区、被归为谬误。器官移植已在临床上广泛应用，组织学却不能为移植器官的长期存活提供任何理论支持，而仍固守移植器官细胞长寿之说。这样，组织学不能从临床实践寻找新的研究课题，使之愈发显得概念陈旧、内容干瘪，对临床实践很难起到指导、启迪作用。

二、顿悟与发掘

我重新燃起对组织学的兴趣缘于偶然。一次非常规操作显微镜，在油镜下观察封固标本，所用标本是PC12细胞（成年大白鼠肾上腺髓质嗜铬细胞瘤细胞系）的盖玻片培养物（经吉姆萨染色的封存片）。当我小心翼翼地调好焦距时，我被视野中的景象惊呆了！只见眼前的细胞色彩绚丽、千姿百态。令我惊异的是，本属同一细胞系的同质性细胞竟是千细胞千面、各不相同。这使我想到，要认识PC12细胞，除了认识其遗传决定的共同特征外，这些形态差异并非毫无意义、可以完全忽略的。究竟哪一个细胞才是真正典型的PC12细胞呢？

以往观察组织标本多用低倍或高倍物镜。受传统组织学追求简单化思路的引导，通常是在高倍镜下尽力寻找符合书本描述的典型细胞。由于认为同种细胞表型都是相同的，粗略的观察总是有意、无意地忽略细胞间的差异。而这次非常规观察，彻底改变了我数十年来形成的对细胞的刻板印象，使我顿悟到构成组织的细胞原来并不一样。正如世界上没有完全相同的两片树叶一样，机体也绝没有完全相同的两个细胞，因为每个细胞都是特定时空的唯一存在物。由此，我突破了对组织中细胞的质点思维樊篱，直面细胞个体，发现细胞的个体差异是随机性的，服从统计规律。随级差逐渐缩小，便有了"演化"的概念。进而发现组织并不是形状与颜色都相同的所谓典型细胞的集合体，而是充满个性、丰富多彩、相互有演化关联的细胞社会。当我观察盖玻片培养的BRL细胞（小白鼠肝细胞系）时，凑巧培养盖玻片一边有个小缺口，一群细胞像鱼儿逐食一样趋向缺口处。这给我带来了第二重震撼，使我突然领悟，原来这些细胞都是"活"的。以前，尽管理论上知道细胞是生命的基本单位，但长期以来我们看到的都是死细胞，是经过人工固定染色的细胞尸体，从来没去想过细胞在干什么。这种景象，不禁使我想到上古时陷入沼泽里的猛犸象。趋向缺口的细胞不正像被发现的猛犸象一样，都是其生前状态瞬时的摄影定格吗？正是这些细胞运动过程中细胞形态变化的瞬时定格图像组合，提示了这些细胞的运动方向与目的。细胞内部决定性和内外随机性共同影响着细胞的生、老、病、死过程。这是细胞"活"的内在本质。进而，我还有了第三重感悟，原来很不起眼的普通组织标本，竟是如此值得珍爱。这不仅在于小小的标本体现着千千万万细胞生命对科学殿堂的祭献，而且，似乎突然发现常规组织标本竟含有如此无限丰富的细胞信息。这说明，酸碱染料复合染色，如最普通的苏木素-伊红染色，能较全面而深刻地反映细胞生命过程的本质特征。对于细胞群体研究来说，任何高新技术，包括特定物质分子的测定及其更高分辨率观察结果分析，都离不开对研究对象具体细胞学的分析。高新技术只能在准确的细胞学分析基础上进行补缺、增强、校正，进一步明确化、精细化。之后，我在万用显微镜的油镜下重新观察教学用的全部组织学切片，更增强了上述获得的新观念。继而，又找出原河南医科大学近百年的全部库存组织学标本，甚至包括不适合教学的废弃标本，另外，还通过购买、交换从国内外不少兄弟单位获得很多组织切片。除此之外，我们也专门制作更适于组织动力学研究的标本。一般仍多采用常规酸碱染料复合染色。为提高发现不同器官、结构、组织和细胞之间的过渡类型的概率，专门制作的组织动力学切片的主要特点有：①尽量大；②尽量包括器官的被膜、门、蒂、茎及器官连接部；③最好是整个器官或大组织块的连续切片；④尽量多种属、多年龄段和多部位取材；⑤同一器官要有纵、横、矢三个方位切片。如此获得大量资料后，我夜以继日、废寝忘食地观察不同种属、不同年龄、不同方位的组织标本。这样的观察，从追求典型细胞与细胞同一性，到注重过渡性细胞和细胞的个性。通过观察发现，镜下视野里到处都是细胞的变化和运动。我如饥似渴地追寻感兴趣、有意义的观察对象，并做显微摄影。如此反复地观察数万张组织切片，大海捞针似的筛查有价值的观察目标，像追寻始祖鸟一样，寻觅存在率只有千万分之一的过渡性细胞。当最终找到预期的过渡性细胞时，我兴奋不已，彻夜难眠。如此数十年间，获得上万张有价值的显微照片。

三、理念与方法

从普通组织切片的僵死细胞中，怎么可能看出细胞的变化过程呢？为什么人们通常看不到这些变化？怎样才能观察到这些变化过程呢？其实，这在传统组织学中早有先例，人们从骨髓涂片的杂乱细胞群中就观察到红细胞系、粒单细胞系、淋巴细胞系及其变化规律。那么，肝细胞、心肌细胞、肾细胞、肺细胞、神经细胞乃至人体所有细胞，是否也都有相应的细胞系和类似的变化规律呢？

一个范式的观察者，不是那种只能看普通观察者之所看，只能报告普通观察者之所报告的人，二是那种能在熟悉的对象中看见别人前所未见的东西的人。这是因为任何观察都渗透着理论。观察者的观察活动必然植根于特定的认识背景之中，先前对观察对象的认识影响着观察过程。从骨髓涂片中之所以能看出各种血细胞系是因为在观察之前，我们就对血细胞有如下设定：①血细胞是有生有灭的；②骨髓涂片里存在这种生灭过程；③这种过程是可以被观察到的。这些预先设定，分别涉及动态观念、随机性和时空转换三个方面的问题。此外，从骨髓涂片中看出各种血细胞系，还有一个重要的经验性法则，即递次相似法则。递次相似法则又可用更精细化的模糊聚类方法来代替，以用作对观察结果更精确的分析。

（一）动态观念

"万物皆动"是既古老又现代的科学格言。"存在也是过程"的动态观念是新世纪思维革命的重要方面。胚胎学较好地体现了动态变化的观念，特别是早期胚胎发育中胚胎细胞不断演化，胚胎结构不断形成又消失；而到了组织学，似乎在胚胎发育某一时刻形成的细胞、组织、结构就不再变化（胚成论）。实则不然，出生后人体对胚体中进行的细胞、结构演化变动模式既有继承，也有抛弃。从骨髓涂片研究血细胞发生的前提是认知血细胞有生成、死亡的过程。那么，肝细胞和肝小叶、肺泡上皮细胞和肺泡、外分泌腺上皮细胞和腺泡、心肌细胞和心肌束、肾细胞和泌尿小管、神经细胞和脑皮质等，也会有类似演化与更新过程。承认这些过程存在可能性的动态观念，是研究组织动力学必须具有的基本观念。

（二）随机性

随机性是客观世界固有的基本属性。在小的时空尺度内，随机性影响具有决定性意义。主要作为复杂环境中介观存在的生命系统，有很强的外随机性，因为生命系统元素数量巨大，又有很多来自系统内部自身确定性的内随机性。希波克拉底（Hippocrates）做了人类最早的胚胎学实验。他将20个鸡蛋用5只母鸡同时开始孵化，而后每天打破一个鸡蛋，观察鸡胚发育情况。直至20天后，最后一个鸡蛋孵出小鸡。他按时间顺序整理每天的观察结果，总结出鸡胚发育过程与规律。然而，生命具有不可逆性和不可入性，如此毁灭性的实验方法所得结果并不能让人完全信服。因为，这样所观察到的第2天鸡胚的发育状态，并不是第1天观察到的那个鸡胚的第2天状态，而是另一个鸡胚的第2天的发育状态。后经无数人重复观察，不断对观察结果进行修正，才得到大家认可的关于鸡胚发育过程的近似描述。这是因为，重复试验无形中满足了大数法则，接近概率统计的确定性。用作组织学研究的组织切片就很像众多不同步发育的鸡胚发育实验。而在切片制作中，每个细胞、结构都在固定时同时死亡，所看到的组织切片中的每个细胞，都在其死亡时被"瞬间定格"。这些"瞬间定格"分别代表处于演化过程不同阶段细胞的瞬时存在状态。将这些众多不同状态，按时间顺序整理、归类、排序，就可得出细胞演化的整个动力学过程。组织动力学家与传统组织学家不同。传统组织学家偏好"求同"，极力从现存的类同个体中找出合乎要求的典型，并为此而满足；组织动力学家则偏重"求异"，其主要工作是寻觅可能存在于某组织标本中的过渡态，故永远感到不满足。因此，组织动力学家总是在近乎贪婪地搜集、观察组织标本，以寻求更多、更好的过渡态。

（三）时空转换

生命是其内在程序的时空展开过程。这里的时间与空间是指生物体的内部时间和内部空间。内部时间即生物体内部生命程序展开事件的先后次序。而生命的不可逆性和不可入性，使内部过程的时间顺序很难用外部时间标定。这就需要换用生命事件的可察迹象来排列事件的先后次序。这实际上就是简单的函数置换。若已知变化状态s是自变量时间t的函数，其他变量，如空间变量l，也是时间t的函数，则可以l置换t作为状态S的自变量。

这一函数置换，实现了生物形态学领域习惯称谓的时空转换。这在胚胎学中经常用到，如在胚胎发育较早期，常以体长代替孕月数，表示胚胎发育状态。在组织学中，有了"时空转换"，许多空间量纲测度，如细胞及细胞核的形状、大小、长短、距离等差别都有了时间意义，都可以用来表征细胞演化进程。其他测度，如细胞特有成分的多少、细胞质与细胞核的嗜碱性/嗜酸性强度、细胞衰老指标等，也都可以代替时间作为判定细胞长幼序的依据。如此一来，所观察的标本中满目尽见移行变化，到处是过程的片段。骨髓涂片中，血细胞演化系主要就是依据细胞形状、细胞核质比、细胞质与细胞核的嗜碱性/嗜酸性强度及细胞质内特殊颗粒多少等参量来判定的。同理，也可以此来观测、判定心肌细胞系和肝细胞系等。

（四）模糊聚类分析

从骨髓切片或涂片中，运用判定红细胞系和白细胞系演化进程所遵循的递次相似法则时，如果评判指标较少，单凭经验就可以完成。但当所依据的评判指标众多时，特别是各指标又缺乏均衡性，单凭经验就显得困难。模糊聚类分析，可使递次相似法则更精细、更规范，细胞精确和模糊的特征参量，通过数据标准化，标定相似系数，建立模糊相似矩阵。在此基础上，根据一定的隶属度来确定其隶属关系。聚类分析的基本思想，就是用相似性尺度来衡量事物之间的亲疏程度，并以此来实现分类。模糊聚类分析方法，为组织动力学判定细胞系提供了有效的数学工具。

著者在观察中对研究对象认知的顿悟，正是在动态观念、随机性和时空转换预先的理性背景下发生的。三者也是整理观察结果的指导思想，可看作组织动力学的三个基本理念。

四、框架与范畴

对于归纳性科学的研究方法，卡尔·皮尔逊总结为：①仔细而精确地分类事实，观察它们的相关和顺序；②借助创造性想象发现科学定律；③自我批判和对所有正常构造的心智来说是同等有效的最后检验。有人更简单归结为搜集事实和排列次序两件事。据此，著者对已获得的大量图片资料，依据上述理念与方法归纳整理，得到人体结构的动态框架。

组织动力学（histokinetics），按字面意思理解是研究机体组织发生、发展、消亡、相互转化的科学，但更准确的理解应该是organization dynamics，是研究正常机体自组织过程及其规律的科学，包括细胞动力学和各器官系统组织动力学，后者涵盖各种器官、结构、组织的形成、维持、转化与衰亡等演化规律。组织动力学的逻辑框架主要由细胞、细胞系、结构、器官和机体5个基本范畴构建而成。

（一）细胞

细胞是组成人体系统的基本元素，是机体生命的基本单位，也是组织动力学研究的基本对象。组织动力学认为，细胞是有生命的活体，其生命特征包括繁殖、新陈代谢、运动和死亡。

1. 细胞繁殖　细胞繁殖是细胞生命的本质属性，是细胞群体生存的根本性条件。细胞分裂繁殖取决于细胞核。细胞分裂能力取决于超循环生命分子复合体自复制、自组织能力。人和高等动物的细胞分裂是直接分裂，早期、中期和晚期直接分裂的方式和效率明显不同。早期直接分裂，由一个细胞分裂形成众多子代细胞；中期直接分裂，由一个母细胞分裂产生数个子细胞；晚期直接分裂，是一个母细胞一般产生两个子细胞，多为隔膜型与横缢型直接分裂。

2. 细胞新陈代谢　新陈代谢是细胞的又一本质属性。新陈代谢是细胞个体生存的根本性条件，是生命分子复合体超循环系统运转时需要物质、能量、信息交换的必然。为获得生存条件，细胞具有侵略性，可侵蚀或侵吞别的细胞或细胞残片，通常是低分化细胞侵蚀或侵吞高分化细胞。细胞又有感应性，细胞要获得营养物质、避开有害物质，必须感应这些物质的存在，还必须不断与外界进行信息交流。细胞还具有适应性，需要与环境进行稳定有序交换、互应、互动，包括细胞组分之间彼此合作与竞争、互应与互动。

3. 细胞运动　运动也是动物细胞的本质特征。运动是与细胞繁殖和维持新陈代谢密切相关的细胞功能。细胞运动包括细胞生长性位移、被动运动和主动运动，伴随细胞分裂增殖，细胞位置发生改变，可谓细胞的生长性位移，是最普遍的细胞运动。血细胞随血流移动属被动运动，细胞趋化移动则为主动运动。细胞主动运动的主导者是细胞核，神经细胞运动更是如此。

4．细胞死亡　细胞死亡的一般定义是细胞解体，细胞生命停止。细胞死亡也是细胞的本质属性。细胞的自然死亡是超循环分子生命复合体生命原动力衰竭的结果。一般细胞死亡可分细胞衰亡和细胞夭亡两大类。细胞衰亡是演化成熟细胞自然衰老死亡；细胞夭亡是细胞接受机体内部死亡信息，未及演化成熟而早亡，或是在物理、化学及生物危害因子作用下导致的细胞早亡。

（二）细胞系

细胞系（cell line）是借用细胞培养中的一个术语，原指一类在体外培养中可以较长时间分裂传代的细胞。组织动力学中，细胞系是指特定干细胞及其无性繁殖所产生的后代细胞的总体。传统组织学也偶用此术语，如红细胞系、粒细胞系、淋巴细胞系等，但对组成大多数器官结构的细胞群体多用组织来描述。组织（tissue）原意为织物，意指构成机体的材料。习惯将组织定义为"细胞和细胞间质组成"，这一定义模糊了细胞的主体性。另有将组织定义为"一种或几种细胞集合体"，这又忽略了细胞群内细胞的时空次序，这样的组织实际缺乏组织性。传统组织概念传达的信息量很小，其概念效能随着机体结构的微观研究日益深入而逐渐降低。组织并非一个很完善的专业概念，首先，其没有明确的时空界定；其次，其内涵与外延都不严整；再者，其解理能力较弱。在细胞与器官两个实体结构系统层次之间，夹之以不具体的、系统性极弱的结构层次，显得明显不对称。僵化、静态的组织概念严重阻碍显微形态学研究的深入开展。而细胞系，是一个内涵较丰富、有较明确的时空四维界定的概念，所指的是有一定亲缘关系的细胞社会群体。一个细胞系就是一个细胞家族，是细胞社会的最基本组织形式。同一细胞系里的细胞，相互之间都有不同的时空及世代亲缘关系。

（三）结构

这里专指亚器官结构。结构是细胞系的存在形式与形成物，大致可分6类。

1. **细胞团和细胞索** 细胞系无性增殖产生的后代细胞群称为细胞克隆。细胞团和细胞索是细胞克隆的初级形成物。细胞团是细胞克隆在较自由空间的最基本存在形式，细胞索则是细胞克隆在横向空间受限时的存在形式。

2. **囊和管** 是细胞克隆的次级形成物。囊是细胞团中心细胞死亡的结果，管则是细胞索中心细胞死亡而形成的。中心细胞死亡是由机体发育程序决定的，而且是通过细胞自组织法则调控的结果，而且生存条件被剥夺也起重要作用。

3．板和网　是细胞团、细胞索形成的囊和管因其他细胞参与致细胞群体形态显著改变而成。细胞板相互连接成网，如肝板和犬肾上腺髓质。

4．细胞束　受牵拉应力作用，细胞呈长柱状、长梭形，细胞群形成梭形束状结构，如心肌束、骨骼肌束、平滑肌束等。

5．腱、软骨和骨　这些结构的细胞之间有大量间质成分。骨则是由骨细胞与固体间质构成的骨单位这种特殊结构组成的。

6．脑和神经　脑内神经细胞以其特有的突触连接方式及细胞间桥共同组成神经网，神经是神经细胞从中枢神经系统向靶器官迁移的通道。

（四）器官

器官是机体的一级组件，具有特定的形态、结构和功能。器官的大小、位置和结构模式由遗传决定，成体的器官组织场胚胎期已形成器官雏形。成体的器官也有组织场（organizing field）。成体器官组织场是居住细胞与微环境相互作用的结果，由物理因素、化学因素和生物因素组成。成体器官组织场承袭其各自的胚胎场而来。场效应主要表现为诱导干细胞演化形成特定细胞。成体的器官组织场，除保留雏形器官原有干细胞来源途径，还常增加另外的多种干细胞来源途径。在各种生理与病理条件下，机体能更经济地调动适宜的干细胞资源，以保证这些结构的完整性和正常功能。

（五）机体

机体是由不同器官组成的整体。其整体性不只在于中枢神经系统与内分泌系统指挥和调控下的功能统一性，还在于由干细胞的流通与配送实现的全身结构统一性。血源性干细胞借血流这种公交性渠道到达各器官，经双向选择成为该器官的干细胞；中枢神经系统通过外周神经这种专线运送干细胞直达各器官，为其提供大量干细胞；淋巴系统是干细胞回流的管道系统，逃逸、萃聚或出胞的裸核循淋巴管，经淋巴结逐级组织相容性检查并扩增后补充机体干细胞总库，或就近迁移并补充局部干细胞群。如此，机体才成为真正意义上的结构和功能统一的整体。

五、规划与憧憬

是否将所积累的资料与思考公开发表，我犹豫再三。每想到用如此普通、如此简单的研究方法要解决那么多具有挑战性的问题，得出如此众多颠覆性的结论，提出如此多的新概念与新观点，内心总觉唐突。几经踌躇，终在我父亲一生务实、创新精神的激励下，决心以"图说组织动力学"为丛书名陆续出版。这是因为我相信"事实是科学家的空气"这句箴言。我所提供的全部是亲自观察拍摄的真实图像，都是第一手的原始照片。对于不愿接受组织动力学理念的显微形态学研究者，一些资料可填补传统组织学中某些空缺的细节描述。要知道，其中一些图像被发现的概率极小，它们是通过大海捞针式的工作才被捕获到的！对于愿意探索组织动力学的读者，若能起到抛砖引玉的作用，引起更多学者注意和讨论，也算是我对从事过的专业所能尽的一点心意。

本书以模型动物组织动力学为参照，汇集人和多种哺乳动物的组织动力学资料，内容包括多种动物细胞动力学和各种器官、结构、组织的形成、维持、转化与衰亡等演化规律，但尽量以正常成人细胞、结构、器官层次的自组织过程为主，以医学应用为归宿。

图说是一种新文体，意思是以图说话。但本书不是普通的组织图谱，而是用一组图说明一段情节，相关情节组合在一起构成一个演化过程。图片所含信息量大，再辅以图片注解，形象易懂。图像显示结构层次多、形态复杂。为便于理解，本书采用多种符号标示观察目标：★表示结构；※表示细胞群或多核细胞等；不同方向的实箭头指示细胞、细胞器、层状或条索状结构及小腔隙等；虚箭头表示细胞迁移方向或细胞流方向；不同序号①、②、③……表示相关联的结构、细胞或结构层次等。

现有资料涉及全身各主要器官系统，但不是全部。血液和骨骼在组织学中已有初步的动力学研究，故暂不列入。因组织标本来源繁杂，染色质量不一，致使图像质量也良莠不齐。现择其图像较清晰，说明问题较系统、较充分的部分收编成册，首批包括《图说心脏组织动力学》《图说血管组织动力学》《图说内分泌系统组织动力学》《图说神经系统组织动力学》《图说耳和眼组织动力学》《图说消化系统组织动力学》《图说呼吸系统组织动力学》《图说泌尿系统组织动力学》《图说生殖系统组织动力学》《图说细胞动力学》，共计10卷。

组织动力学是一门新的学科，主要研究机体内细胞、组织之间的演化动力学过程。组织动力学沿用了不少传统组织学的概念、名词，但将组织动力学内容完全纳入从宏观到微观的还原分析路线而来的传统组织学的静态结构框架实为不妥，会造成内部逻辑混乱而不能自洽。因为传统组织学崇尚的是概念明晰（其实很难做到），而组织动力学要处理的多为模糊对象。从逻辑上讲，组织动力学与从微观到宏观的人体发生学关系密切，组织动力学可以看作胚胎学各论的延伸。这种思想在我们编著的《人体组织学》（2002年郑州大学出版社出版）中已有提及。该书中增加了不少研究组织动力学的内容，但仍被误当作描述人体构造材料学的普通组织学。因此，将研究人体结构系统维生期的组织动力学过程的学科独立出来是顺理成章的。这也为容纳更多对人体结构的系统学研究内容留有更大空间，为人体结构数字化开辟道路。从这个意义上讲，人体组织学刚从潜科学转为显科学，是一个襁褓中的婴儿，又如一个蕴藏丰富的矿藏尚待开发。可见，认为组织学已经衰退、已无可作为的悲观看法，若是针对传统组织学而言是可以理解的，而对于组织动力学来说则是杞人忧天。组织动力学研究，不但有利于科学人体观的建立，而且必将对原有临床病理和治疗理论基础带来巨大冲击，并迎来临床基础研究的新高潮。传统组织学曾经在探究人体结构奥秘的过程中取得辉煌成就，许多成果已载入生物医学发展史册，至今仍普惠于人类。目前，在学习人体结构的初级阶段，传统组织学仍有一定的认识功能。但传统组织学名实不符，宜正名为显微解剖学，将其纳入人体解剖学更为合理。

建立组织动力学这一新的学科是一项宏大的工程，是需要千百万人的积极参与才能完成的艰巨任务，困难是不言而喻的。首先，图到用时方恨少，一动手编写，才发现现有资料并不十分完备。若全部按组织动力学要求重新制作并观察不同种属、不同品系、不同个体所有器官有代表性部位的连续切片，其工作量十分浩大，绝非少数人之力所能完成。现有组织学标本重复性较高，要寻找所预期的有价值的观察目标十分困难。而且所求索图像的意义越大，遇到的概率越小。这种资料搜集是一种永无止境的工作。其次，缺少讨论群体，有价值的学术思想往往是在激烈争论中产生并成熟的。组织动力学涉及医学生物学许多重大问题，又有许多新思想、新概念，正需要医学形态学广大师生与科研工作者、系统科学家、生物学家、细胞生物学家、生理学家及相关临床专家的共同参与、争论和批评，才能逐步明晰与完善。

在等待本书出版期间，显微形态学领域又取得了许多重要科研成果。干细胞研究更加深入，成体器官多发现有各自的干细胞，干细胞概念就是组织动力学的基石。特别是最近又发现许多器官干细胞巢和侧群细胞，更巩固了组织动力学的基础，因为组织动力学就是研究干细胞到成熟实质细胞的演化过程。成体器官干细胞与干细胞巢的证实有力地推动了组织动力学研究，组织动力学已经走上不可逆转的发展道路。相信组织动力学研究热潮不久就会到来，一门更成熟、更丰富、更严谨的组织动力学必将出现。

作者自知学识粗浅，勉力而成，书中谬误与疏漏在所难免，恳请广大读者不吝批评指教。

史学义

2013年12月于河南郑州

前言

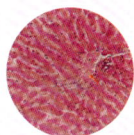

　　消化系统是易罹患常见病、多发病的器官系统，临床工作的迫切需要有力地促进消化系统基础科学发展。近年来有关肠黏膜干细胞、平滑肌干细胞、肝干细胞和胰干细胞的研究有颇多进展，激励有关本书科研课题的研究。

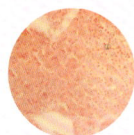

　　消化管是人们普遍熟悉的研究对象，但在组织动力学理论指导下的大量实验观察却有许多不寻常的发现，包括舌上皮干细胞演化过程、味蕾与舌腺结构动力学过程和舌内神经束对舌实质的构建作用，食管上皮干细胞演化过程、食管腺结构动力学过程和肌间神经丛对食管肌的构建作用，胃肠黏膜肌源干细胞演化形成黏膜上皮与黏膜腺的过程和胃肠肌间神经丛的实质构建作用。特别是神经对消化管的实质构建作用，为人体主要由神经普遍参与器官实质构建理论提供了进一步的有力证据。

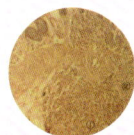

　　器官组织场是组织动力学的重要理论支柱之一。生后器官组织场源于胚胎组织场。器官组织场诱导是细胞与结构演化的主要动因。受组织场诱导，不同来源的干细胞均可演化形成该器官的实质细胞，多途径演化可增强器官的适应性与稳定性。这在消化管及肝、胰组织动力学均有描述。

　　肝细胞是仅次于心肌细胞的易观察直接分裂象的细胞。大量肝细胞直接分裂的发现，为医学生物学界给直接分裂正名提供了有力支持。胰岛是胰腺细胞演化系中过渡性结构的新定

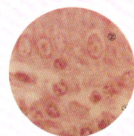

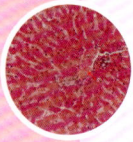

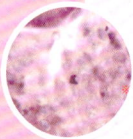

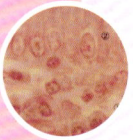

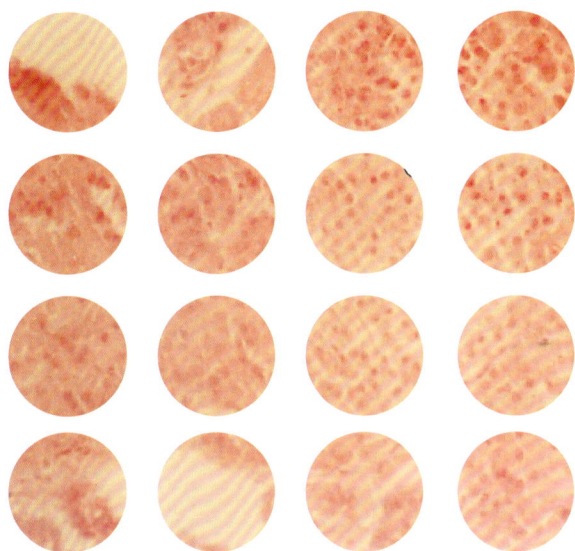

第一章
消化管组织动力学

　　消化系统由消化管和消化腺组成。消化管是从口腔至肛门的连续性管道，依次可分为口腔、咽、食管、胃、小肠和大肠。本章重点描述舌、食管、胃、小肠和大肠的组织动力学特点，并揭示其共同规律。

第一节　人舌组织动力学

　　舌是消化管入口的口腔内的重要器官。表面被覆舌黏膜，深部为舌肌，其间夹杂舌腺。

一、人舌黏膜组织动力学

　　舌黏膜由黏膜上皮和固有层组成。上皮层内有味蕾。舌腹面黏膜较平整（图1-1），舌背面与侧面常见形状不同的舌乳头（图1-2）。

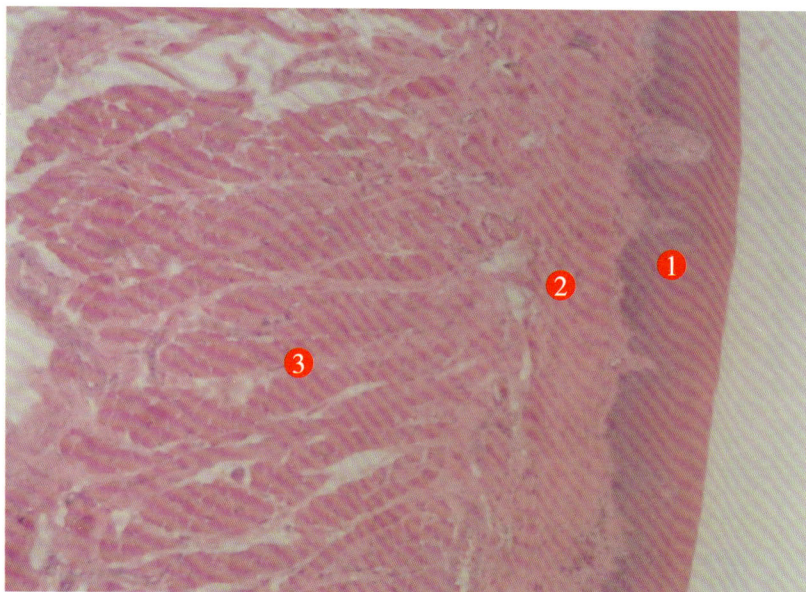

■ 图1-1　人舌组织结构（腹面）
苏木素-伊红染色　×50
❶示黏膜上皮；❷示固有层；❸示舌肌。

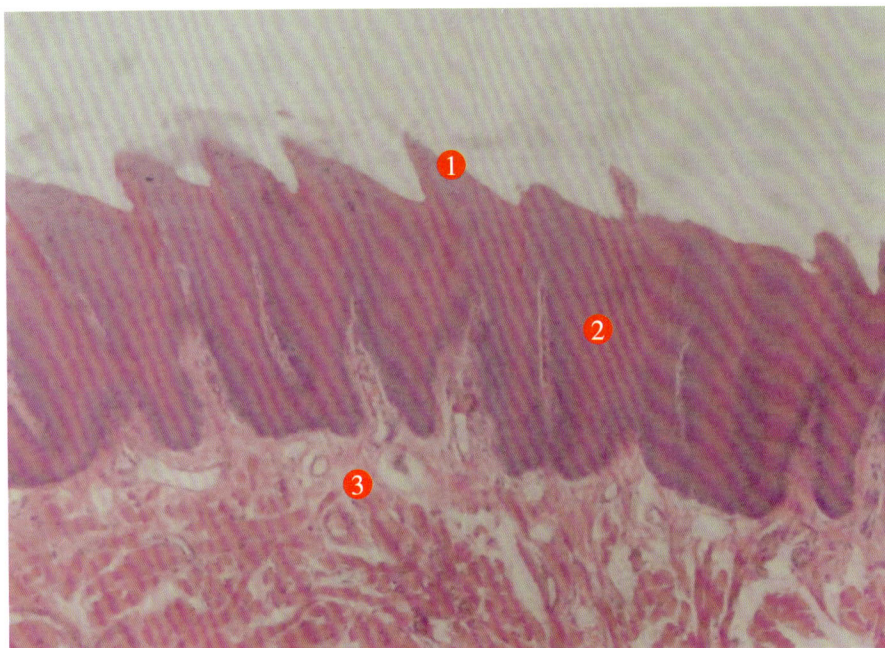

■ 图1-2　人舌组织结构（背面）

苏木素-伊红染色　×50

❶示丝状乳头；❷示黏膜上皮；❸示固有层。

（一）舌黏膜上皮组织动力学

舌黏膜上皮是复层扁平上皮，常有轻度角化。固有层内有丰富的上皮干细胞（图1-3）。

上皮干细胞可透明化（图1-4），透明化或不经透明化的干细胞向上迁移并逐步整合进入上皮层，故使上皮基底层显得明显不整齐，特别在固有层乳头顶部与周围更明显（图1-5、图1-6）。

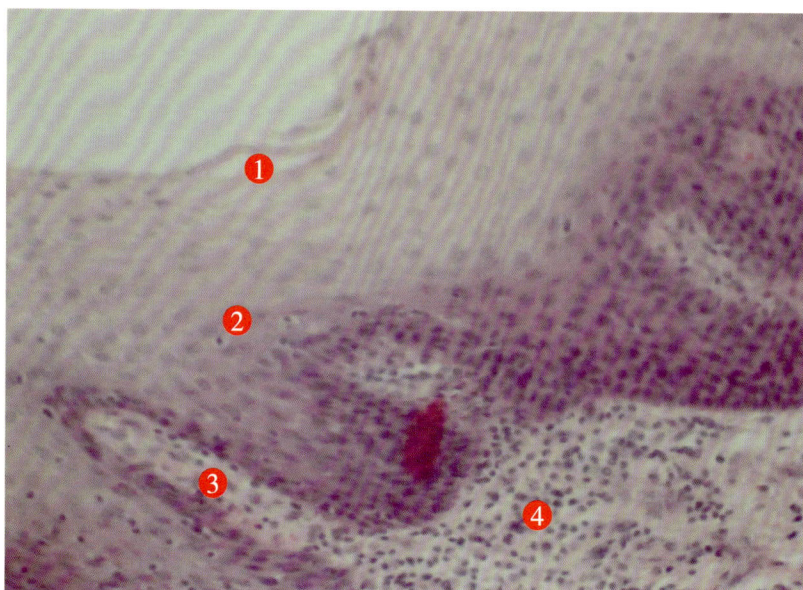

■ 图1-3　人舌黏膜组织结构

苏木素–伊红染色　×100

❶示薄角化层；❷示复层扁平上皮；❸示固有层乳头；❹示固有层。

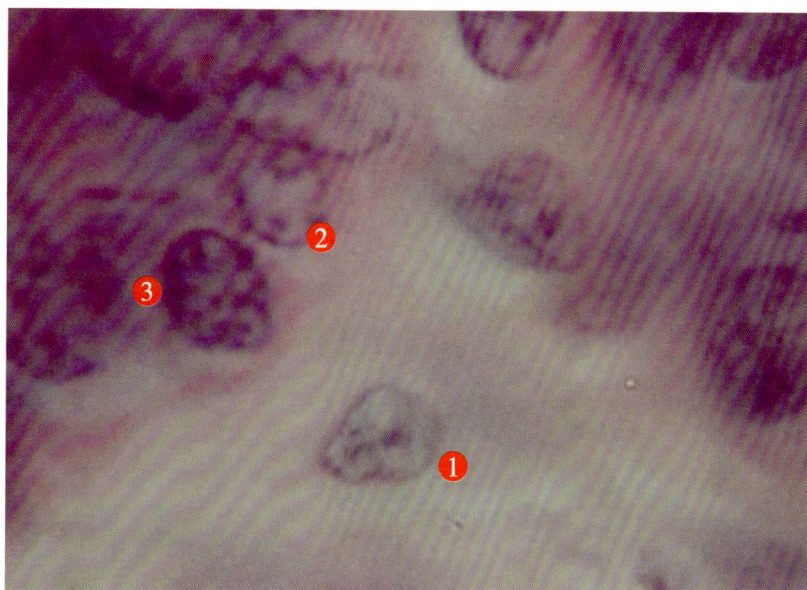

■ 图1-4　人舌黏膜上皮组织动力学（1）

苏木素–伊红染色　×1 000

❶示透明化干细胞；❷示新进入基底层的细胞；❸示基底层。

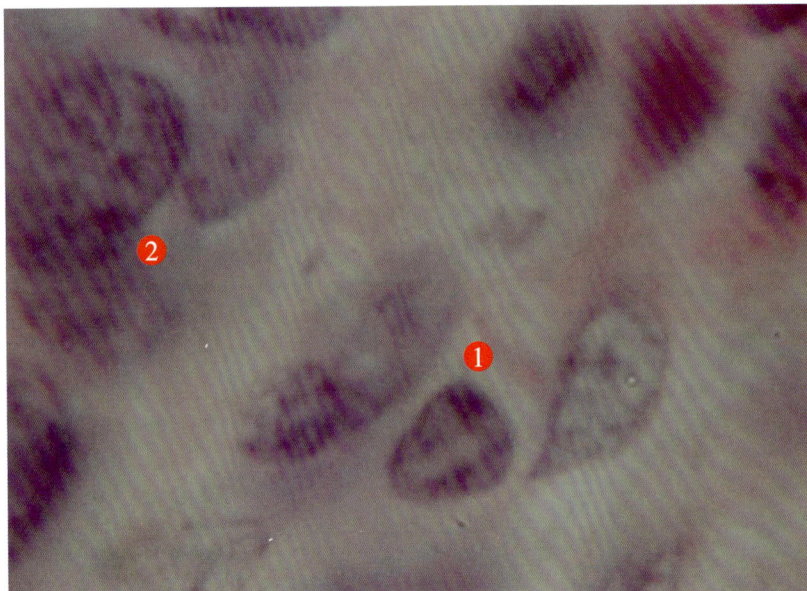

■ 图1-5　人舌黏膜上皮组织动力学（2）

苏木素-伊红染色　×1 000

❶示固有层乳头向上迁移的干细胞群；❷示基底层。

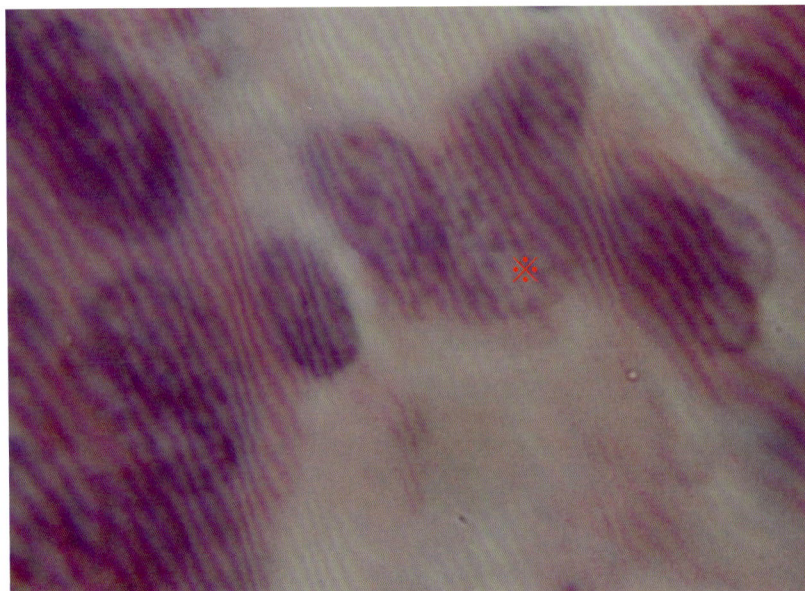

■ 图1-6　人舌黏膜上皮组织动力学（3）

苏木素-伊红染色　×1 000

※示将整合为上皮基底层的细胞群。

（二）舌味蕾结构动力学

舌背面黏膜上皮中常见淡染细胞团，称之为味蕾。味蕾在上皮中的位置从基底到表面高低不同（图1-7）。味蕾也起源于固有层中干细胞。干细胞透明化，先进入上皮基底层的味蕾细胞数很少（图1-8、图1-9），而后细胞增多并向上皮表面迁移（图1-10、图1-11），直到靠近上皮角化层，细胞增多，仍呈圆形，无序排列（图1-12）。味蕾顶部进入上皮角化层的过程中，味蕾内细胞逐渐变纵长，长轴与上皮表面基本垂直（图1-13）。在继续向上穿凿表面角质层进程中，纵长细胞逐渐增多（图1-14、图1-15），最终凿穿角质层（图1-16），纵长味细胞顶端经味孔直接暴露于舌上皮表面（图1-17、图1-18）。味蕾细胞离散演化成为舌上皮上层细胞的补充来源，衰老或演化顿挫的味蕾溶解消失（图1-15）。

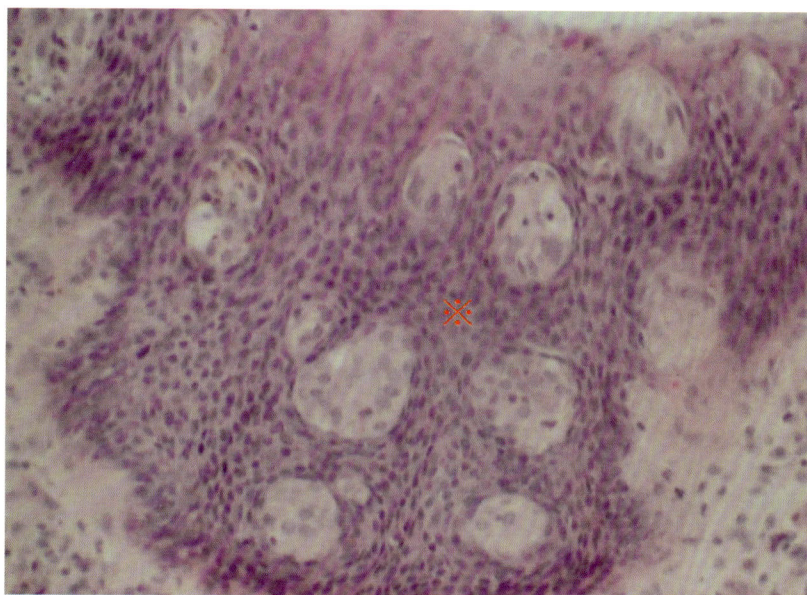

■ 图1-7　人味蕾
苏木素-伊红染色　×100
※示舌黏膜上皮内位置不同、大小不等的透明细胞团——味蕾。

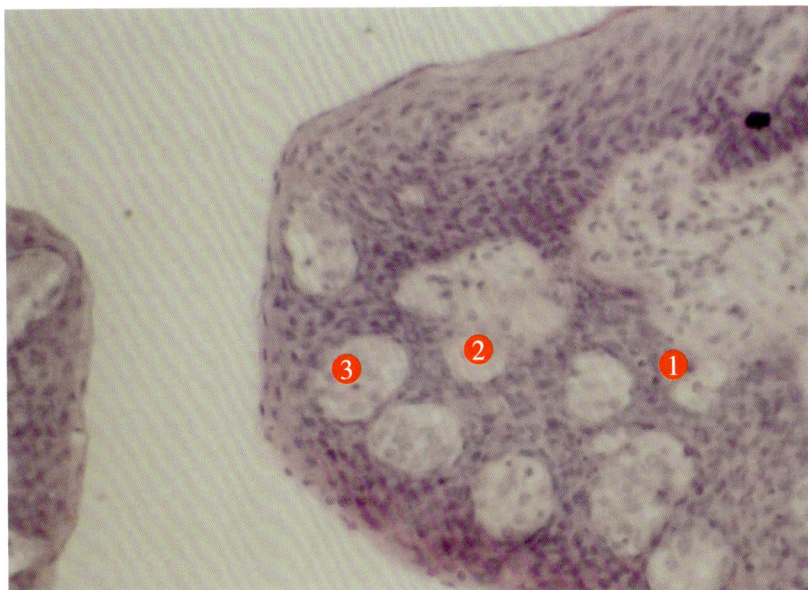

■ **图1-8　人味蕾演化（1）**
苏木素-伊红染色　×100
❶示刚进入上皮的小味蕾；❷示上皮中部味蕾；❸示上皮浅层味蕾。

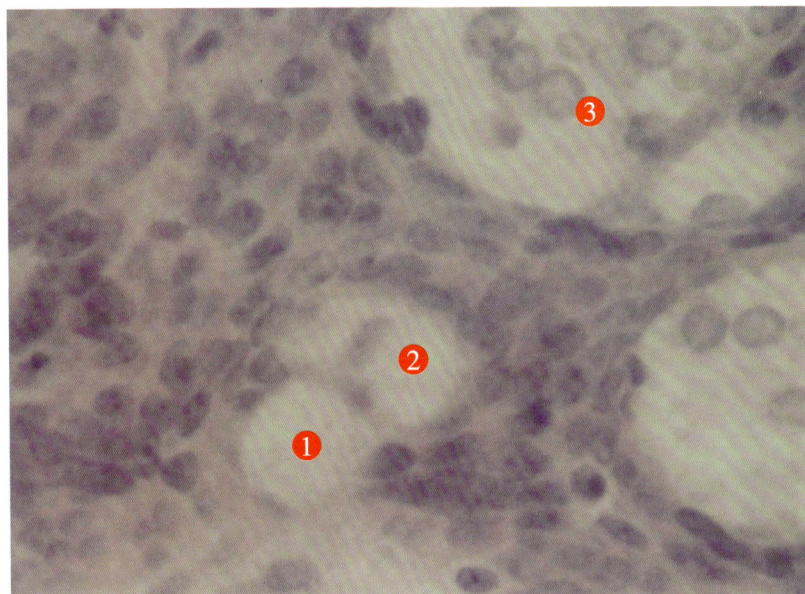

■ **图1-9　人味蕾演化（2）**
苏木素-伊红染色　×400
❶示刚进入基底层的寡细胞味蕾；❷示基底层寡细胞味蕾；❸示棘层内多细胞味蕾。

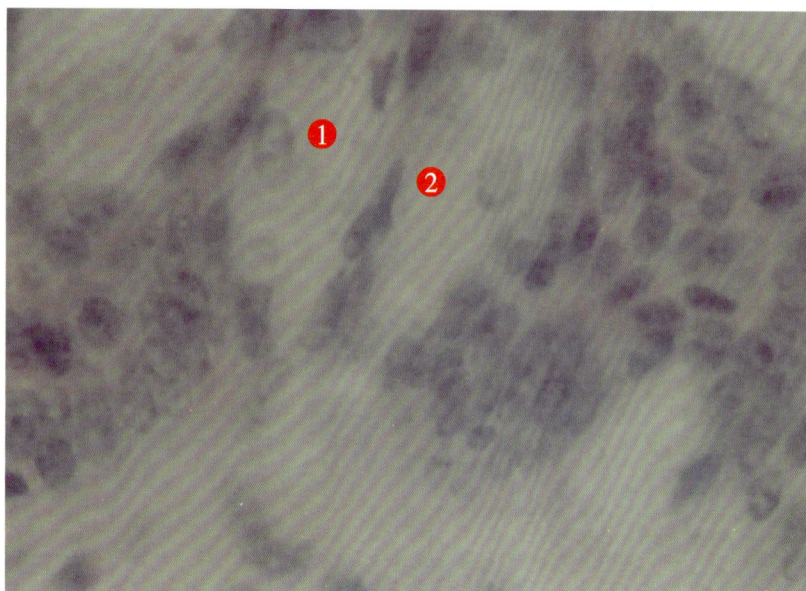

■ 图1-10　人味蕾演化（3）

苏木素-伊红染色　×400

❶和❷示近基底层的寡细胞味蕾。

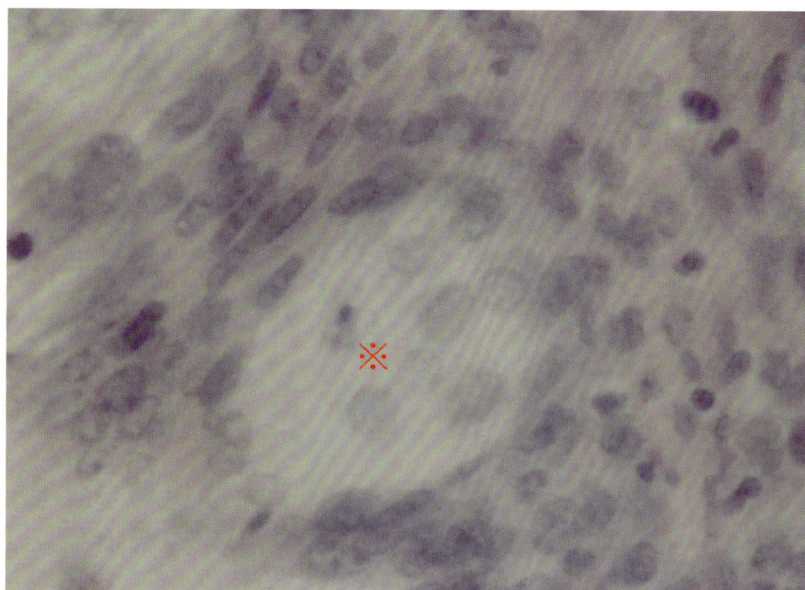

■ 图1-11　人味蕾演化（4）

苏木素-伊红染色　×400

※示味蕾细胞增多。

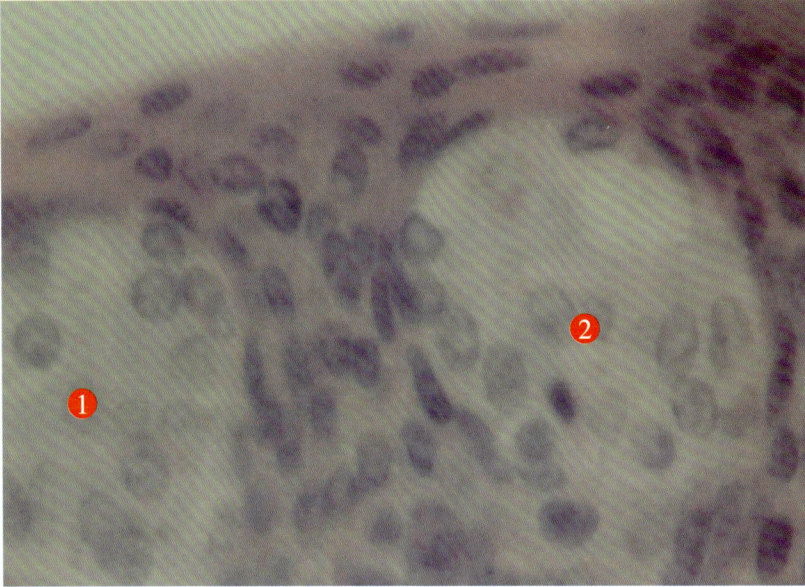

■ 图1-12　人味蕾演化（5）

苏木素-伊红染色　×400

❶和❷示味蕾细胞基本上呈无序排列。

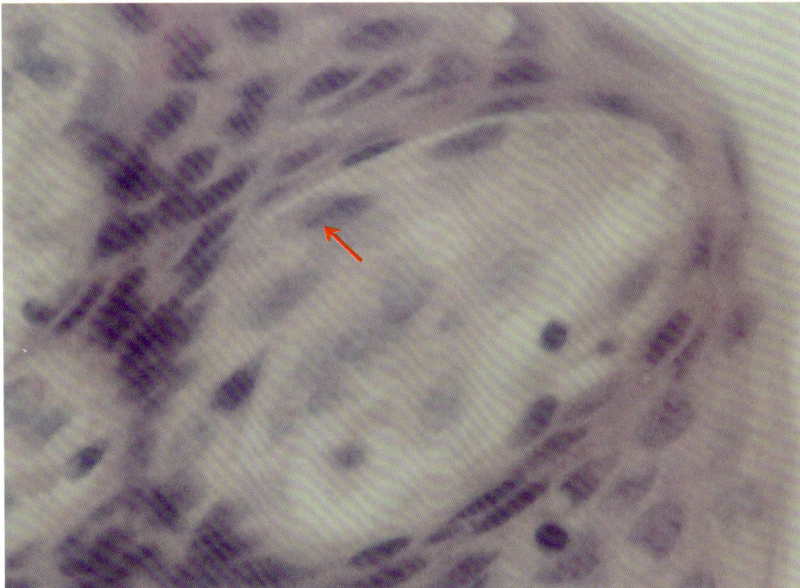

■ 图1-13　人味蕾演化（6）

苏木素-伊红染色　×400

示邻近角质层味蕾部分细胞变成纵长形。

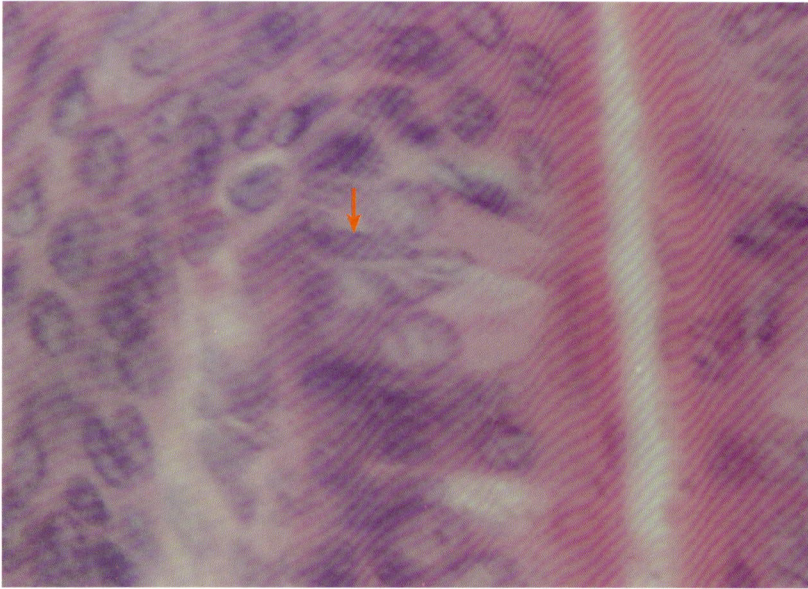

■ **图1-14　人味蕾演化（7）**

苏木素-伊红染色　×400

↓ 示穿凿角质层的味蕾纵长形细胞增多。

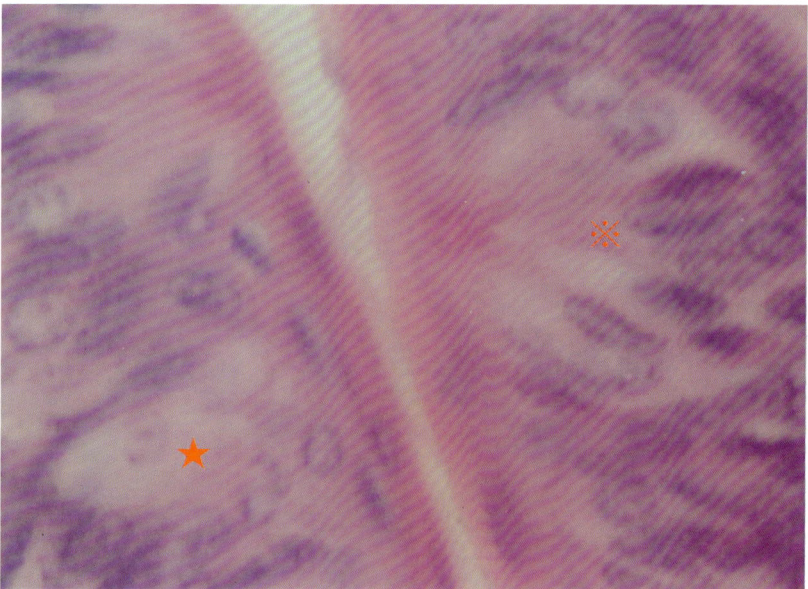

■ **图1-15　人味蕾演化（8）**

苏木素-伊红染色　×400

※示凿穿角质层的味蕾纵长形细胞占优势。★示味蕾衰亡。

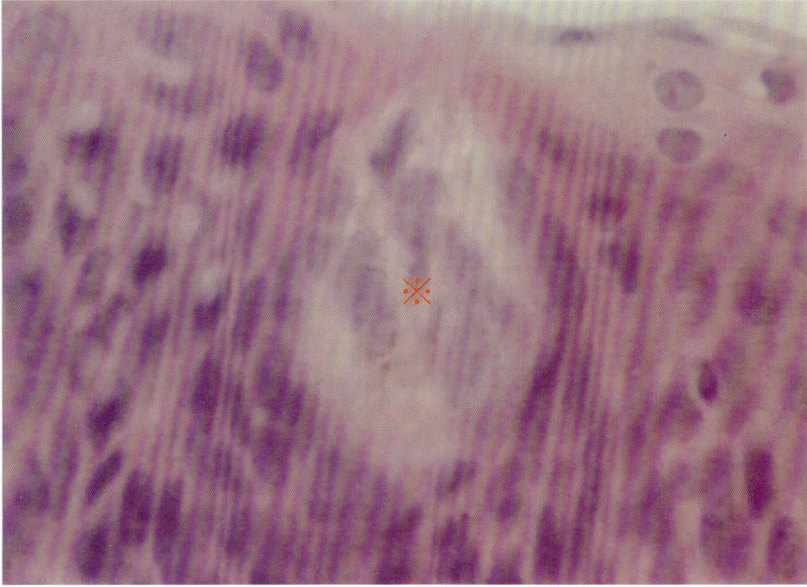

■ 图1-16　人味蕾演化（9）

苏木素-伊红染色　×400

※示凿穿角质层的味蕾纵长形细胞占优势。

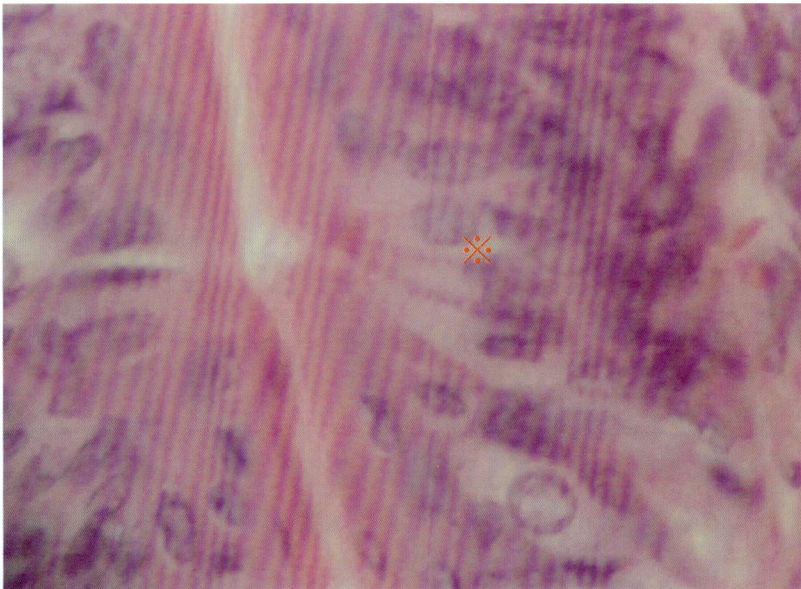

■ 图1-17　人味蕾演化（10）

苏木素-伊红染色　×400

※示有明显味孔的味蕾以纵长形味细胞为主。

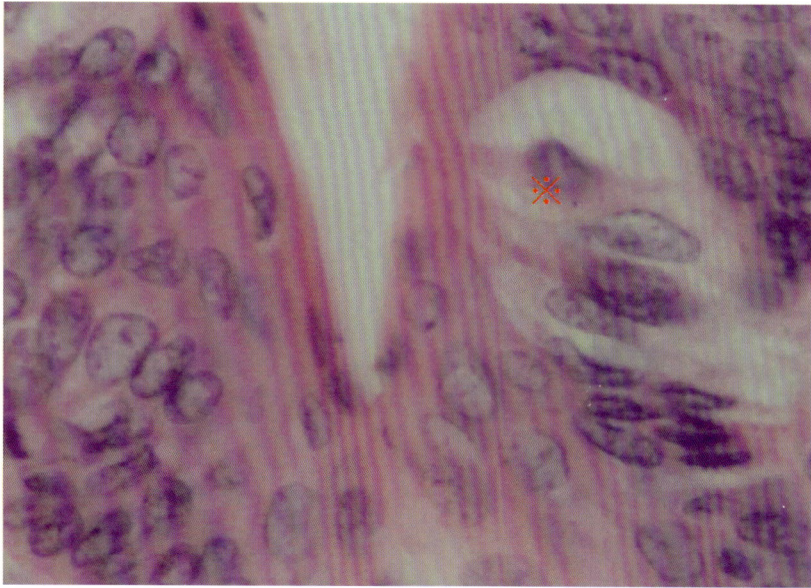

■ **图1-18　人味蕾演化（11）**

苏木素-伊红染色　×400

※示有明显味孔的味蕾以纵长形味细胞为主，其顶端暴露于舌
乳头间隙。

二、人舌腺组织动力学

人舌腺与舌肌相间分布。舌腺多种演化来源，包括间质源干细胞-舌
腺腺泡演化途径、导管源干细胞-舌腺腺泡演化途径和神经束源干细胞-舌
腺腺泡演化途径等。

（一）间质源干细胞-舌腺腺泡演化

舌黏膜固有层及深层间质内干细胞可演化形成舌腺细胞（图1-19），
干细胞首先演化为成舌腺细胞（图1-20）。大多数成舌腺细胞经直接分裂
而细胞不离散，形成舌腺细胞团（图1-21）。随着细胞增生，舌腺细胞团
逐渐增大，并开始分泌黏液（图1-22），细胞顶端分泌黏液于细胞团中心
（图1-23），而后中央出现共同的小腔隙——腺泡腔，即成为成熟的舌腺
腺泡（图1-24）；小腺泡的间隔逐渐消失，形成更大的腺泡（图1-25），
甚至成为巨大的衰老腺泡（图1-26）。被挤压到边缘的腺细胞核可见明显
核固缩，也见周边较幼稚细胞凸入衰老腺泡（图1-27）。

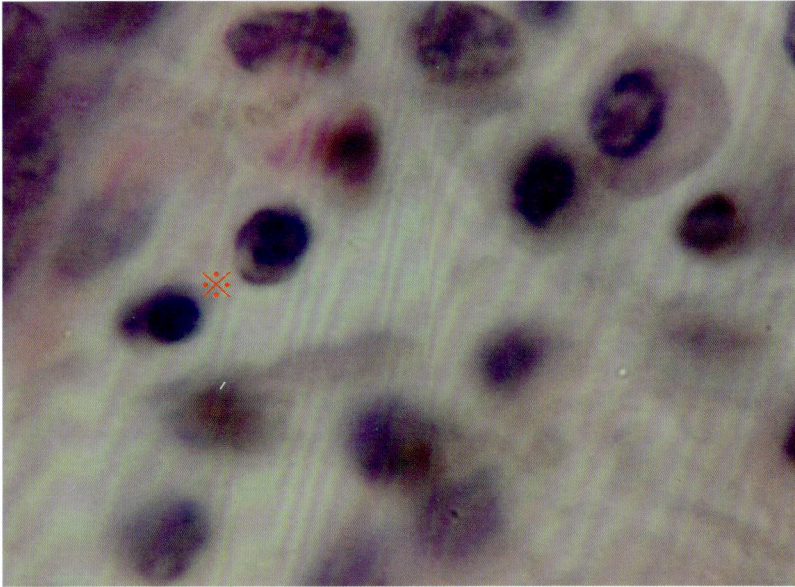

■ 图1-19　人舌黏膜固有层干细胞

苏木素-伊红染色　×1 000

※示固有层内演化程度不同的干细胞。

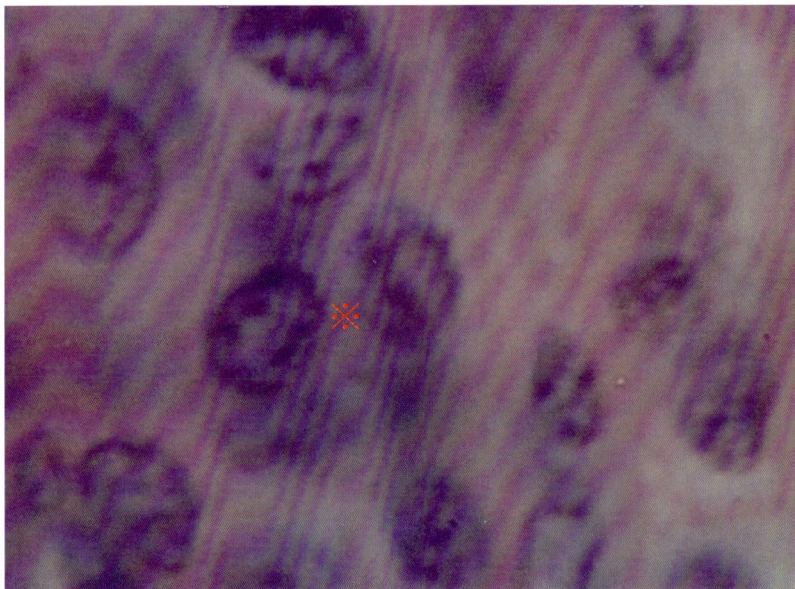

■ 图1-20　人成舌腺细胞演化

苏木素-伊红染色　×1 000

※示固有层中演化程度不同的成舌腺细胞群。

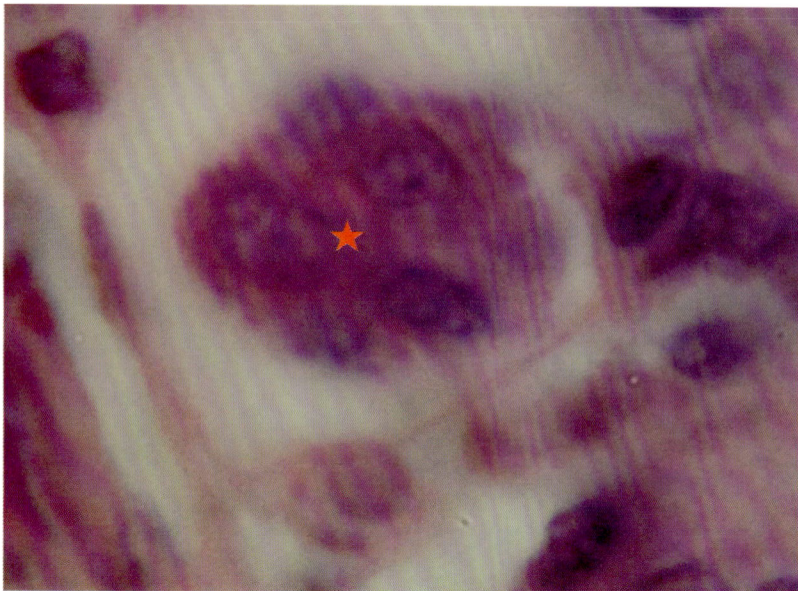

■ 图1-21　人舌腺腺泡演化（1）

苏木素-伊红染色　×1 000

★ 示直接分裂形成的舌腺细胞团。

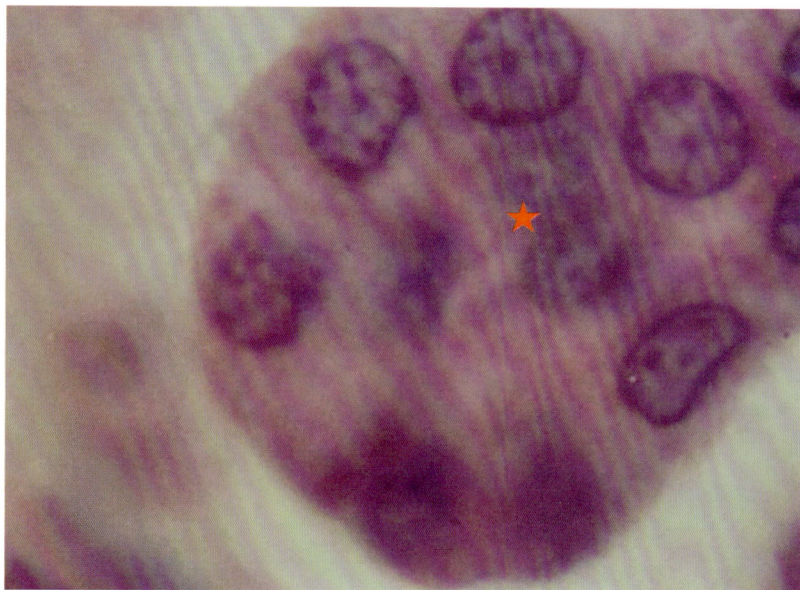

■ 图1-22　人舌腺腺泡演化（2）

苏木素-伊红染色　×1 000

★ 示舌腺细胞团开始分泌黏液。

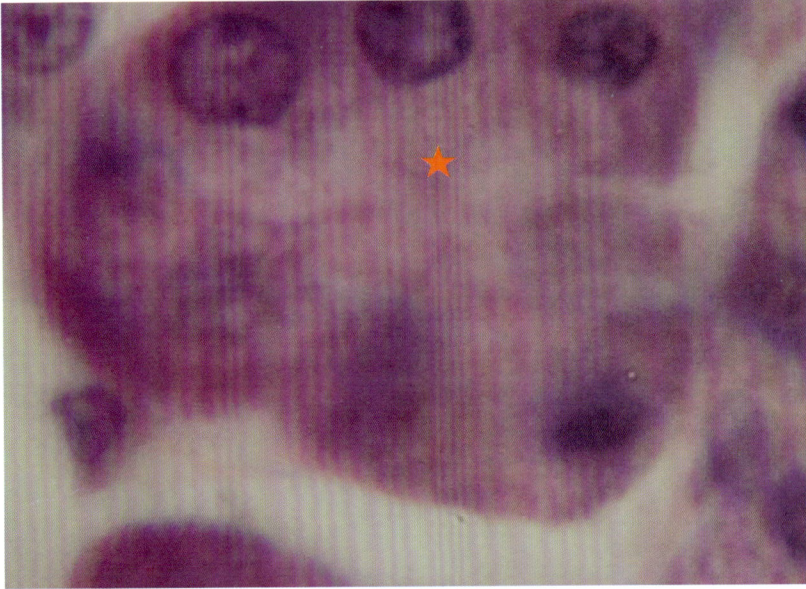

■ 图1-23　人舌腺腺泡演化（3）

苏木素-伊红染色　×1 000

★ 示舌腺细胞团分泌的黏液积聚于细胞团中心。

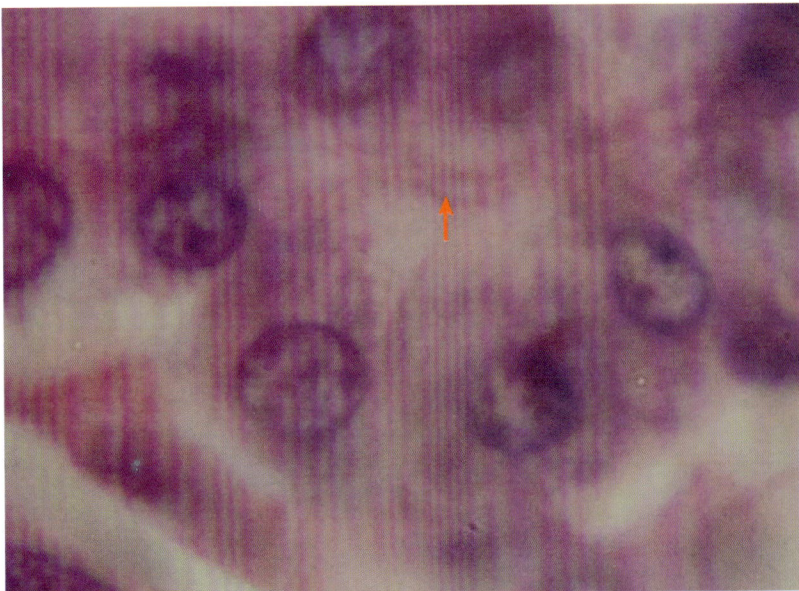

■ 图1-24　人成熟舌腺腺泡

苏木素-伊红染色　×1 000

↑ 示舌腺细胞团中心出现共有腺泡腔。

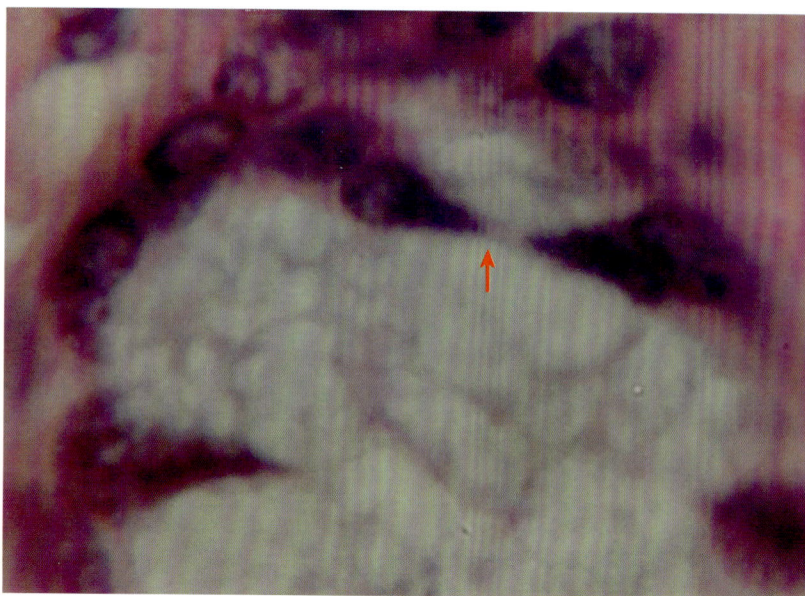

■ **图1-25 人舌黏液腺泡扩展**

苏木素-伊红染色 ×1 000

↑ 示将断裂的腺泡间隔。

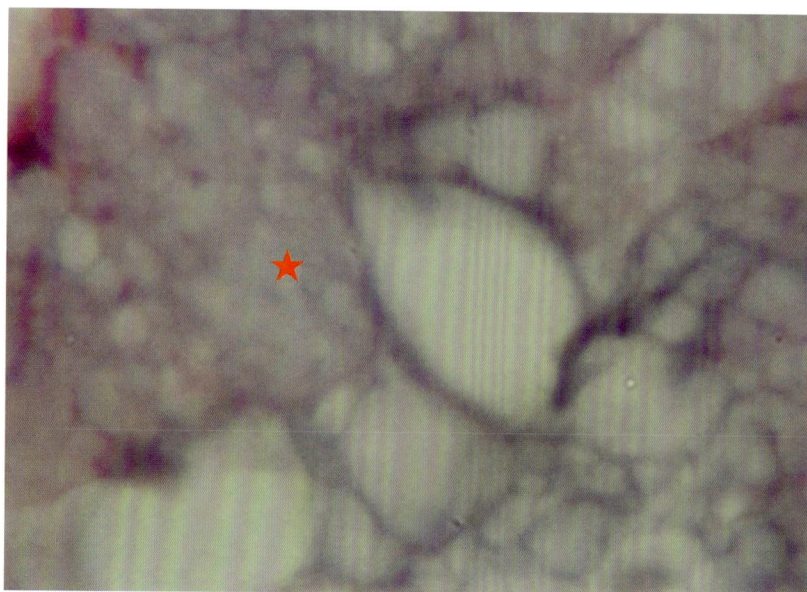

■ **图1-26 人舌巨大黏液腺泡（1）**

苏木素-伊红染色 ×1 000

★ 示巨大黏液腺泡。

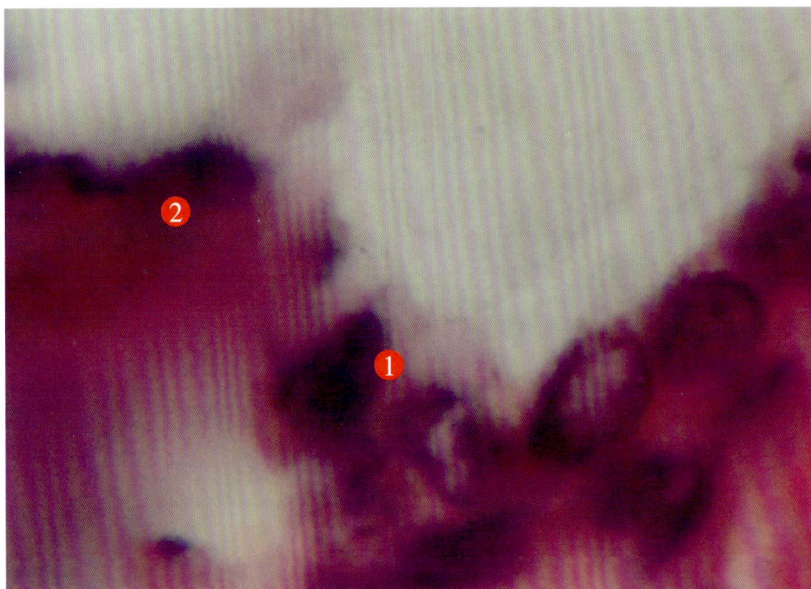

■ 图1-27　人舌巨大黏液腺泡（2）

苏木素-伊红染色　×1 000

❶示较幼稚腺细胞；❷示扁平形腺细胞核固缩。

（二）导管源干细胞-舌腺腺泡演化

　　舌腺导管是舌腺干细胞的另一来源途径（图1-28）。导管源干细胞随导管分支向深部延伸、推移（图1-29、图1-30），形成长管状腺泡直通末端腺泡（图1-31、图1-32）。早期舌腺腺泡为浆液性腺泡（图1-33），后浆液性腺细胞兼而分泌黏液成为兼性腺细胞（图1-34）。兼性腺细胞逐渐增多，使腺泡成为既有浆液性腺细胞、又有兼性腺细胞，既分泌浆液、又分泌黏液的混合性腺泡（图1-35、图1-36）。黏液性细胞区逐渐扩大，浆液性细胞区与兼性腺细胞区相对缩小，结果在黏液性细胞为主的腺泡内只保留少数兼性腺细胞的"半月"（图1-37、图1-38），黏液性腺泡继续扩大，腺泡间隔消失，可形成相互通连的巨大腺泡（图1-39、图1-40），最后黏液性腺泡衰老，部分腺泡壁退化以至破损（图1-41）。

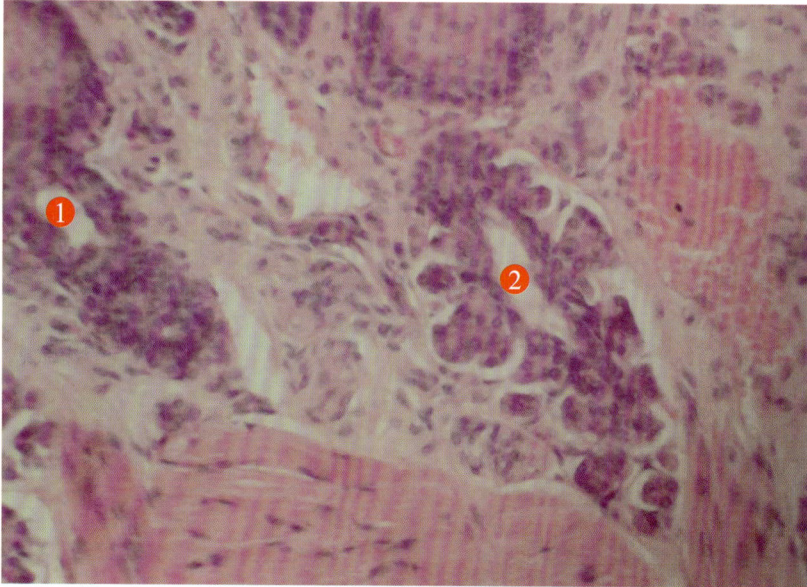

■ **图1-28　人舌导管源干细胞-舌腺腺泡演化**

苏木素-伊红染色　×100

❶示舌腺导管；❷示延伸至深部的舌腺导管。

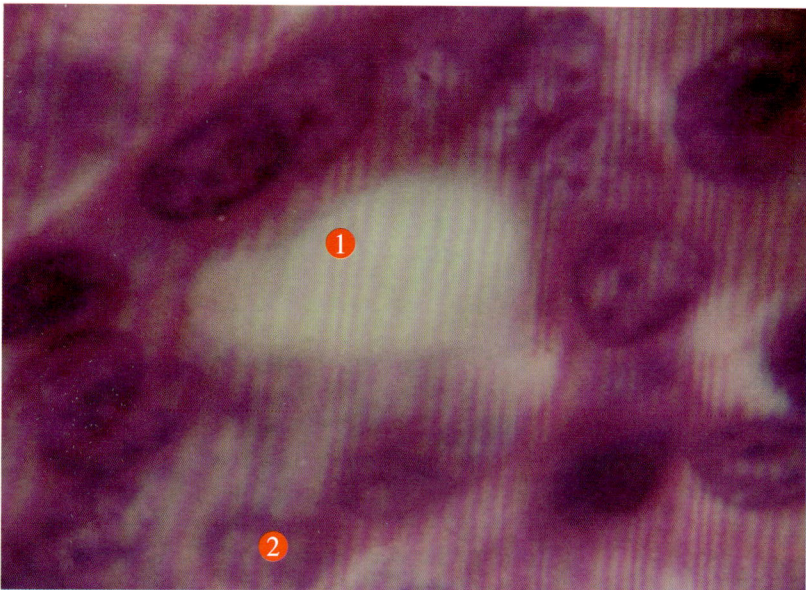

■ **图1-29　人舌导管源干细胞外迁**

苏木素-伊红染色　×1 000

❶示舌腺导管；❷示外迁的导管壁细胞。

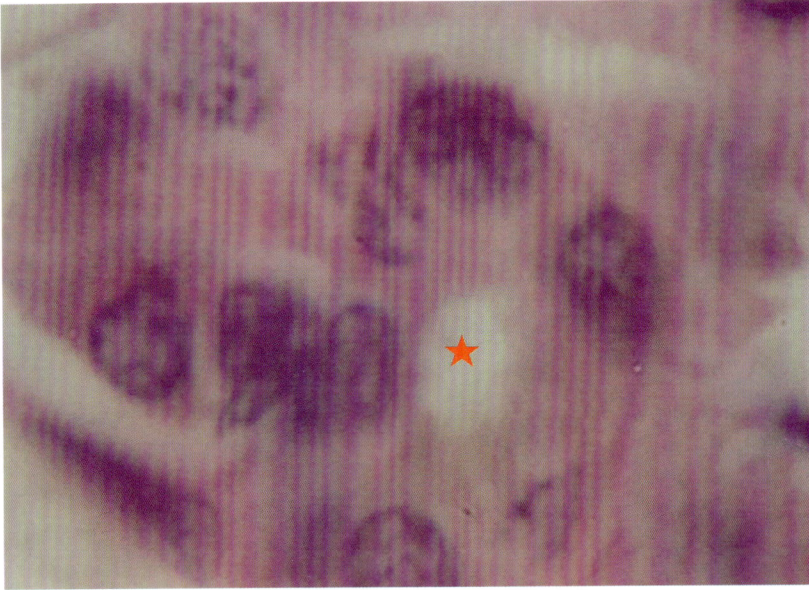

■ 图1-30　人舌腺导管演化

苏木素-伊红染色　×1 000

★示长管状腺泡腔扩大而成导管。

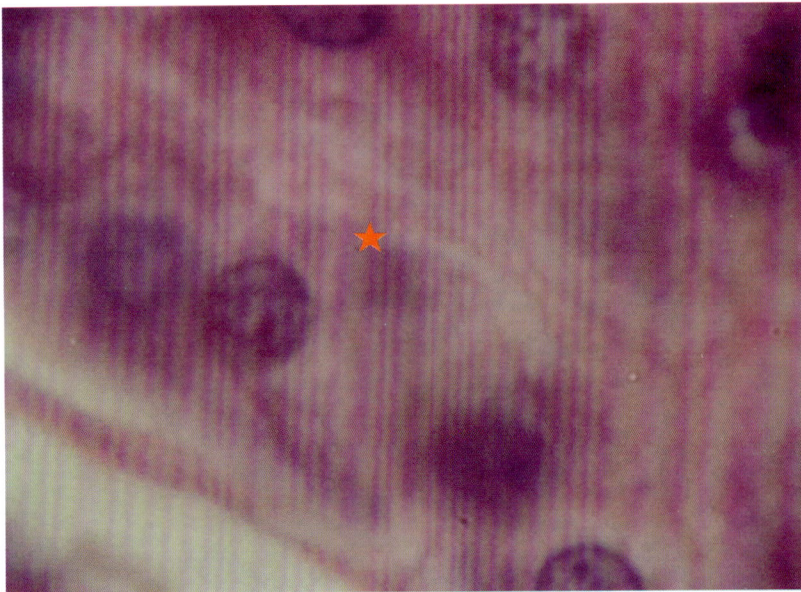

■ 图1-31　人长管状舌腺腺泡演化（1）

苏木素-伊红染色　×1 000

★示有狭细管腔的长管状腺泡。

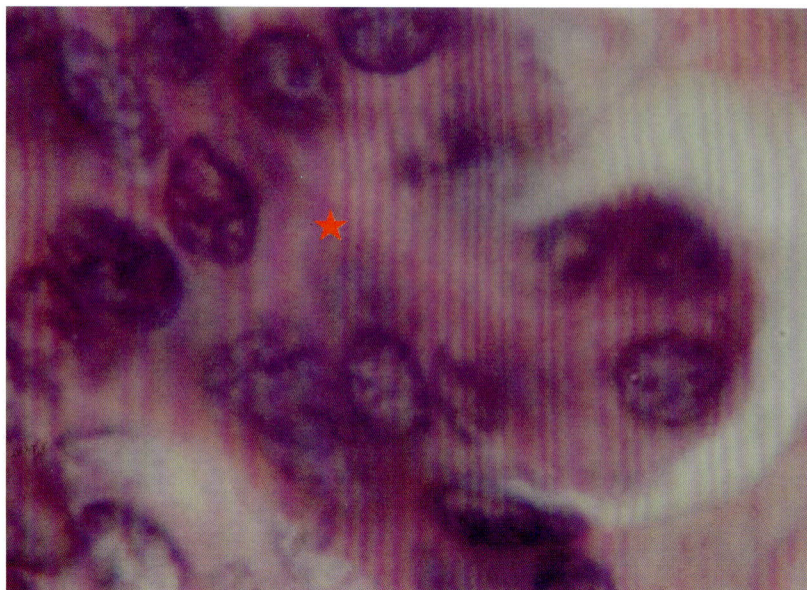

■ 图1-32　人长管状舌腺腺泡演化（2）

苏木素-伊红染色　×1 000

★ 示纵向延伸的舌腺细胞团。

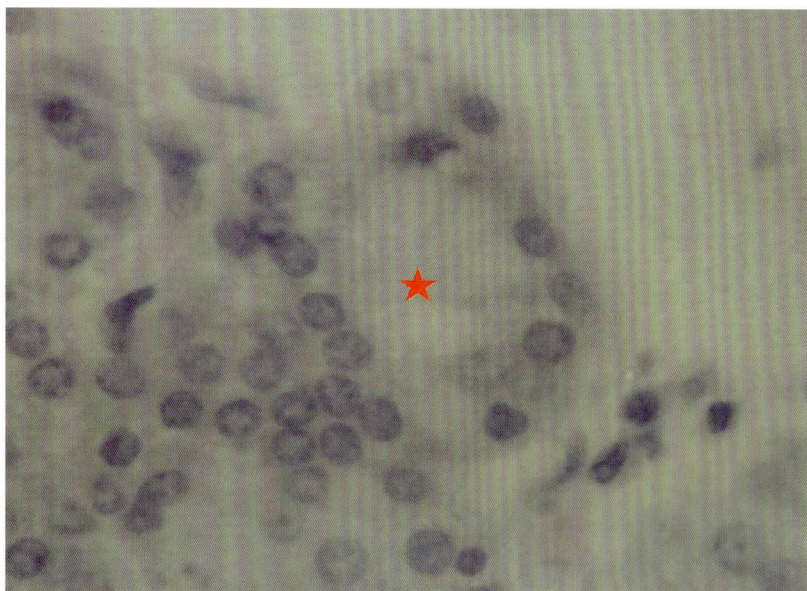

■ 图1-33　人舌浆液性腺泡

苏木素-伊红染色　×400

★ 示浆液性腺细胞团。

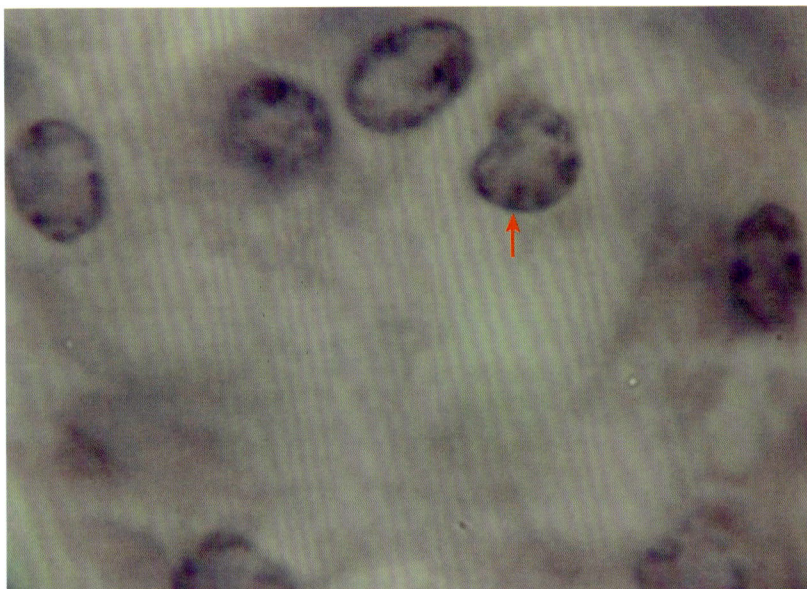

■ 图1-34　人舌腺早期兼性腺细胞

苏木素–伊红染色　×1 000

↑ 示兼性腺细胞。

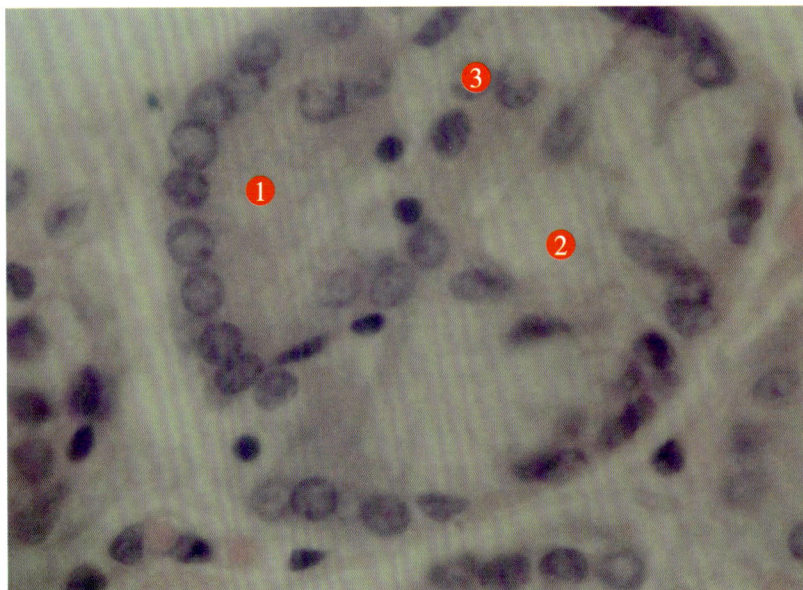

■ 图1-35　人舌混合性腺泡（1）

苏木素–伊红染色　×400

❶示浆液性腺细胞区；❷示黏液性腺细胞区；❸示兼性腺细胞区。

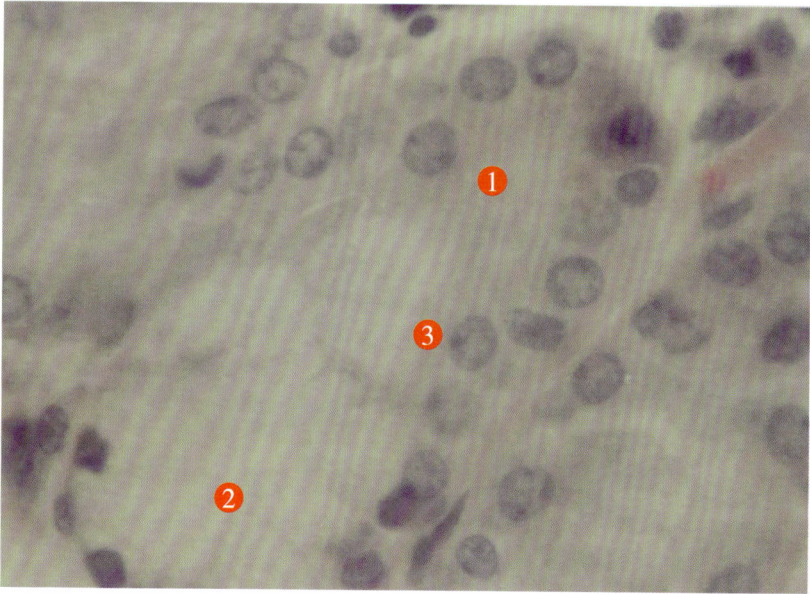

■ 图1-36　人舌混合性腺泡（2）

苏木素-伊红染色　×400

❶示浆液性腺细胞区；❷示黏液性腺细胞区；❸示兼性腺细胞区。

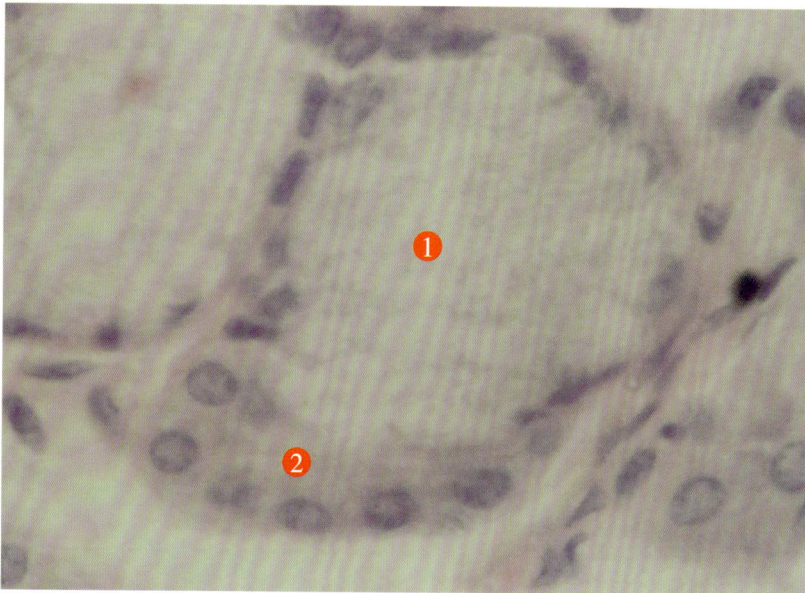

■ 图1-37　人舌混合性腺泡（3）

苏木素-伊红染色　×400

❶示黏液性腺细胞为主的混合性腺泡；❷示兼性腺细胞"半月"。

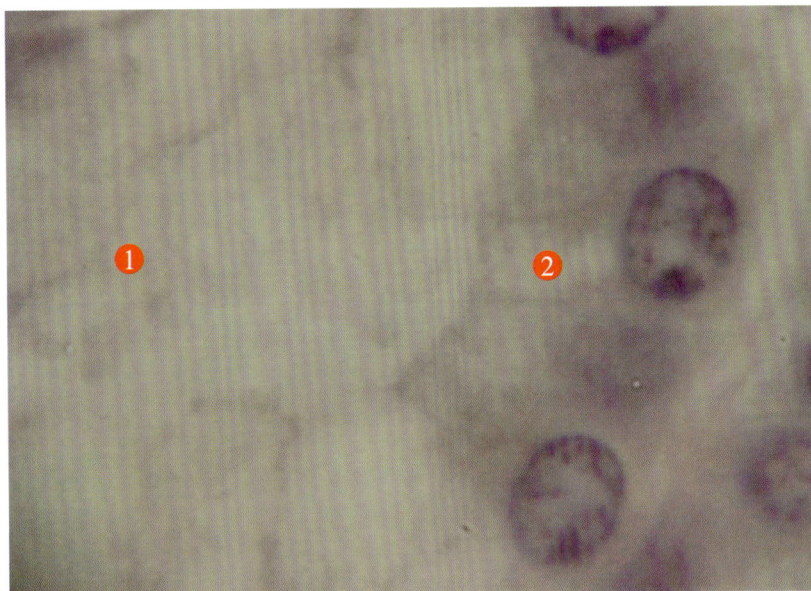

■ **图1-38 人舌兼性腺细胞"半月"**

苏木素–伊红染色 ×1 000

❶示黏液性腺细胞为主的混合性腺泡；❷示兼性腺细胞"半月"。

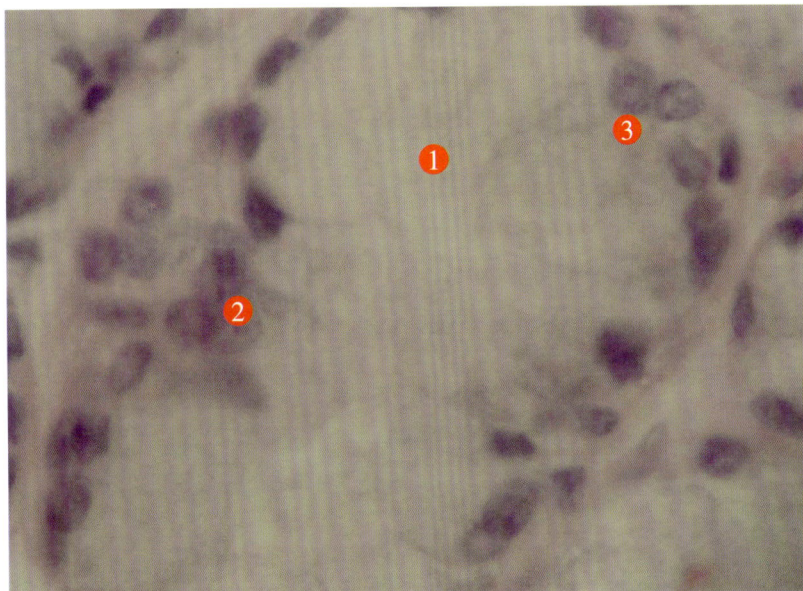

■ **图1-39 人舌较成熟的黏液性腺泡**

苏木素–伊红染色 ×400

❶示黏液性腺泡；❷示兼性腺细胞残迹；❸示保留兼性腺细胞核特征的黏液性细胞。

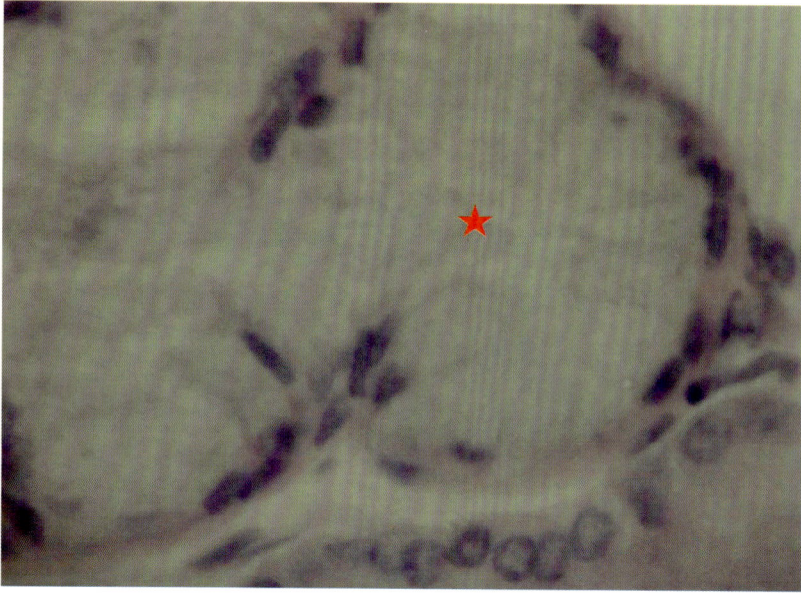

■ 图1-40 人舌成熟黏液性腺泡

苏木素-伊红染色 ×400

★ 示以椭圆形核黏液性腺细胞为主的黏液性腺泡。

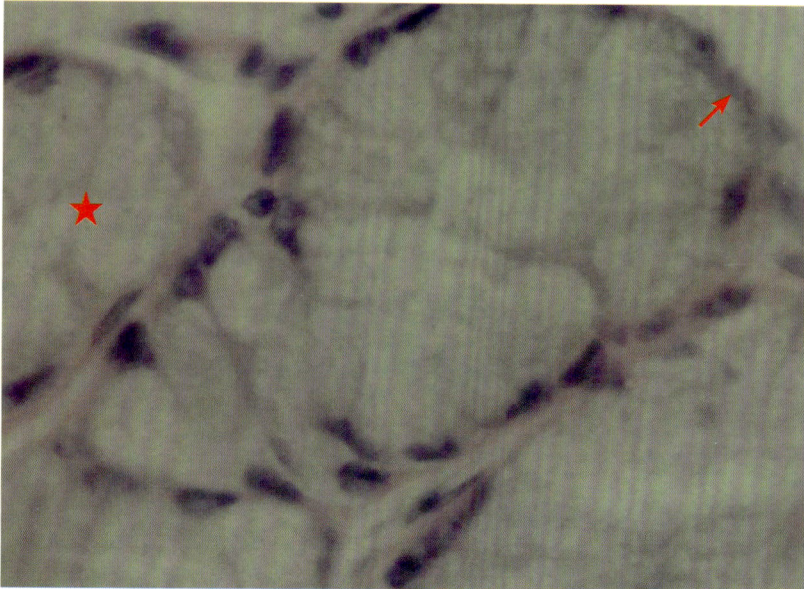

■ 图1-41 人舌衰老黏液性腺泡

苏木素-伊红染色 ×400

★示衰老的黏液性腺泡。 ↗示腺泡壁退化，行将破损的部位。

（三）神经束源干细胞-舌腺腺泡演化

小神经束也可成为舌腺演化的干细胞来源。舌内小神经束内流线形细胞钝圆化并离散，逐渐演化成为舌腺腺泡（图1-42、图1-43）。

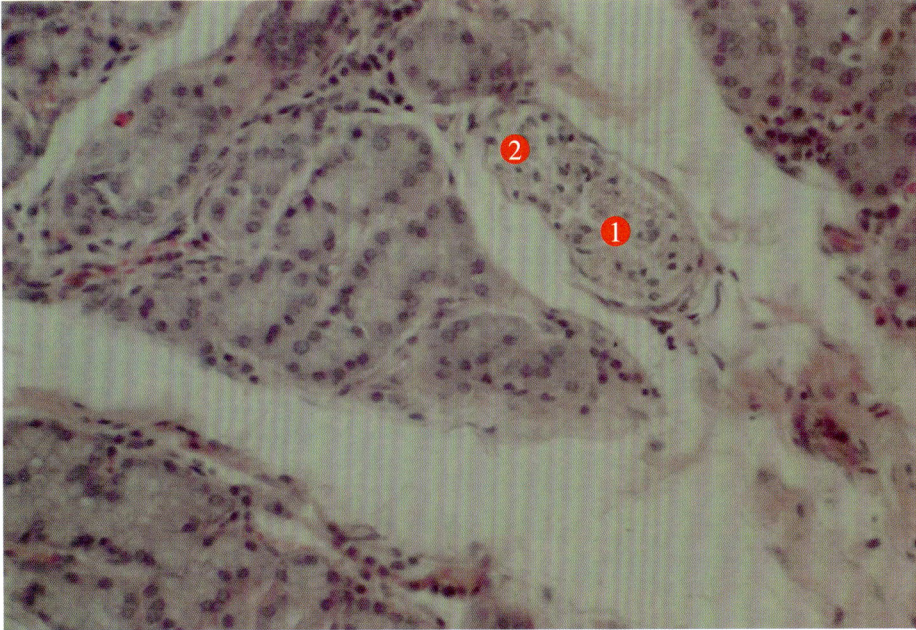

■ 图1-42　人舌神经束源干细胞-舌腺腺泡演化（1）

苏木素-伊红染色　×100

❶示小神经束演化较低端；❷示小神经束演化较高端。

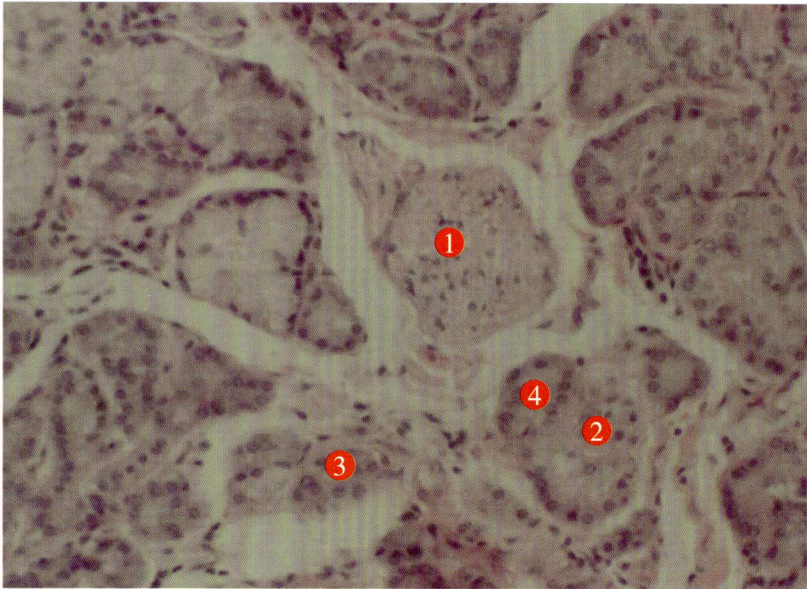

■ 图1-43　人舌神经束源干细胞-舌腺腺泡演化（2）

苏木素-伊红染色　×100

❶示小神经束；❷、❸和❹示神经束-舌腺腺泡演化过渡性结构。

三、人舌肌组织动力学

舌肌属横纹肌，横切面与斜切面均显示明显异质性（图1-44），表明舌肌细胞群存在演化动力学过程。舌肌可由间质源干细胞-舌肌细胞演化途径和神经束源干细胞-舌肌细胞演化途径演化而来。

（一）间质源干细胞-舌肌细胞演化

由舌黏膜固有层向下迁移的干细胞及深部间质内舌肌干细胞均可演化形成舌肌细胞。舌肌干细胞可形成条索（图1-45），逐渐演化为舌肌细胞束（图1-46～图1-48）。分散的舌肌干细胞可以近端诱导（图1-49、图1-50）或近侧诱导方式（图1-51）演化形成舌肌细胞。

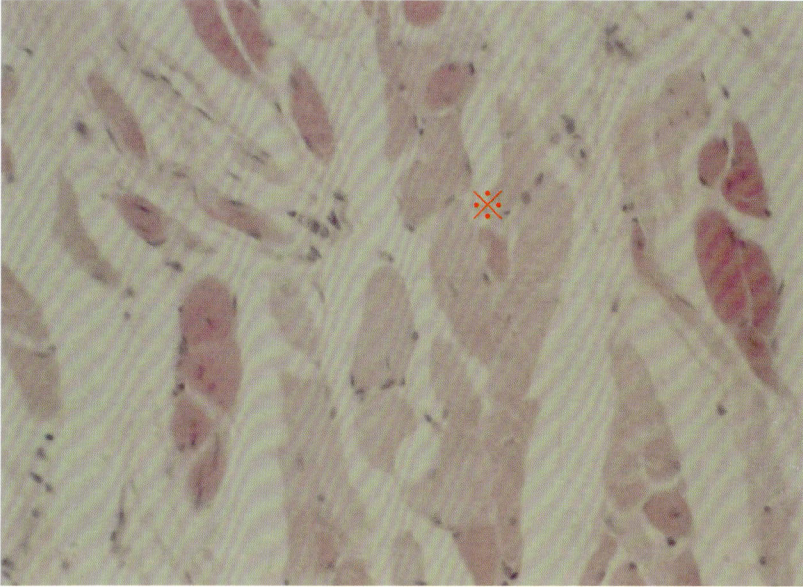

■ 图1-44　人舌肌细胞异质性

苏木素-伊红染色　×100

※示斜切面舌肌细胞异质性。

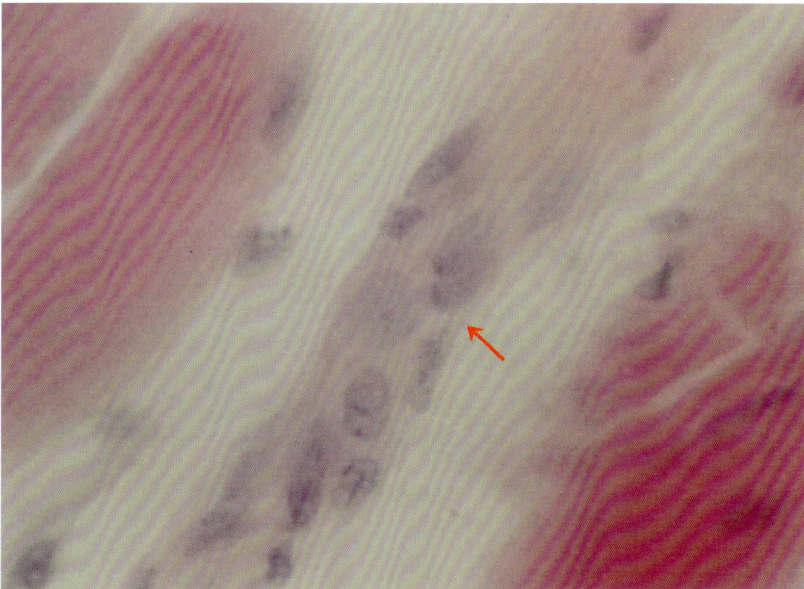

■ 图1-45　人舌肌束演化（1）

苏木素-伊红染色　×400

示舌肌干细胞条索。

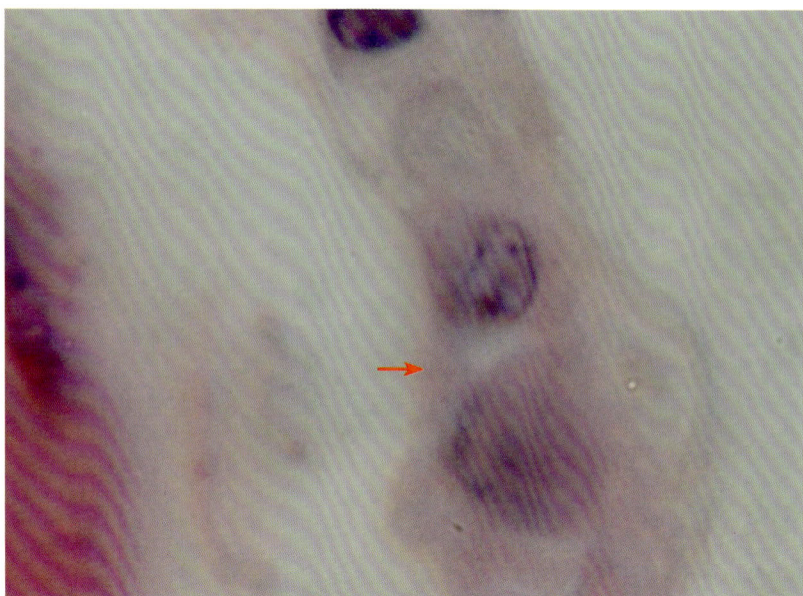

■ 图1-46　人舌肌束演化（2）
苏木素–伊红染色　×1 000
→ 示演化中的舌肌干细胞条索。

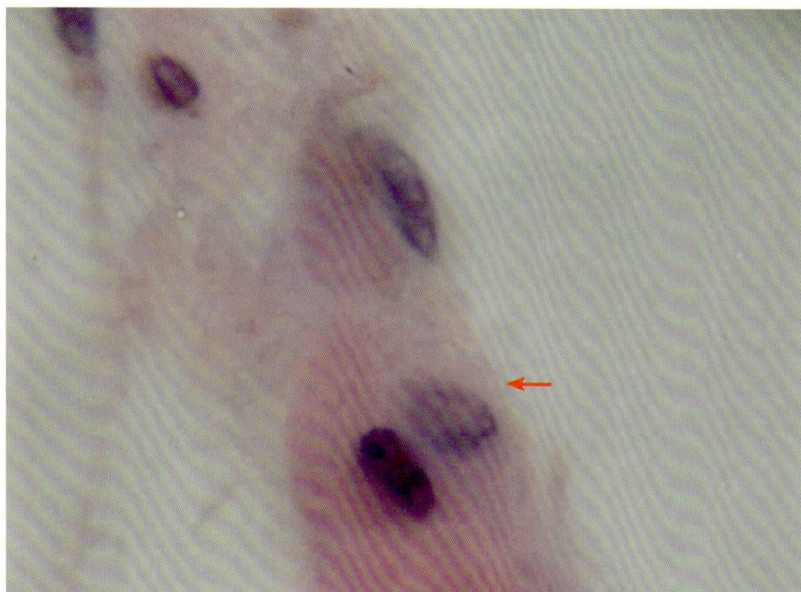

■ 图1-47　人舌肌束演化（3）
苏木素–伊红染色　×1 000
← 示演化中的舌肌干细胞条索。

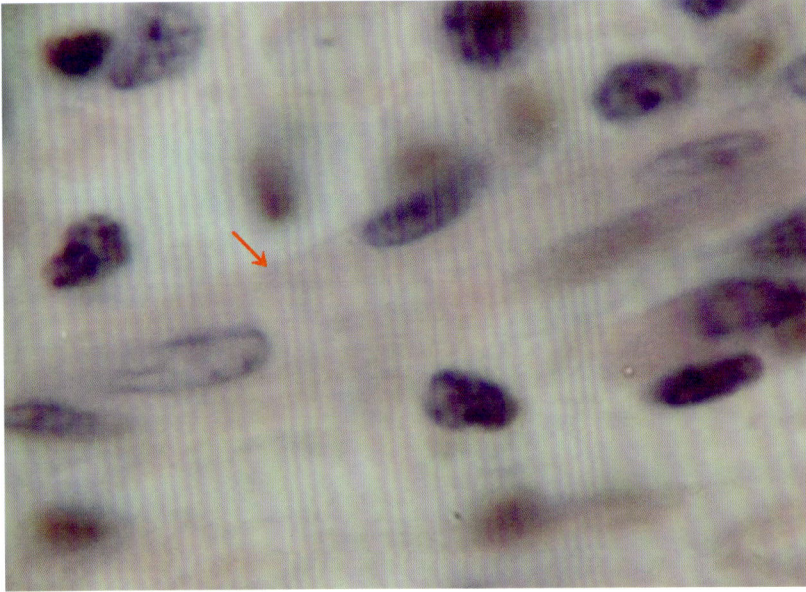

■ 图1-48　人舌肌束演化（4）

苏木素–伊红染色　×1 000

↘ 示过渡性舌肌细胞束。

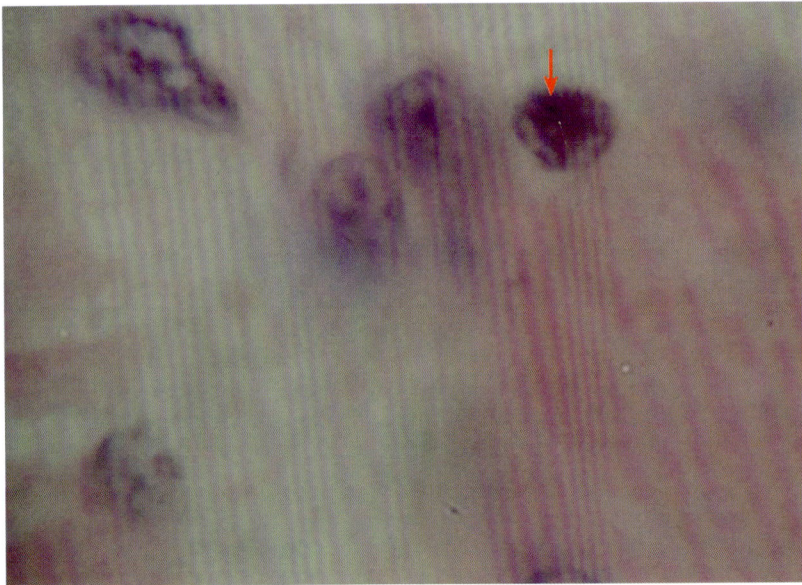

■ 图1-49　人舌肌细胞近端诱导演化（1）

苏木素–伊红染色　×1 000

↓ 示近端诱导舌肌细胞演化。

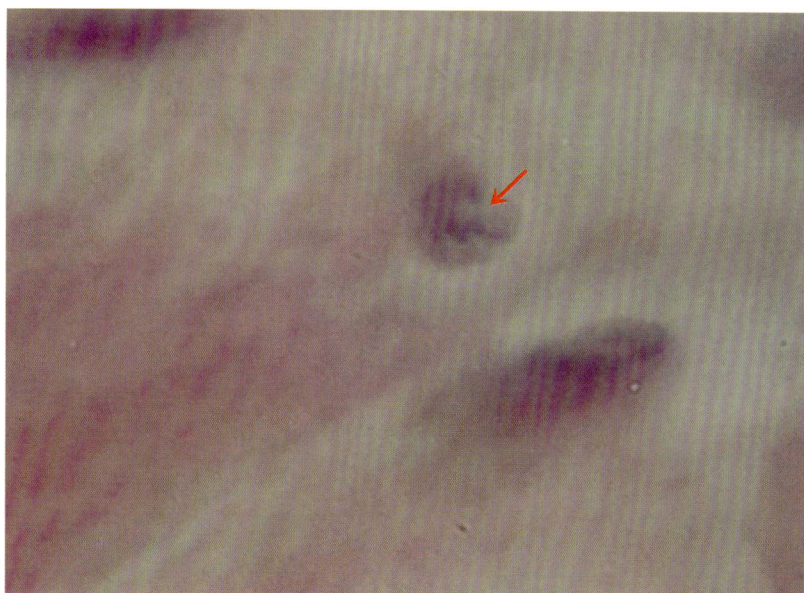

■ 图1-50　人舌肌细胞近端诱导演化（2）
苏木素-伊红染色　×1 000
示近端诱导舌肌细胞演化。

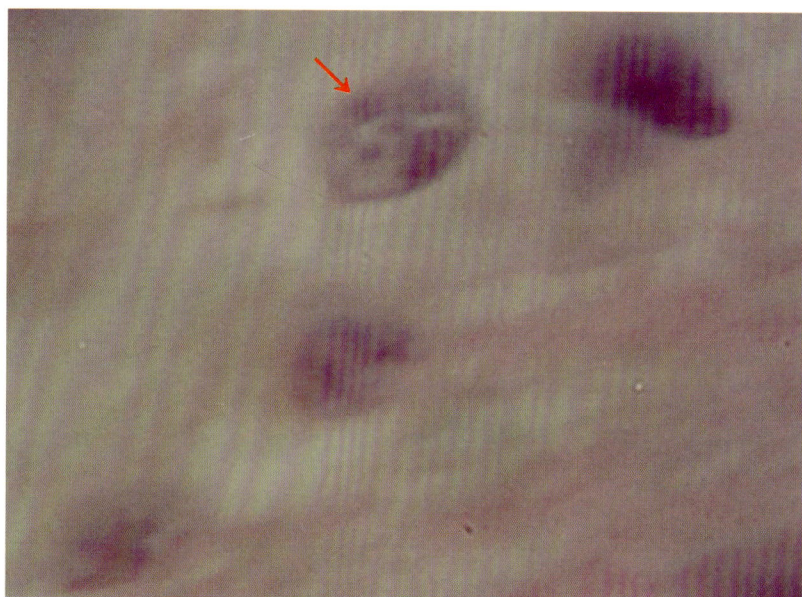

■ 图1-51　人舌肌细胞近侧诱导演化
苏木素-伊红染色　×1 000
示近侧诱导舌肌细胞演化。

（二）神经束源干细胞-舌肌细胞演化

舌肌层内的小神经束细胞可逐步演化为舌肌细胞（图1-52、图1-53），可从神经束一端逐渐肌细胞化（图1-54），或从一端离散出干细胞，演化形成舌肌细胞（图1-55）。

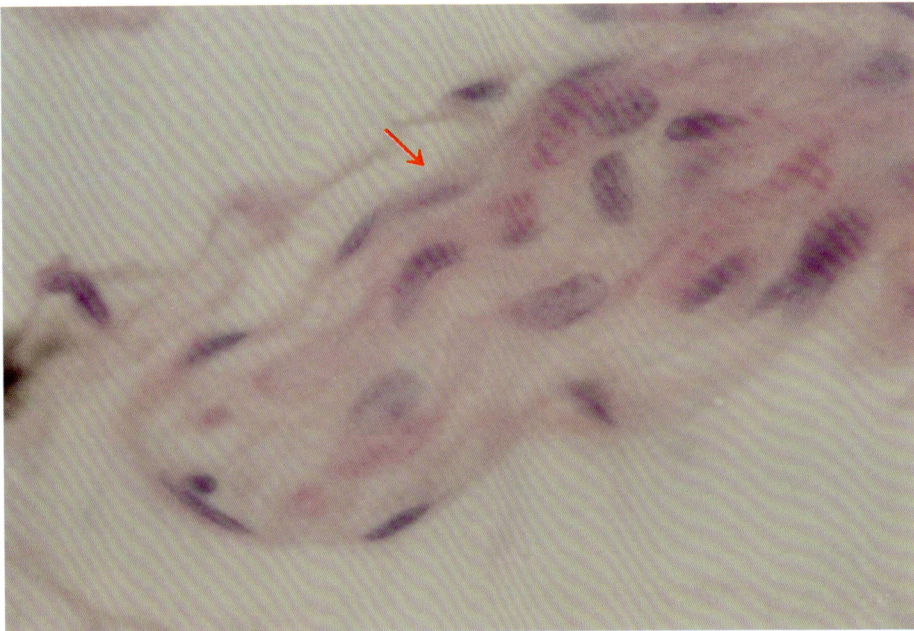

■ 图1-52　人舌神经束源干细胞-舌肌细胞演化（1）

苏木素-伊红染色　×400

↘ 示舌肌化的小神经束。

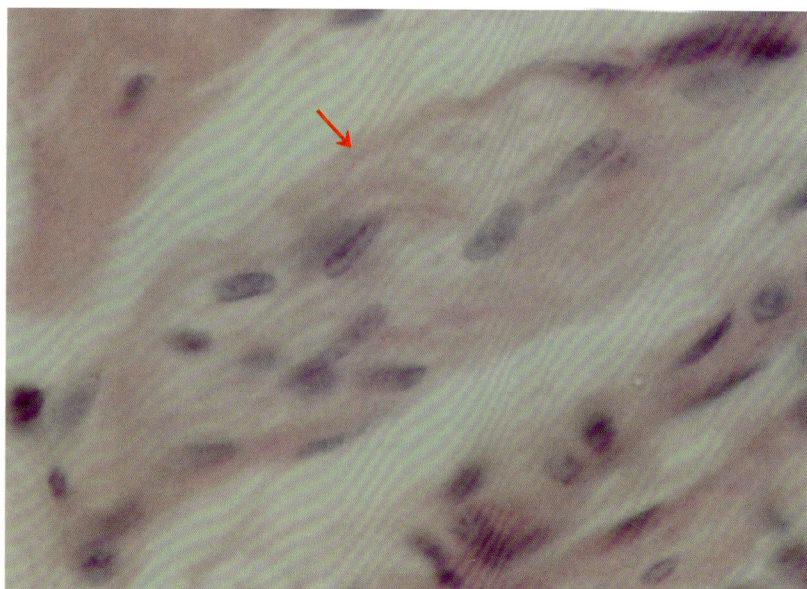

■ 图1-53 人舌神经束源干细胞–舌肌细胞演化（2）

苏木素–伊红染色 ×400

↘ 示舌肌化的小神经束。

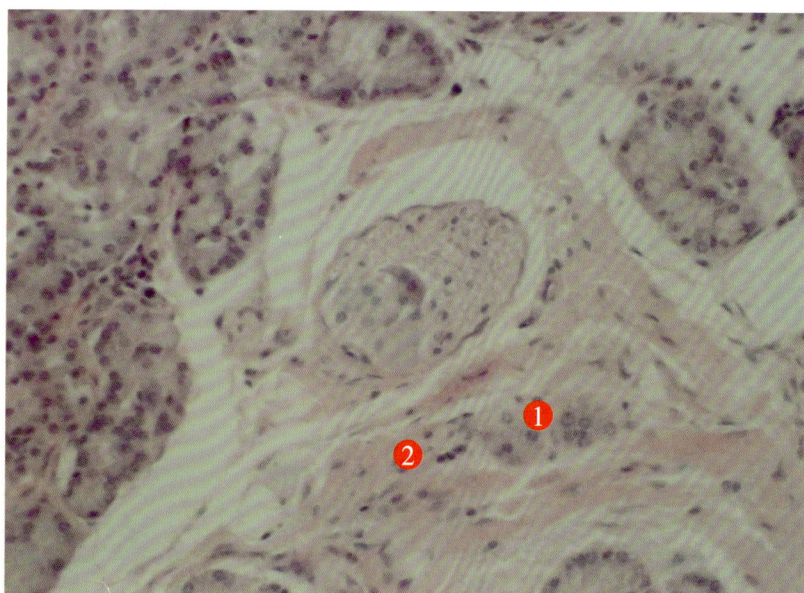

■ 图1-54 人舌神经束源干细胞–舌肌细胞演化（3）

苏木素–伊红染色 ×100

❶示小神经束演化较低端；❷示逐步演化形成舌肌细胞端。

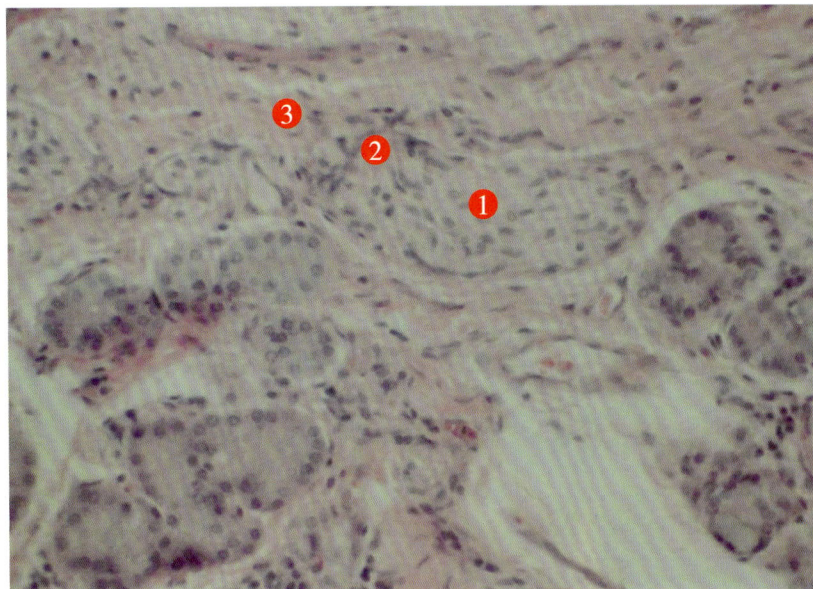

■ 图1-55　人舌神经束源干细胞–舌肌细胞演化（4）

苏木素–伊红染色　×100

❶示小神经束静息端；❷示过渡区；❸示新生舌肌区。

小　结

　　舌黏膜固有层内上皮干细胞透明化或不经透明化向上迁移并逐步整合进入舌表面上皮。味蕾也起源于固有层内透明化的干细胞，增生形成透明细胞克隆，逐渐向上移动，到达舌黏膜表面即成为味蕾。味蕾也是增加表面上皮幼稚细胞的方式。人舌肌间有舌腺。舌黏膜固有层及深层间质内干细胞可演化形成舌腺；舌腺导管舌腺干细胞向深部延伸，迁移演化也可形成舌腺腺泡；舌内小神经束也可成为舌腺干细胞的来源。舌黏膜固有层及深部间质内舌肌干细胞均可演化形成舌肌细胞。舌内小神经束细胞也可演化形成舌肌细胞。

第二节　人食管组织动力学

一、人食管黏膜上皮组织动力学

　　食管黏膜上皮为未角化型复层扁平上皮，可分为基底层、棘层和扁平层，基底层下是固有层（图1-56）。食管黏膜固有层内常见淋巴小结（图1-57、图1-58），上皮干细胞部分是由附近淋巴小结迁移扩散到邻近上皮层下（图1-59），来自附近淋巴结或来自固有层间质的的上皮干细胞趋近上皮基底层，并明显透明化（图1-60、图1-61），可单个进入上皮基底层缝隙（图1-62），也可集群式进入基底层缝隙内，透明细胞明显成为上皮基底层内的幼稚细胞岛，但后逐渐被周围基底层细胞同化（图1-63、图1-64）。

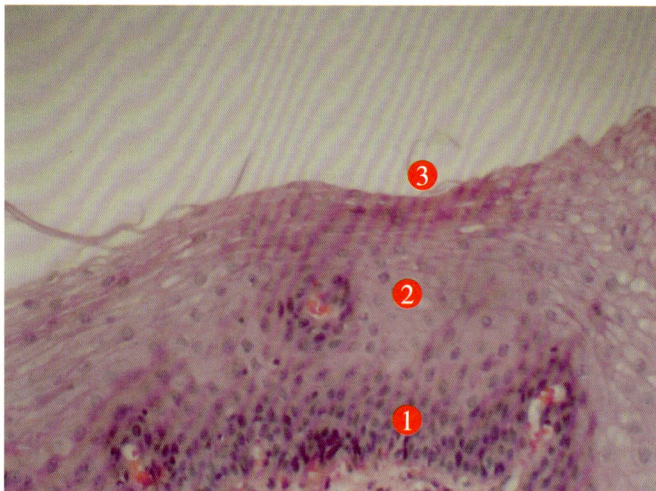

■ 图1-56　人食管黏膜上皮

苏木素-伊红染色　×100

❶示未角化型复层扁平上皮；❷示固有层；❸示易剥脱的最表层扁平细胞。

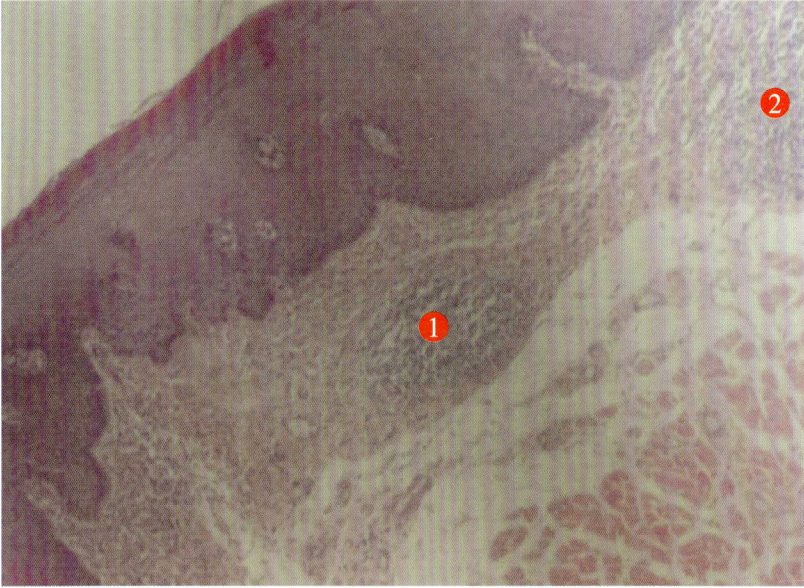

■ 图1-57　人食管黏膜淋巴小结（1）

苏木素-伊红染色　×50

❶和❷示固有层内淋巴小结。

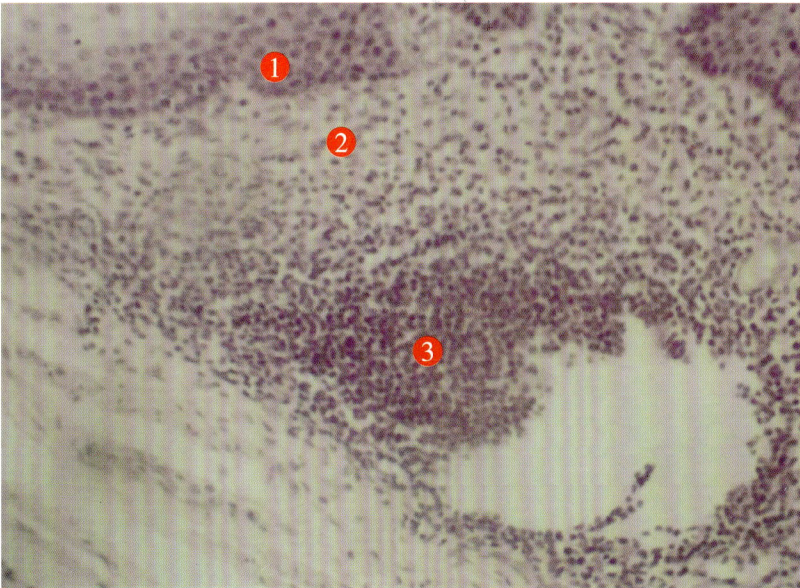

■ 图1-58　人食管黏膜淋巴小结（2）

苏木素-伊红染色　×100

❶示上皮基底层；❷示固有层；❸示淋巴小结。

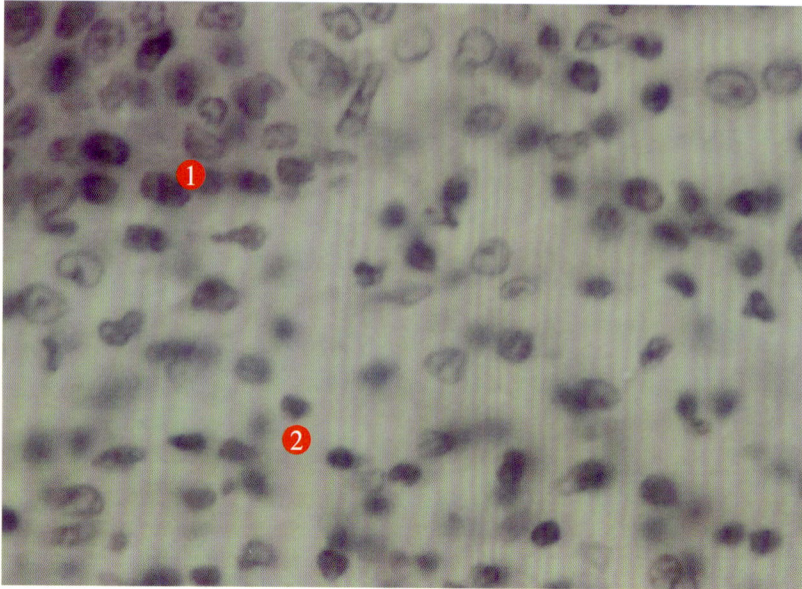

■ 图1-59　人食管淋巴源上皮细胞演化（1）

苏木素–伊红染色　×400

❶示上皮基底层；❷示固有层，其中有从淋巴小结迁移来的干细胞。

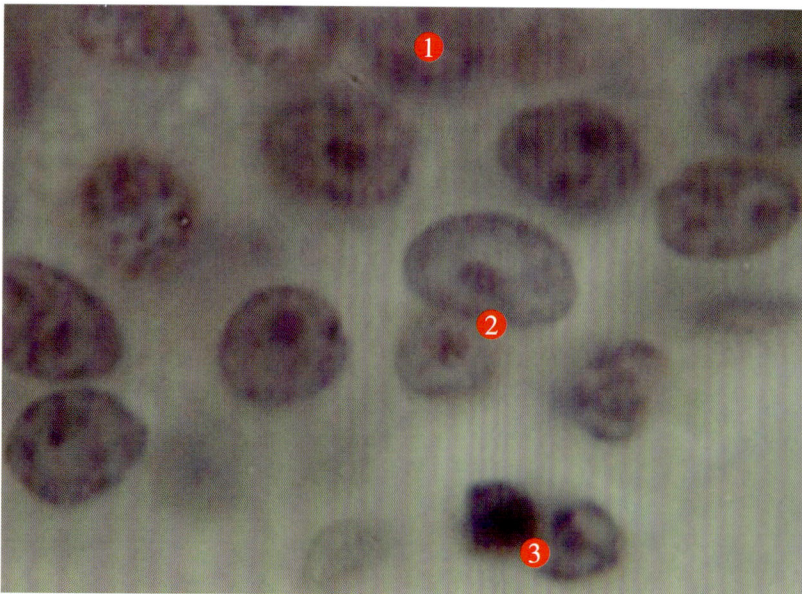

■ 图1-60　人食管淋巴源上皮细胞演化（2）

苏木素–伊红染色　×1 000

❶示上皮基底层；❷示透明细胞；❸示干细胞。

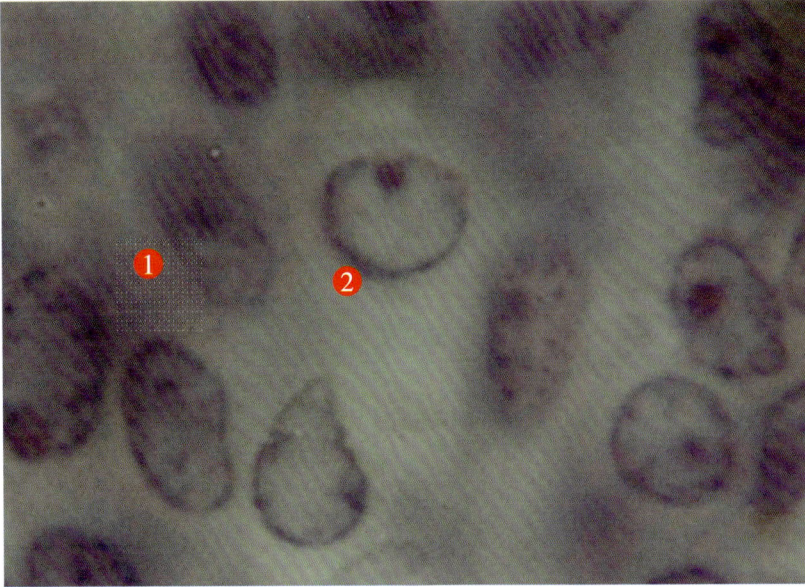

■ 图1-61　人食管淋巴源上皮细胞演化（3）

苏木素-伊红染色　×1 000

❶示上皮基底层；❷示透明细胞。

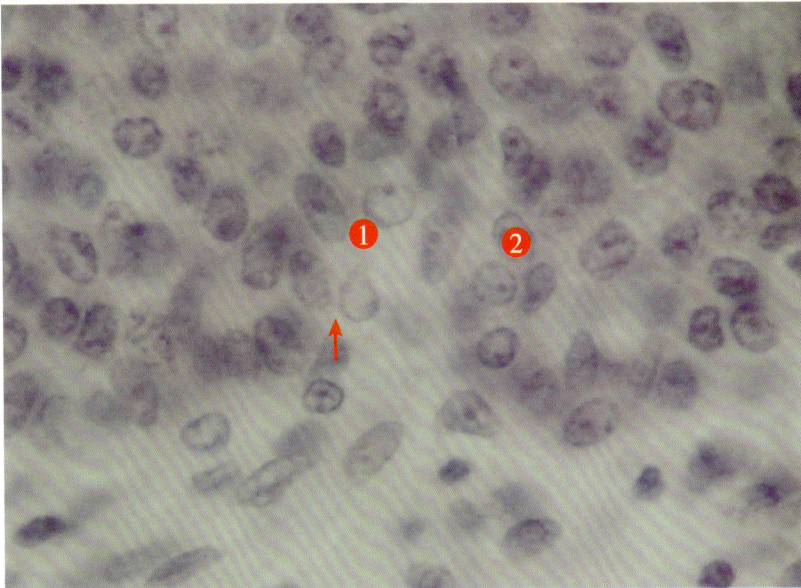

■ 图1-62　人食管间质源上皮细胞演化（1）

苏木素-伊红染色　×400

↑示向基底层缝隙钻行的透明细胞。❶示已钻入基底层缝隙的透明细胞；❷示上皮基底层。

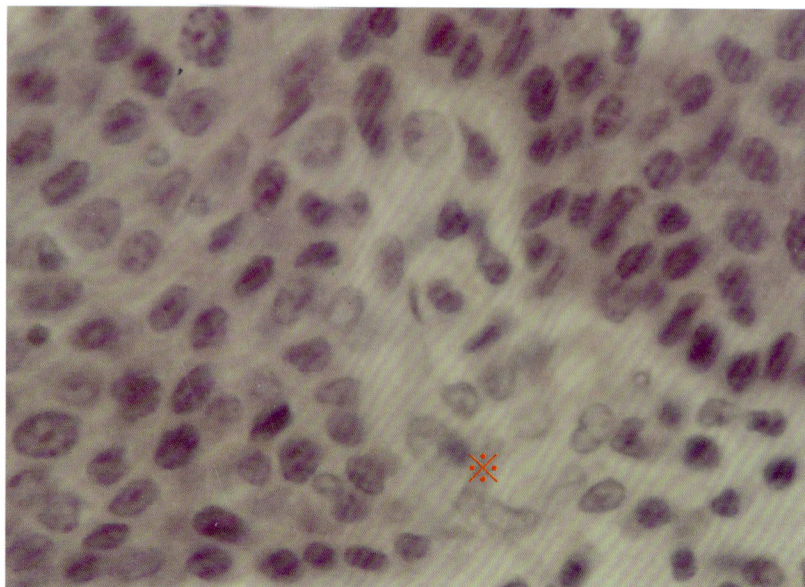

图1-63 人食管间质源上皮细胞演化（2）

苏木素-伊红染色 ×400

※示集群式填补基底层缝隙的透明细胞。

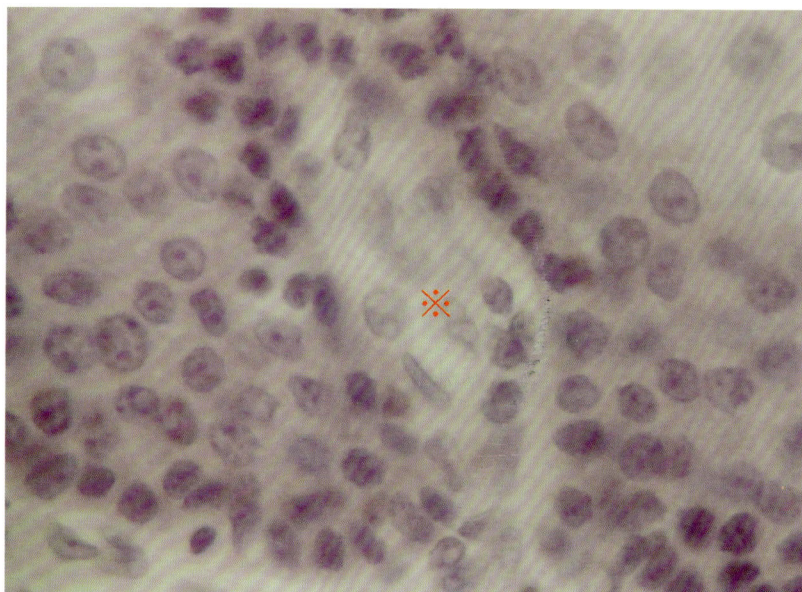

图1-64 人食管间质源上皮细胞演化（3）

苏木素-伊红染色 ×400

※示进入基底层缝隙的透明细胞群。

二、人食管腺组织动力学

食管腺演化主要有间质源干细胞和导管源干细胞两种来源途径。

（一）间质源干细胞－食管腺演化

人食管黏膜固有层及深部间质内存在食管腺干细胞。食管腺干细胞受某种因子刺激而激发成为透明细胞（图1-65），透明细胞可分裂增殖（图1-66），形成不断增大的成腺细胞团（图1-67），而后成腺细胞团内出现分泌黏液腺细胞（图1-68），分泌黏液腺细胞继续增多，分泌物也逐渐黏稠（图1-69、图1-70），最终成为分泌黏液的食管腺腺泡（图1-71）。

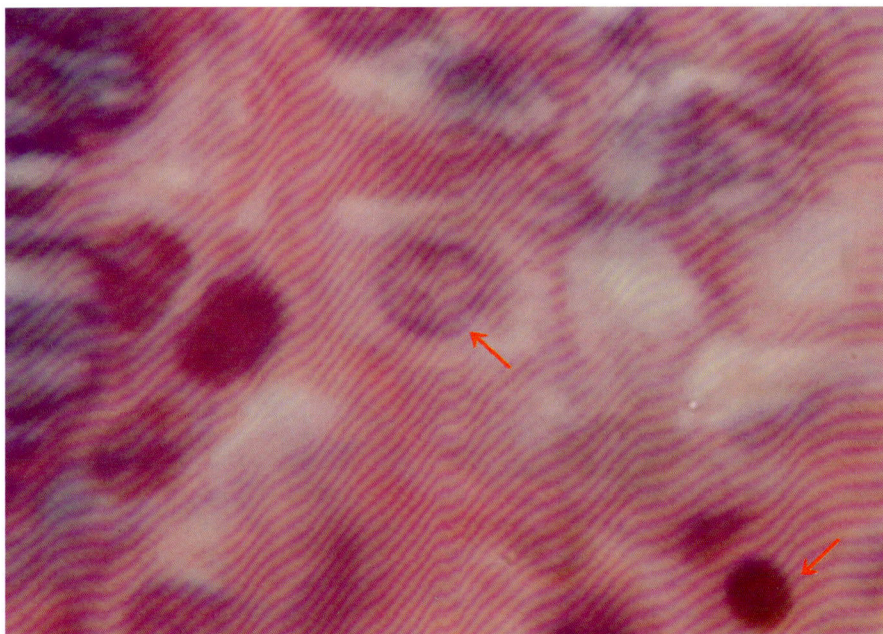

■ **图1-65　人间质源干细胞－食管腺演化（1）**
苏木素－伊红染色　×1 000
↙ 示间质源干细胞。↖ 示受激干细胞透明化。

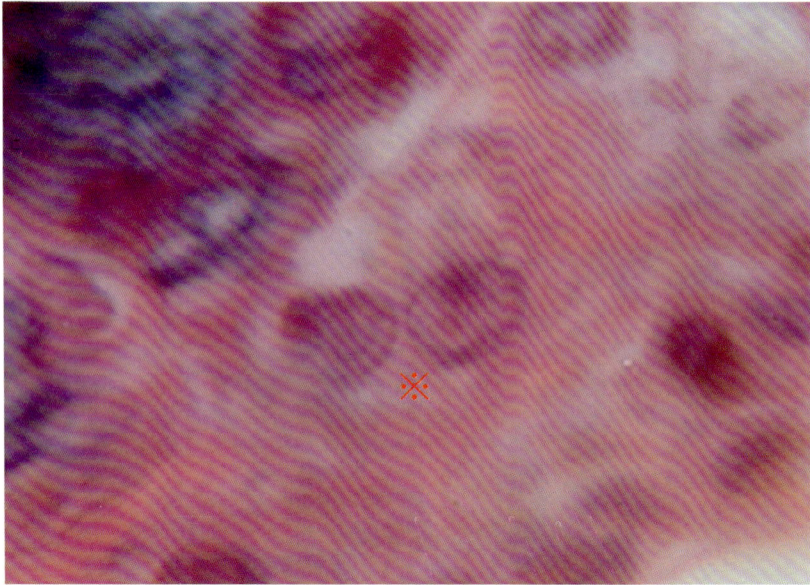

■ 图1-66　人间质源干细胞-食管腺演化（2）
苏木素-伊红染色　×1 000
※示透明干细胞增殖。

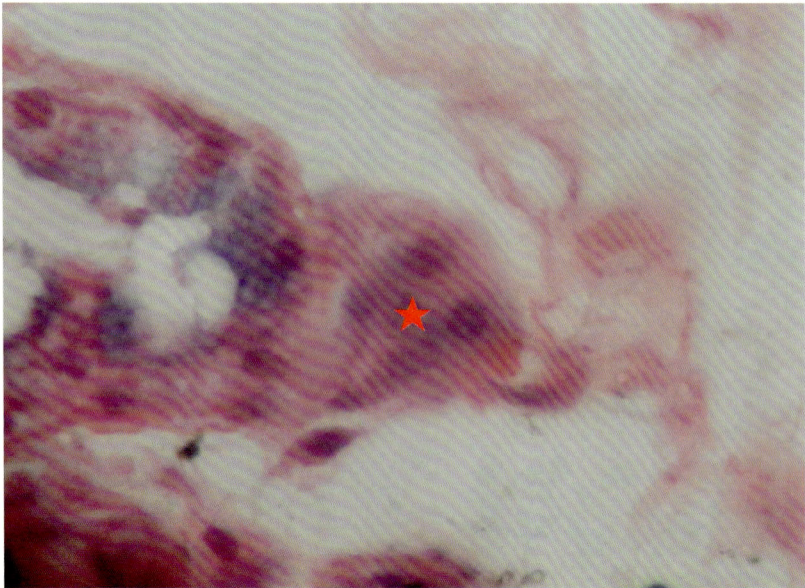

■ 图1-67　人间质源干细胞-食管腺演化（3）
苏木素-伊红染色　×400
★示成腺细胞团。

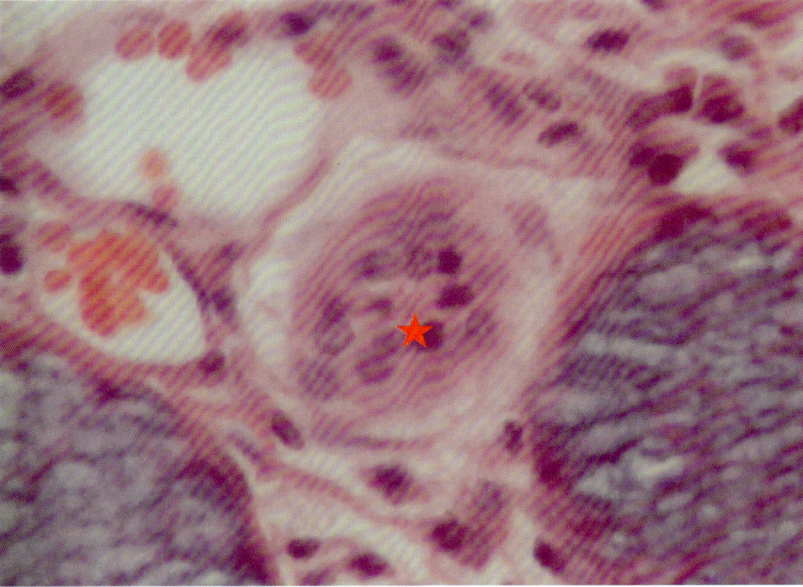

■ 图1-68　人间质源干细胞-食管腺演化（4）
苏木素-伊红染色　×400
★示成腺细胞团继续增大。

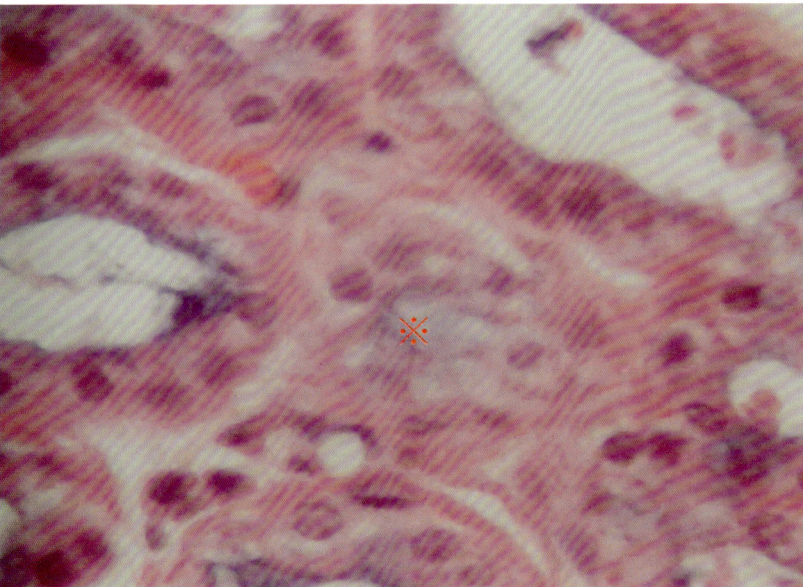

■ 图1-69　人间质源干细胞-食管腺演化（5）
苏木素-伊红染色　×400
※示分泌黏液的腺细胞增多。

41

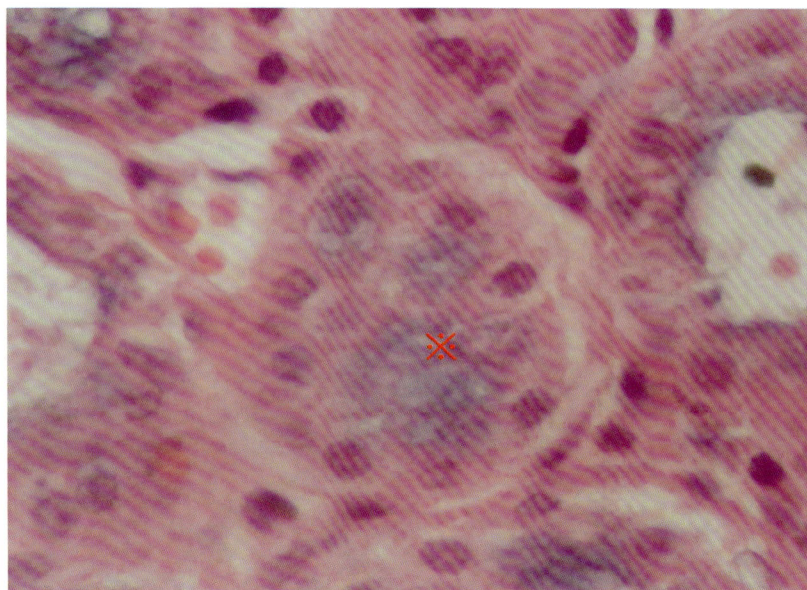

■ 图1-70 人间质源干细胞-食管腺演化（6）

苏木素-伊红染色 ×400

※示分泌黏液的腺细胞继续增多。

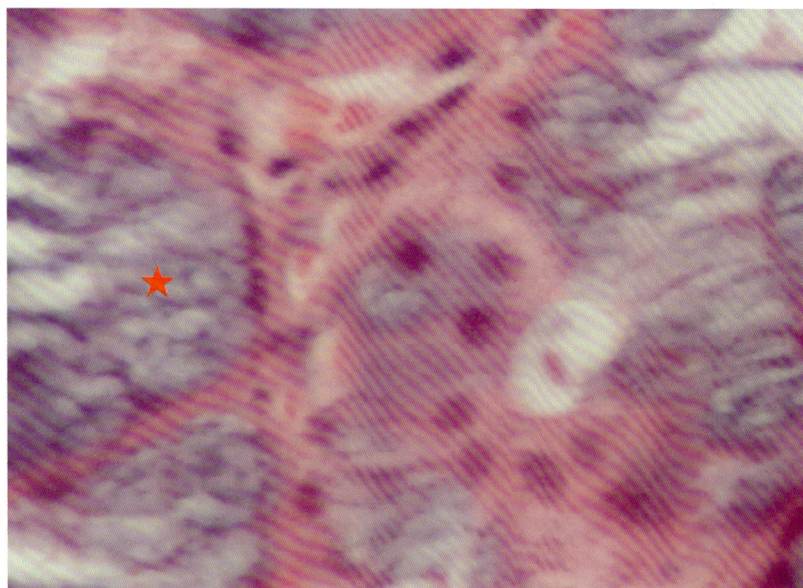

■ 图1-71 人间质源干细胞-食管腺演化（7）

苏木素-伊红染色 ×400

★示纯黏液性腺泡。

（二）导管源干细胞–食管腺演化

负责排出黏液的食管腺导管以独立的管道穿出，并开口于食管黏膜的复层扁平上皮表面（图1–72、图1–73），而排出较稀薄分泌物的食管腺导管则类似汗腺导管，以螺旋形隧道穿过复层上皮，排入食管腔（图1–74、图1–75）。食管腺导管上皮干细胞向远端迁移延伸，并分泌黏液成为黏液性腺细胞（图1–76）。与导管接通的腺泡内黏液变稀薄，有利于排出（图1–77、图1–78）。

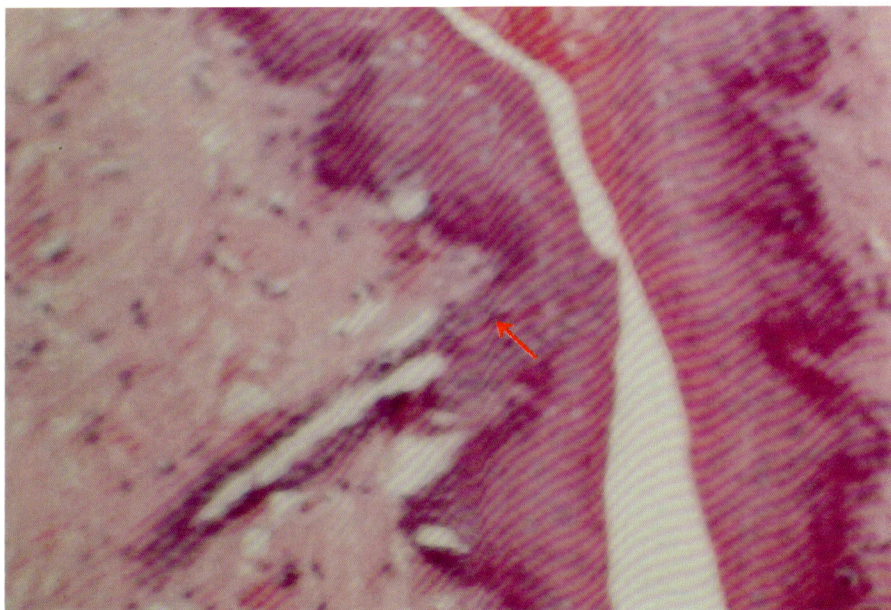

■ 图1–72　人食管腺黏液性导管（1）

苏木素–伊红染色　×100

示排出黏液的独立的穿透上皮的导管。

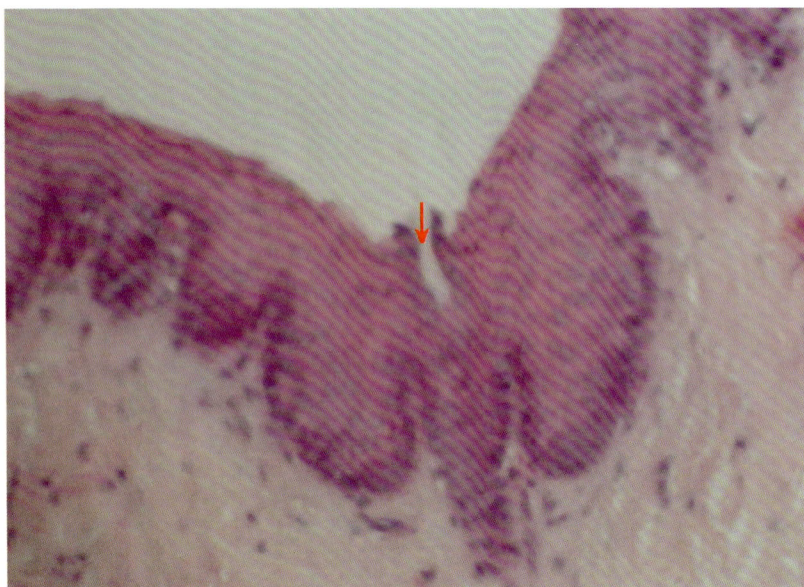

■ 图1-73　人食管腺黏液性导管（2）

苏木素-伊红染色　×100

↓ 示排出黏液的独立的穿透上皮的导管开口。

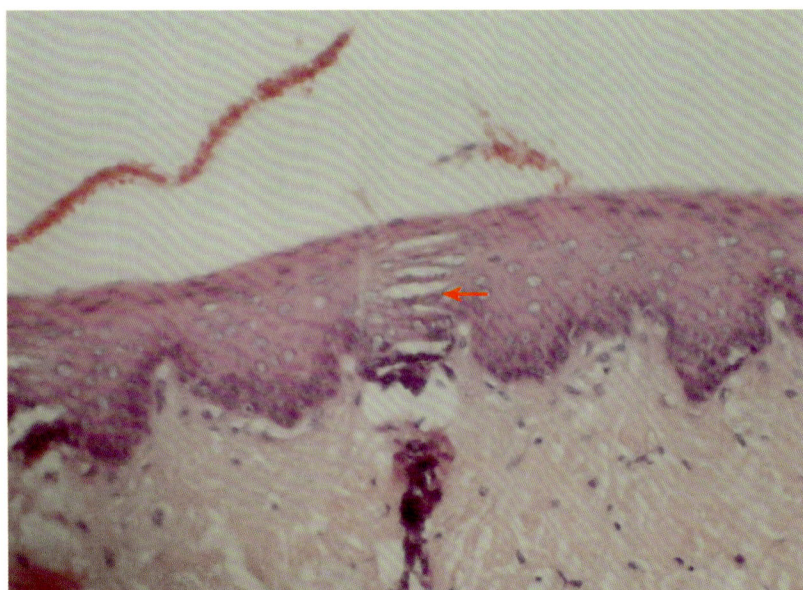

■ 图1-74　人食管腺浆液性导管（1）

苏木素-伊红染色　×100

← 示排出较稀薄分泌物的穿上皮螺旋形隧道。

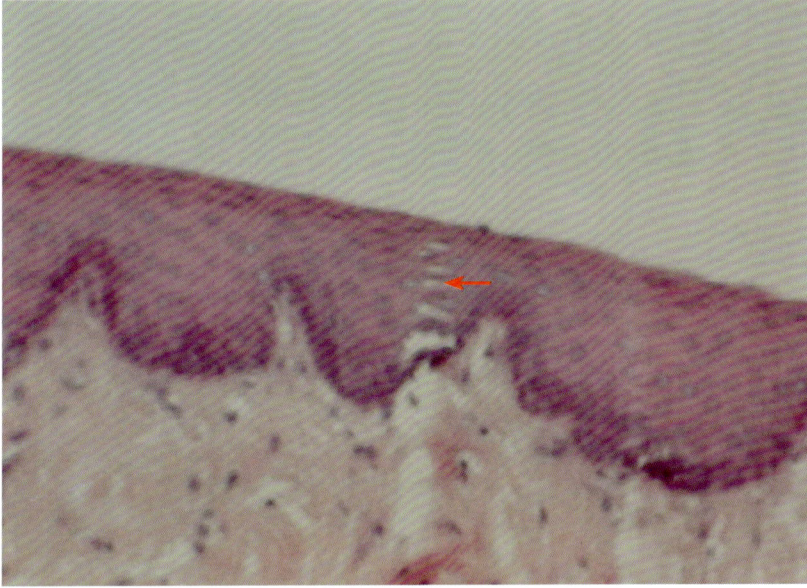

■ 图1-75　人食管腺浆液性导管（2）
苏木素-伊红染色　×100
← 示排出较稀薄分泌物的穿上皮螺旋形隧道。

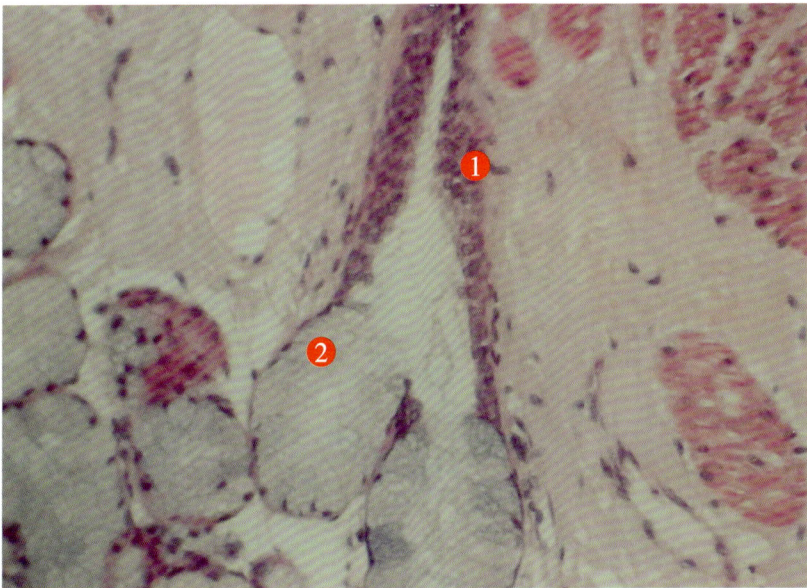

■ 图1-76　人导管源干细胞-食管腺演化（1）
苏木素-伊红染色　×100
❶示导管；❷示黏液性腺泡。

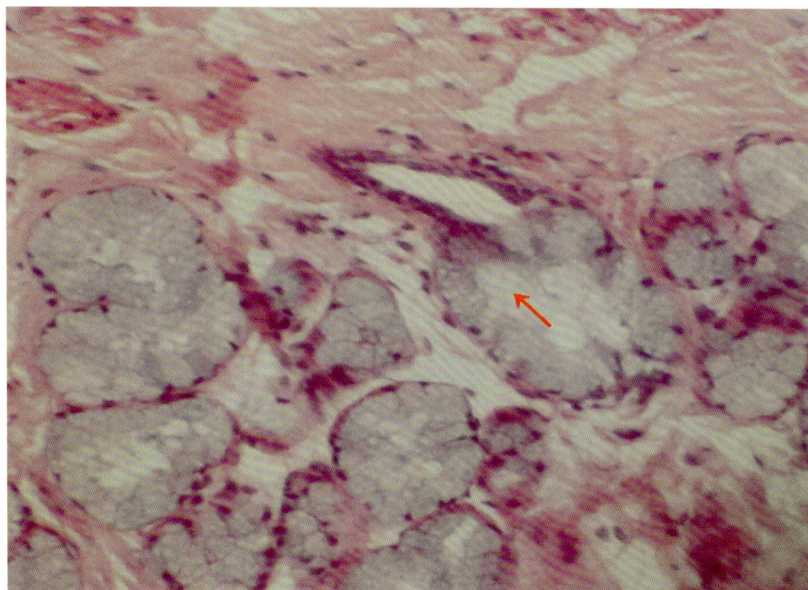

■ 图1-77 人导管源干细胞-食管腺演化（2）

苏木素-伊红染色 ×100

↗ 示通连导管的腺泡内黏液变稀薄。

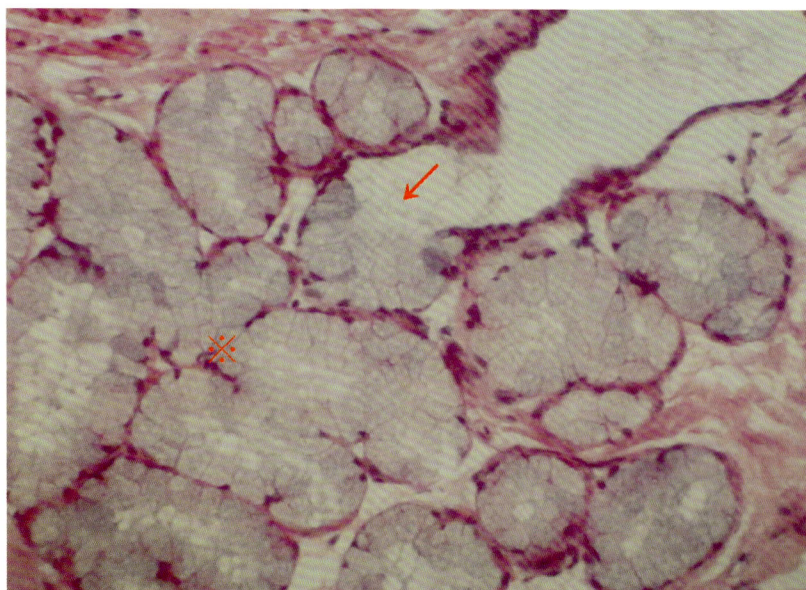

■ 图1-78 人导管源干细胞-食管腺演化（3）

苏木素-伊红染色 ×100

※示复合腺泡群。 ↙ 示通连导管的腺泡内黏液变稀薄。

三、人食管肌组织动力学

人食管肌有平滑肌和横纹肌两种。平滑肌可由小神经束局部肌化形成（图1-79、图1-80）；而食管横纹肌演化来源较复杂，主要由间质源干细胞-横纹肌细胞演化途径、干细胞巢-横纹肌细胞演化途径和神经丛-横纹肌细胞演化途径演化而来。

（一）间质源干细胞-横纹肌细胞演化

食管壁间质内散在可演化形成横纹肌细胞的横纹肌干细胞（图1-81），演化过程中可见不同演化程度的过渡性细胞（图1-82、图1-83）。干细胞可受已生成的横纹肌细胞的近端诱导或近侧诱导，逐步演化成为横纹肌细胞（图1-84、图1-85）。人食管横纹肌细胞常见纵裂型直接分裂象（图1-86、图1-87），也可见横裂型直接分裂象（图1-88）。

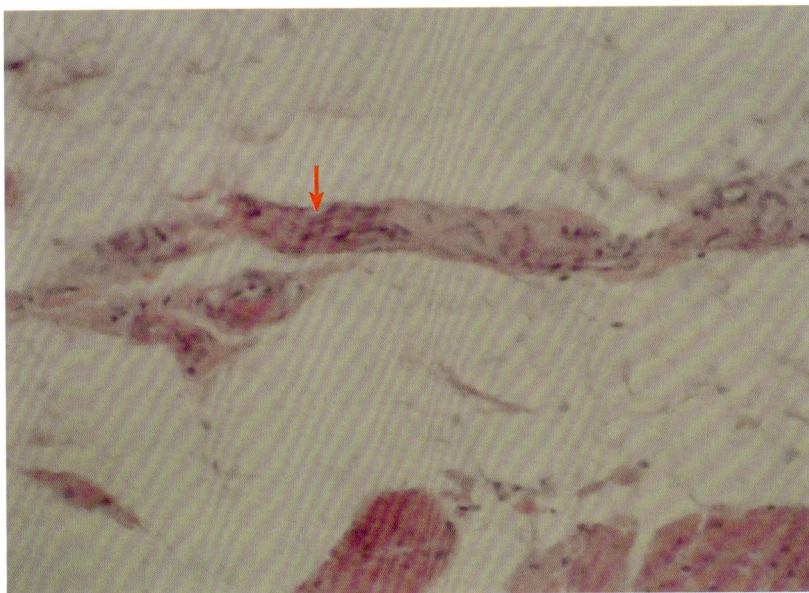

■ 图1-79　人食管神经丛内平滑肌化（1）

苏木素-伊红染色　×100

↓示神经束一端平滑肌化。

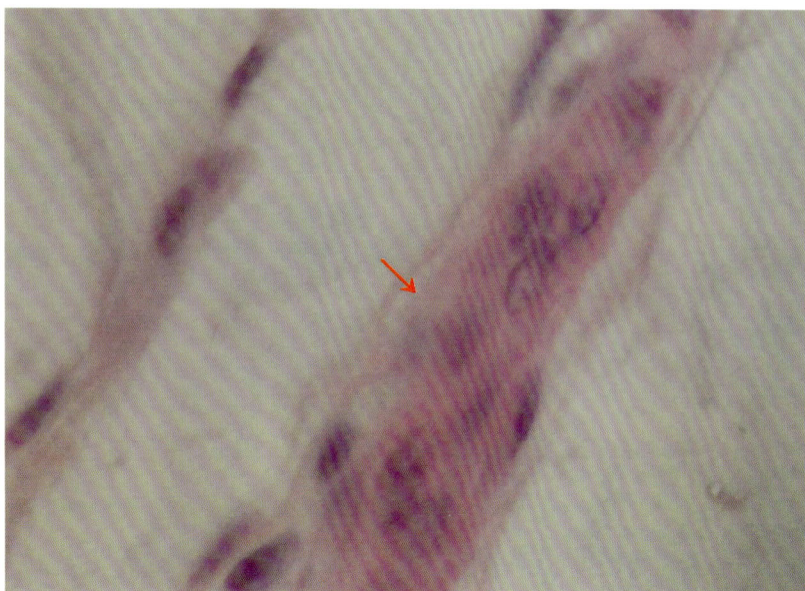

■ 图1-80　人食管神经丛内平滑肌化（2）
苏木素-伊红染色　×400
↘ 示神经束中段平滑肌化。

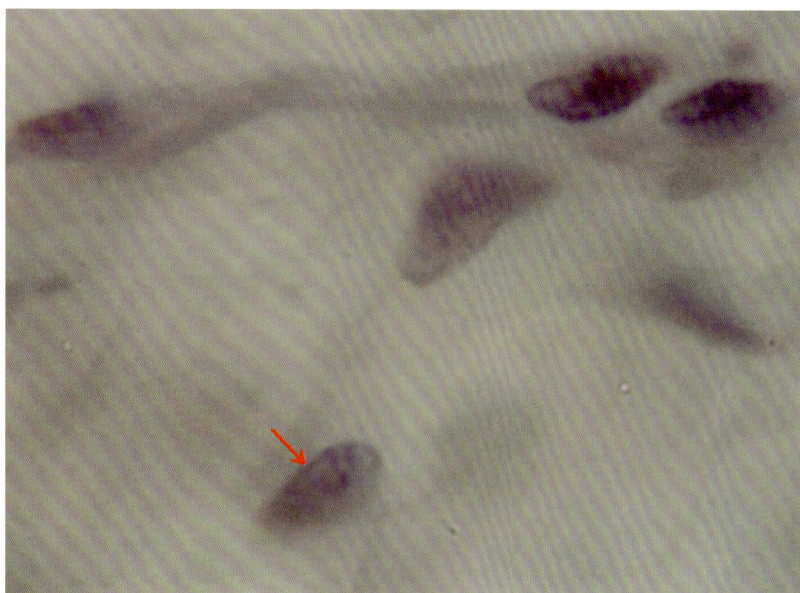

■ 图1-81　人食管间质源干细胞
苏木素-伊红染色　×1 000
↘ 示食管横纹肌干细胞。

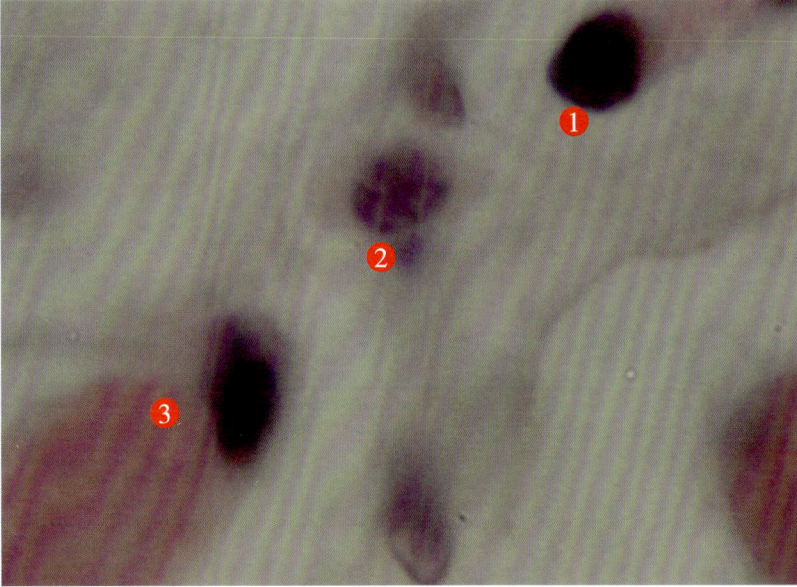

■ 图1-82　人食管间质源干细胞-横纹肌细胞演化（1）
苏木素-伊红染色　×1 000
❶示间质源干细胞；❷示过渡性细胞；❸示横纹肌细胞。

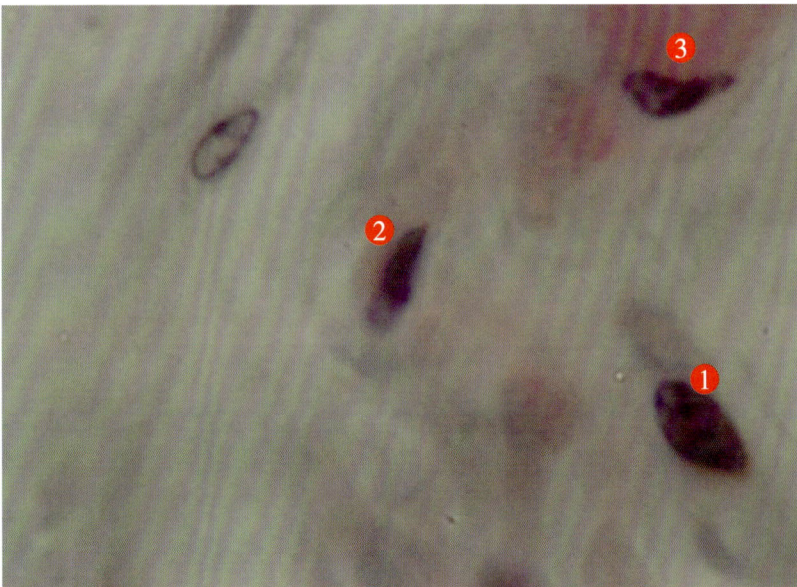

■ 图1-83　人食管间质源干细胞-横纹肌细胞演化（2）
苏木素-伊红染色　×1 000
❶示间质源干细胞；❷示过渡性细胞；❸示横纹肌细胞。

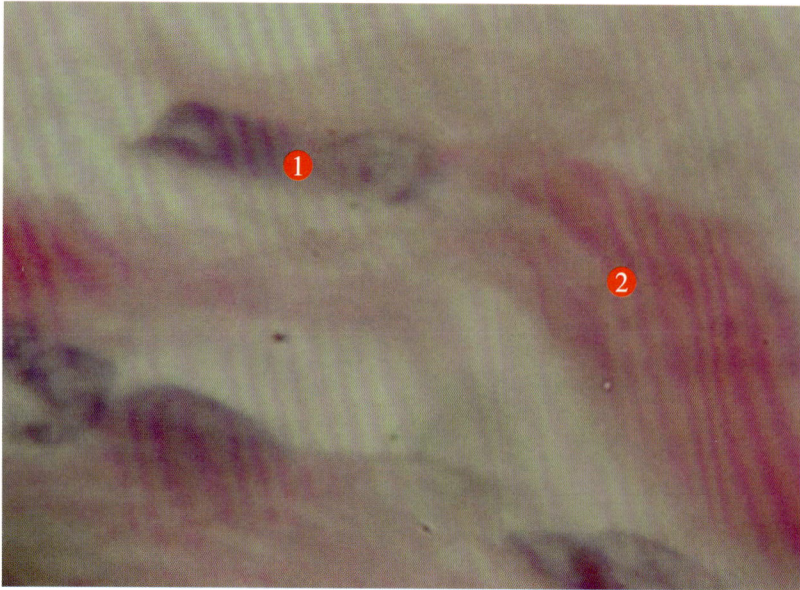

■ **图1-84　人食管近端诱导横纹肌细胞演化**

苏木素-伊红染色　×1 000

❶示受近端诱导的干细胞；❷示横纹肌细胞。

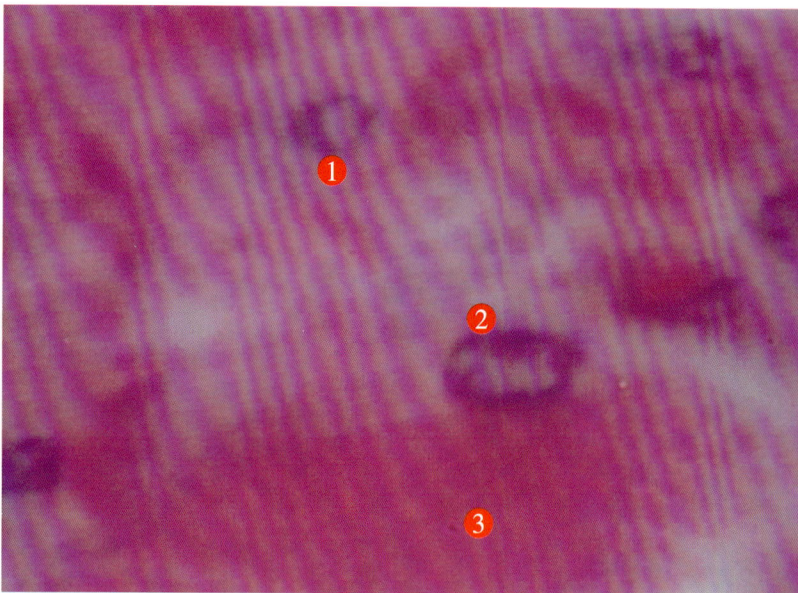

■ **图1-85　人食管近侧诱导横纹肌细胞演化**

苏木素-伊红染色　×1 000

❶示间质源干细胞；❷示受近侧诱导的干细胞；❸示横纹肌细胞。

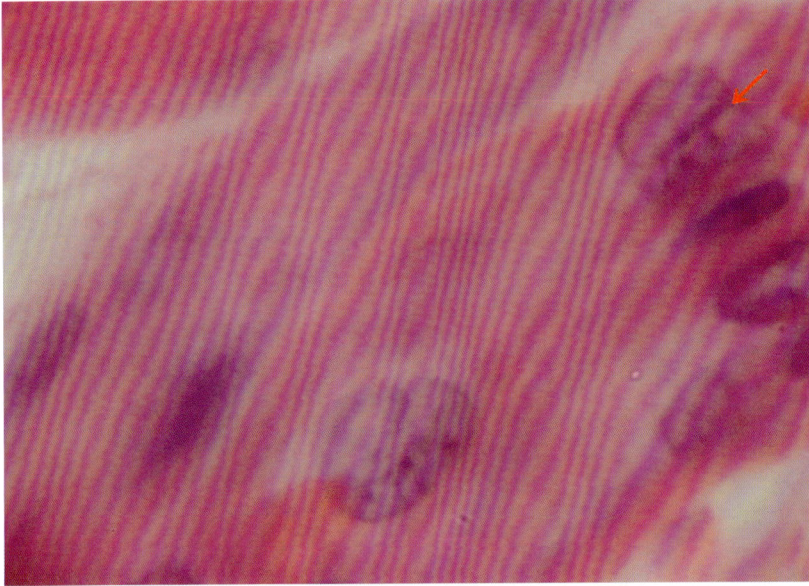

■ 图1-86　人食管横纹肌细胞核纵裂（1）
苏木素-伊红染色　×1 000
示食管横纹肌细胞核纵裂。

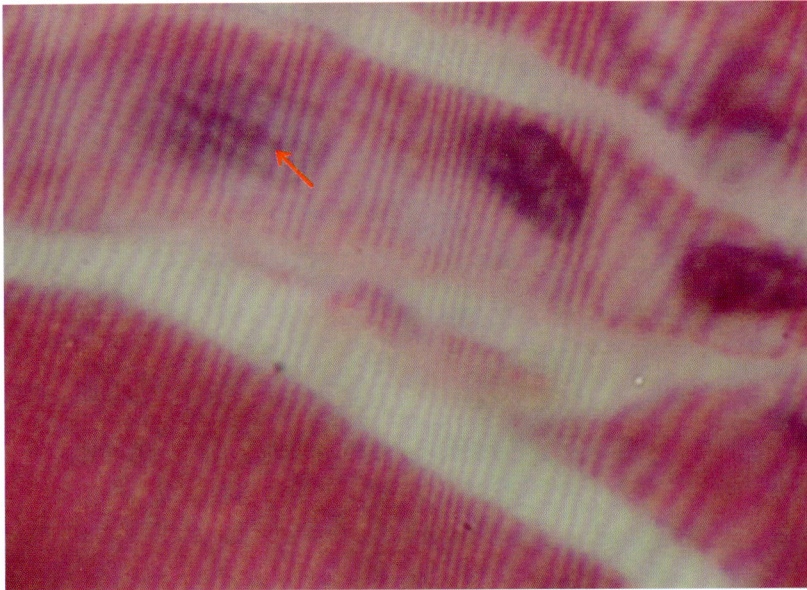

■ 图1-87　人食管横纹肌细胞核纵裂（2）
苏木素-伊红染色　×1 000
示食管横纹肌细胞核纵裂。

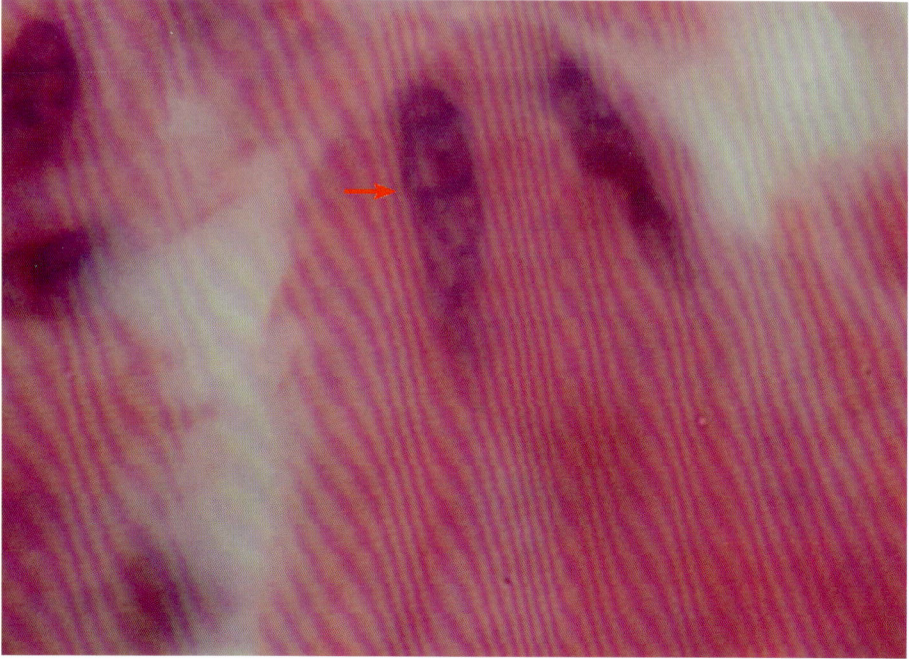

■ **图1-88　人食管横纹肌细胞核横裂**

苏木素-伊红染色　×1 000

→ 示食管横纹肌细胞核横裂。

（二）干细胞巢–横纹肌细胞演化

食管壁间质内也可见干细胞巢（图1-89、图1-90），细胞巢细胞可逐渐离散，演化形成横纹肌细胞（图1-91）。

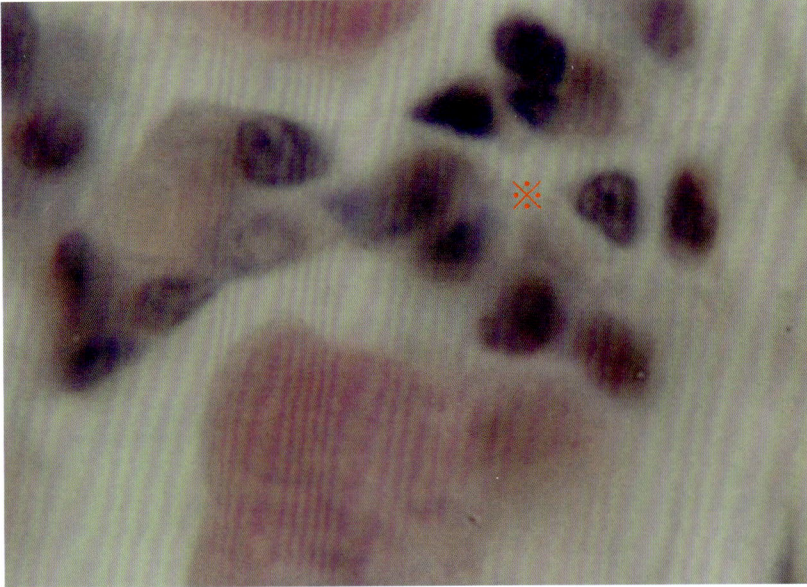

■ 图1-89　人食管肌干细胞巢（1）

苏木素-伊红染色　×400

※示食管肌干细胞巢。

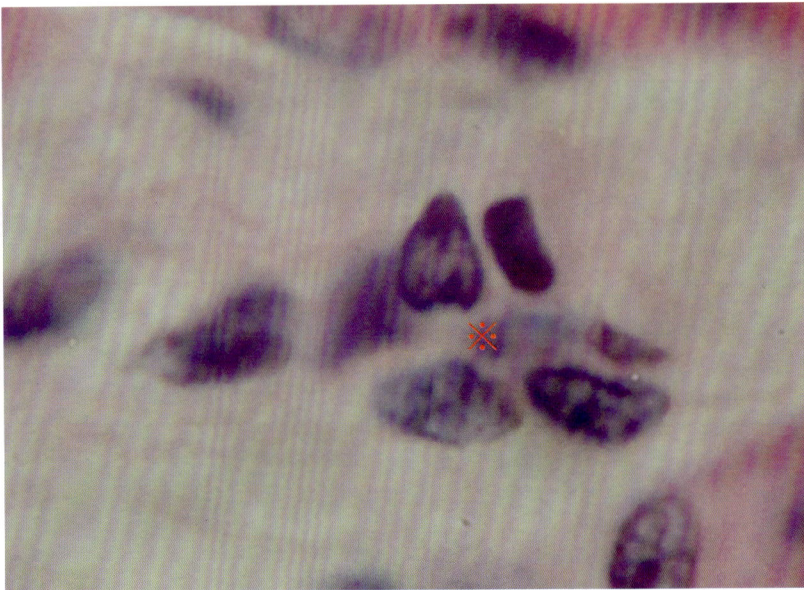

■ 图1-90　人食管肌干细胞巢（2）

苏木素-伊红染色　×1 000

※示食管肌干细胞巢。

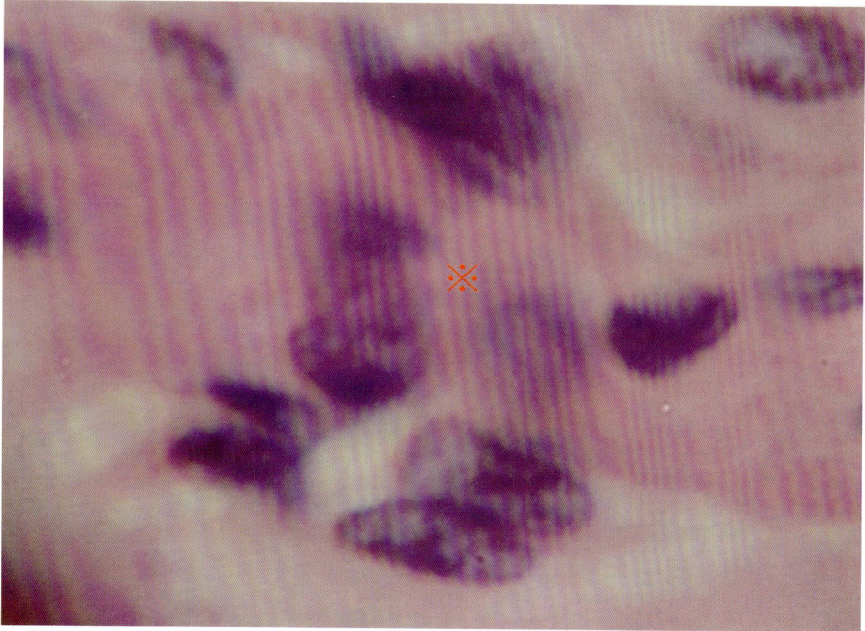

■ 图1-91　人食管肌干细胞巢-横纹肌演化

苏木素-伊红染色　×1 000

※ 示干细胞巢演化为横纹肌。

（三）神经丛-横纹肌细胞演化

食管肌间神经丛以丛内式和边际式演化形成横纹肌细胞。横纹肌也可由平滑肌演化形成。

1. 丛内式神经丛-横纹肌细胞演化　神经丛内神经细胞可经嬗变式和消耗式两种方式演化形成横纹肌细胞。

（1）嬗变式横纹肌细胞演化　神经丛内神经细胞可在原位开始出现细胞核变红、细胞质变蓝，细胞表型逐渐演变成为横纹肌细胞（图1-92）。随着具有肌细胞表型特征的细胞逐渐增多，肌细胞表型特征愈加明显（图1-93、图1-94），致使神经丛较普遍的肌细胞化（图1-95、图1-96）。

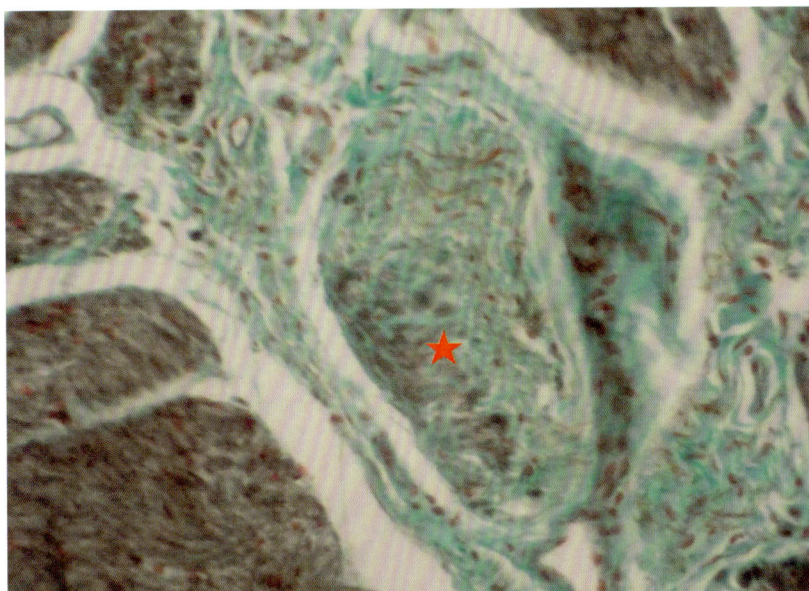

■ 图1-92　人食管嬗变式横纹肌细胞演化（1）
Masson染色　×100
★示神经丛内神经细胞开始具有肌细胞表型特征。

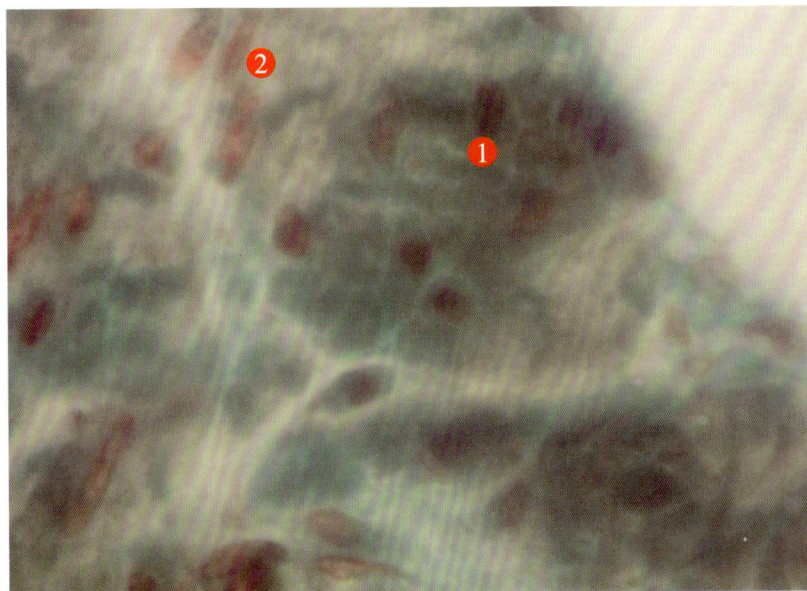

■ 图1-93　人食管嬗变式横纹肌细胞演化（2）
Masson染色　×400
❶示细胞核变红，细胞质变蓝；❷示细胞核变梭形。

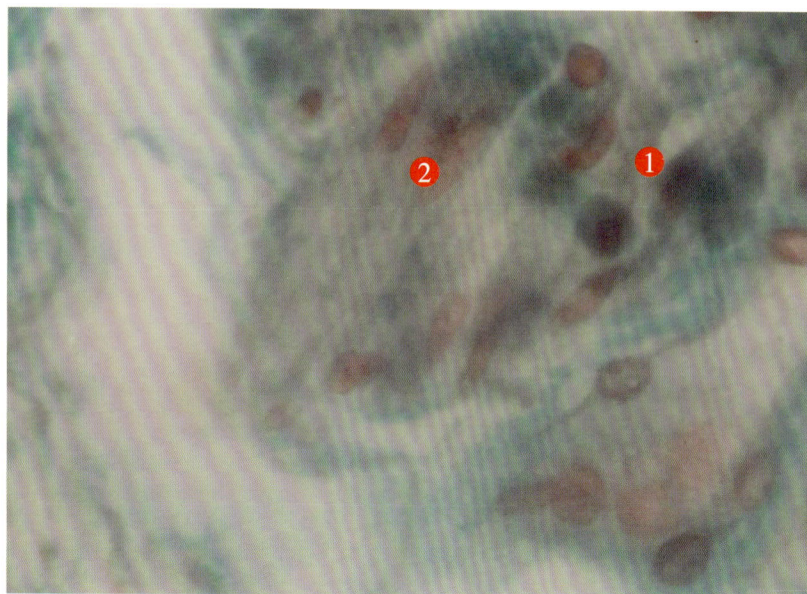

■ 图1-94 人食管嬗变式横纹肌细胞演化（3）

Masson染色 ×400

❶示细胞质变蓝；❷示细胞核变红、变梭形。

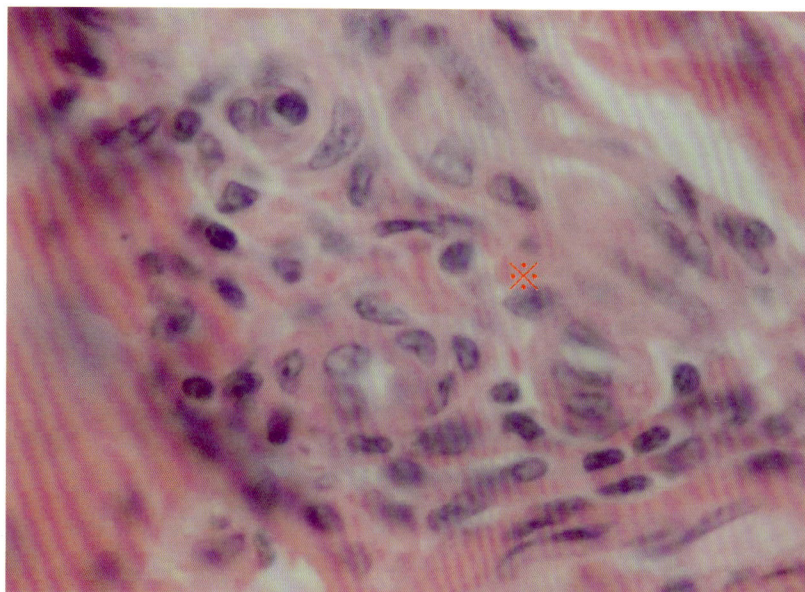

■ 图1-95 人食管嬗变式横纹肌细胞演化（4）

苏木素-伊红染色 ×400

※示神经丛内较普遍地出现细胞核变梭形，出现红色肌性细胞质。

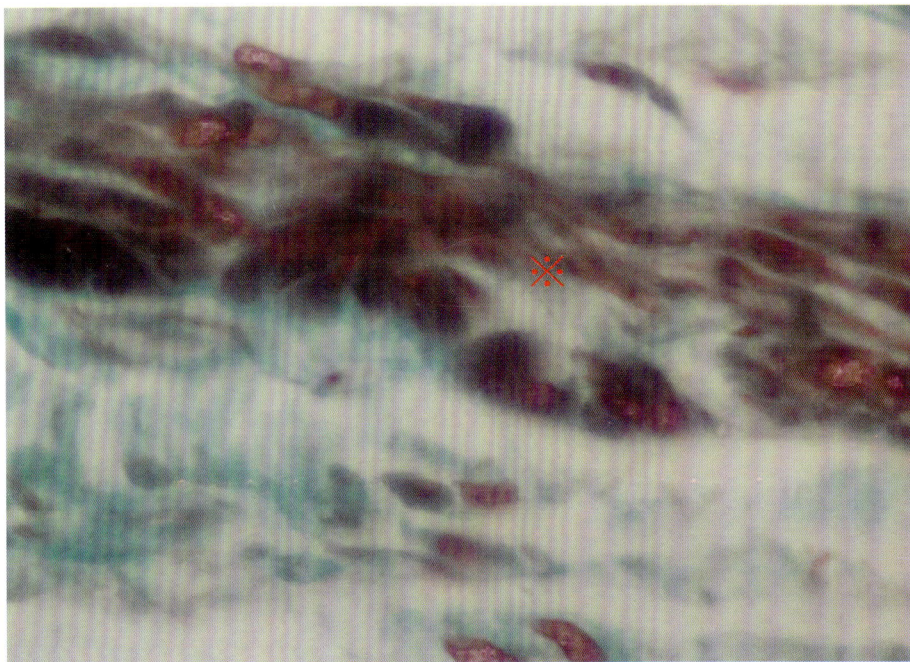

■ 图1-96　人食管嬗变式横纹肌细胞演化（5）

Masson染色　×400

※示神经丛内较普遍的肌细胞化。

（2）消耗式横纹肌细胞演化　可见神经丛中心干细胞明显增生（图1-97），并不断外迁、消耗（图1-98），导致留守细胞明显减少并衰退（图1-99），终因干细胞大量外移而致空巢化（图1-100）。

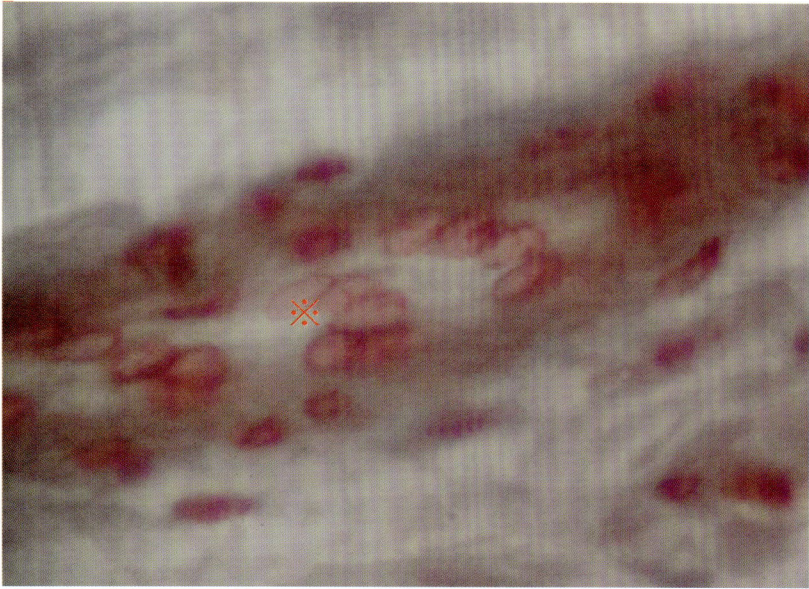

■ 图1-97 人食管消耗式横纹肌细胞演化（1）

Masson染色 ×400

※示神经丛中心干细胞增生。

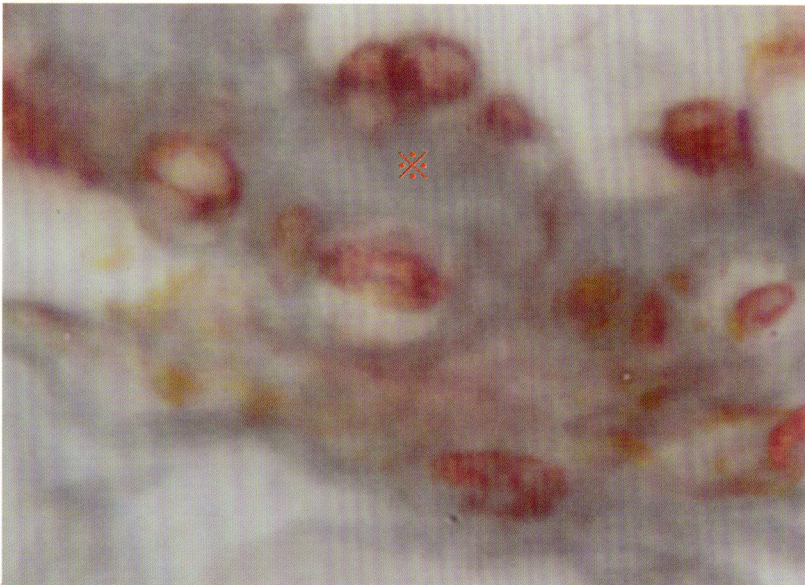

■ 图1-98 人食管消耗式横纹肌细胞演化（2）

Masson染色 ×1 000

※示神经丛中心干细胞不断增生并外迁。

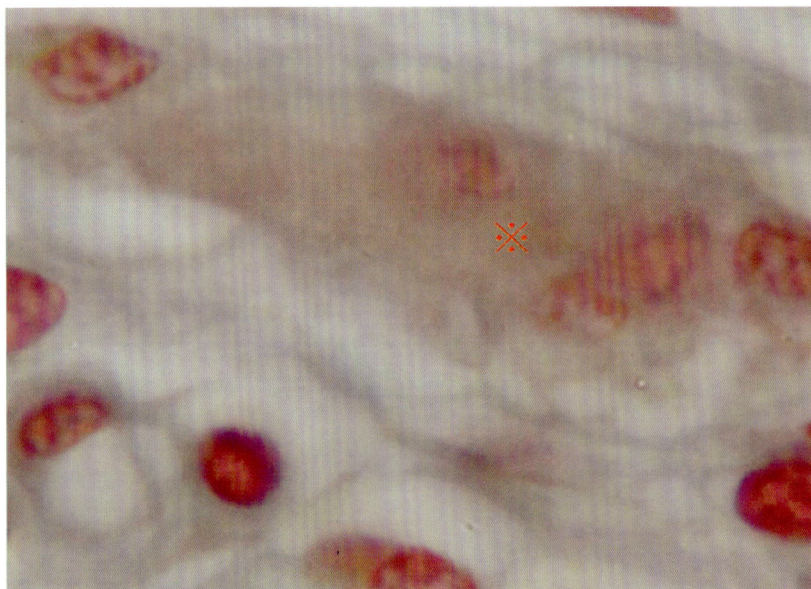

■ 图1-99 人食管消耗式横纹肌细胞演化（3）

Masson染色 ×1 000

※示神经丛干细胞大量外迁，留守细胞衰老，核褪色。

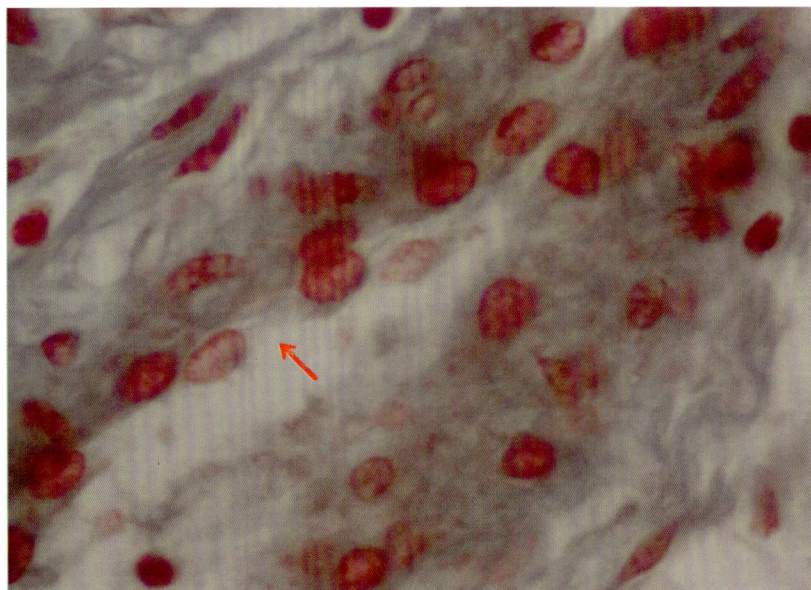

■ 图1-100 人食管消耗式横纹肌细胞演化（4）

Masson染色 ×400

示神经丛干细胞大量外迁而致空巢化。

2. 边际式神经丛–横纹肌细胞演化 边际式神经丛–横纹肌细胞演化又分侧向演化与端向演化。

（1）神经丛侧向横纹肌细胞演化 可见Masson染色的神经丛侧面干细胞核变红，逐渐变为梭形，并向一侧离散（图1–101、图1–102），逐渐演化形成肌细胞（图1–103、图1–104）。

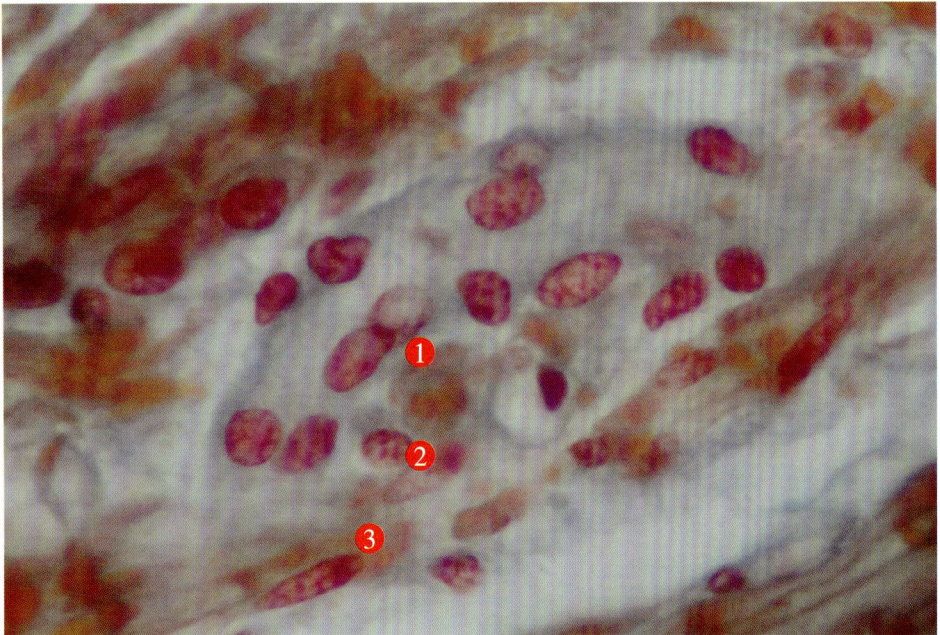

■ 图1–101 人食管神经丛侧向横纹肌细胞演化（1）

Masson染色 ×400

❶示直接分裂的神经丛细胞；❷示外迁过渡性细胞；❸示肌细胞。

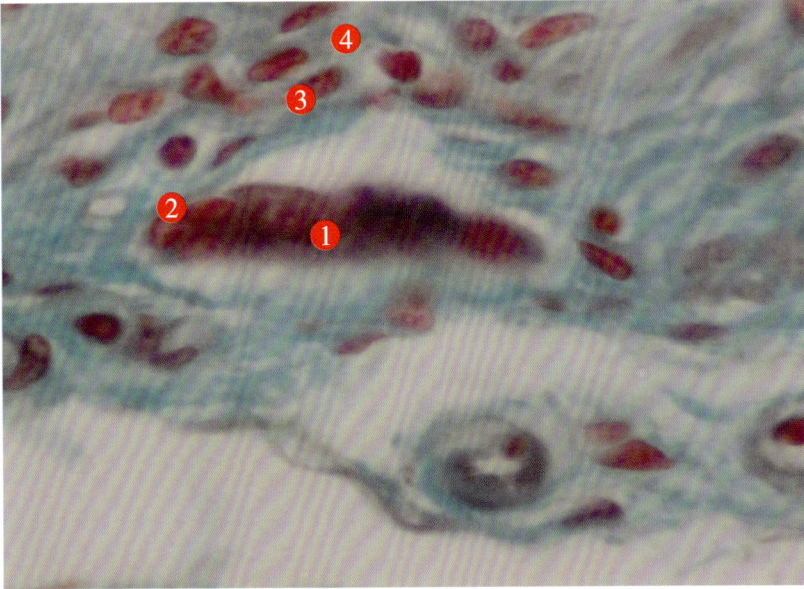

■ 图1-102　人食管神经丛侧向横纹肌细胞演化（2）

Masson染色　×400

❶示神经丛；❷示圆形核过渡性细胞；❸示梭形核过渡性细胞；❹示肌细胞。

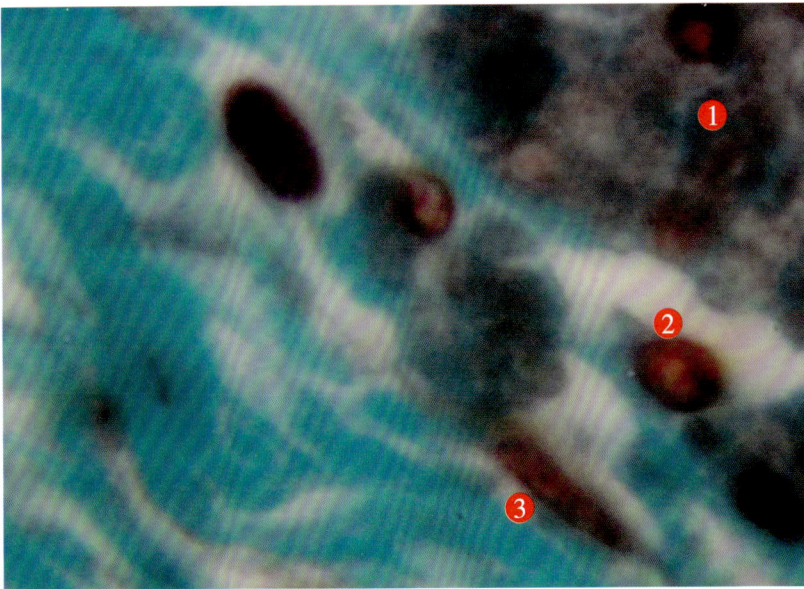

■ 图1-103　人食管神经丛侧向横纹肌细胞演化（3）

Masson染色　×1 000

❶示神经丛；❷示过渡性细胞；❸示肌细胞。

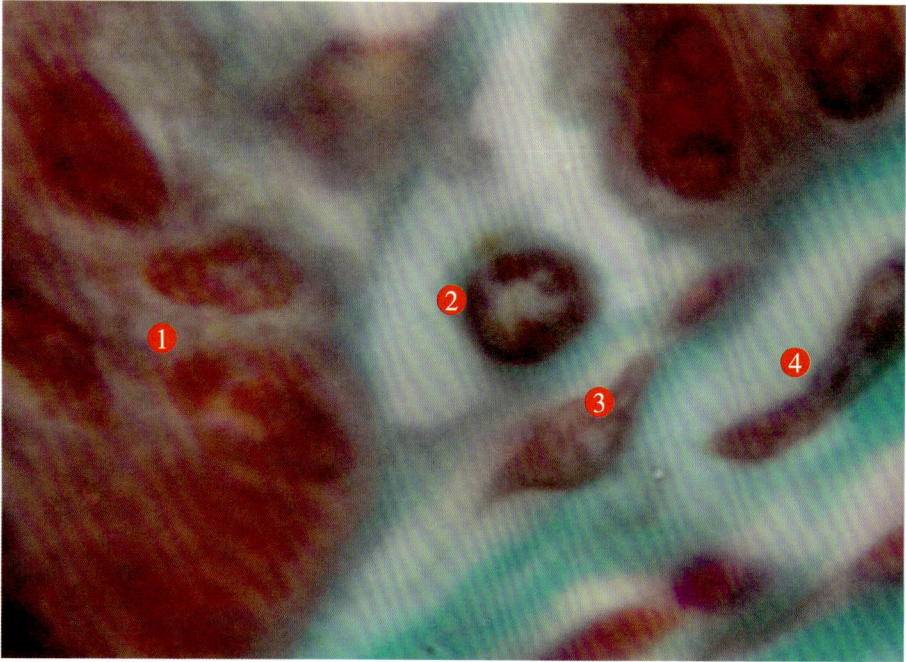

■ **图1-104　人食管神经丛侧向横纹肌细胞演化（4）**

Masson染色　×1 000

❶示神经丛；❷示圆形核过渡性细胞；❸示梭形核过渡性细
胞；❹示平滑肌细胞。

（2）神经丛端向横纹肌细胞演化　神经丛可只向一端演化，而形成
一端明显向横纹肌演化，另一端则相对静止（图1-105、图1-106）。
也可见梭形神经丛两端呈现神经细胞-肌细胞演化序（图1-107、图
1-108）。

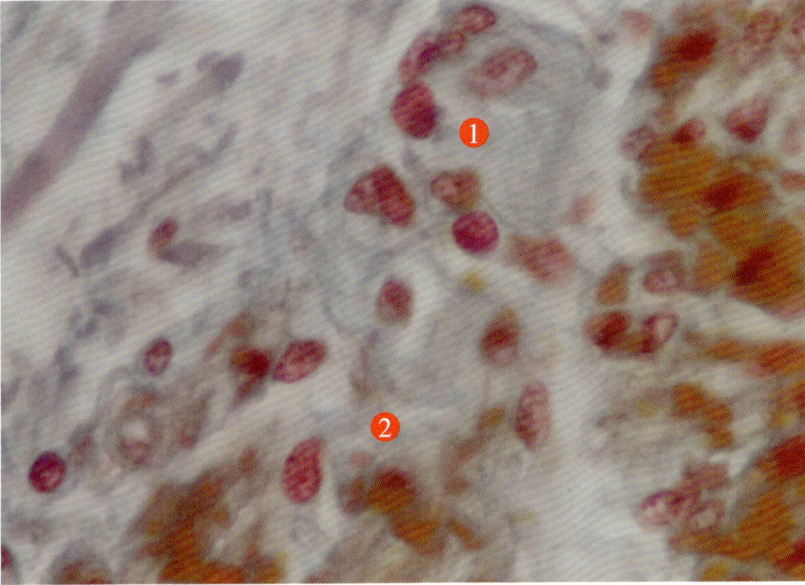

■ 图1-105　人食管神经丛端向横纹肌细胞演化（1）
Masson染色　×1 000
❶示神经丛静止端；❷示神经丛演化端。

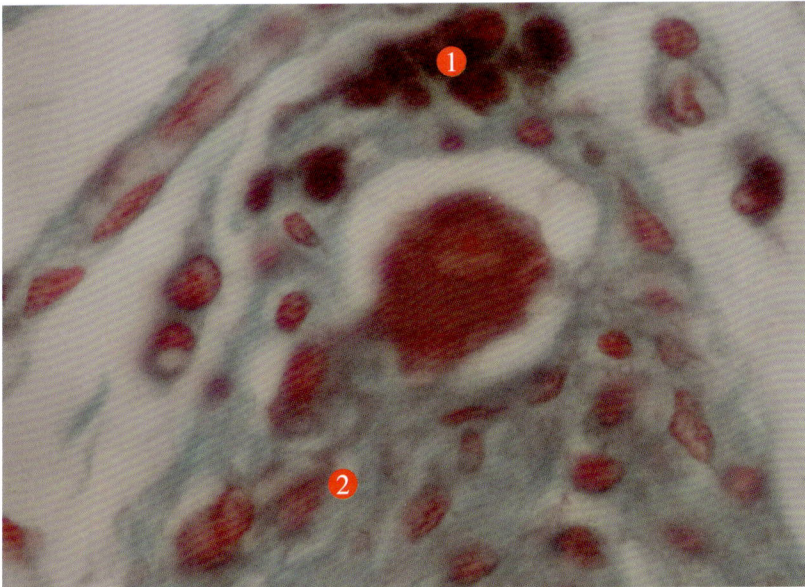

■ 图1-106　人食管神经丛端向横纹肌细胞演化（2）
Masson染色　×400
❶示神经丛相对静止端；❷示神经丛演化端。

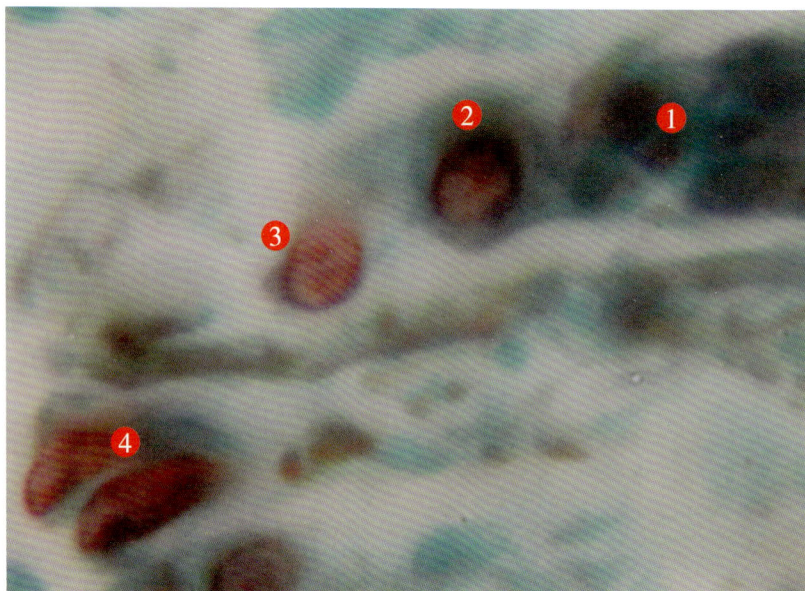

■ 图1-107　人食管神经丛端向横纹肌细胞演化（3）

Masson染色　×1 000

❶、❷、❸和❹示从神经细胞到肌细胞的神经丛端向演化序。

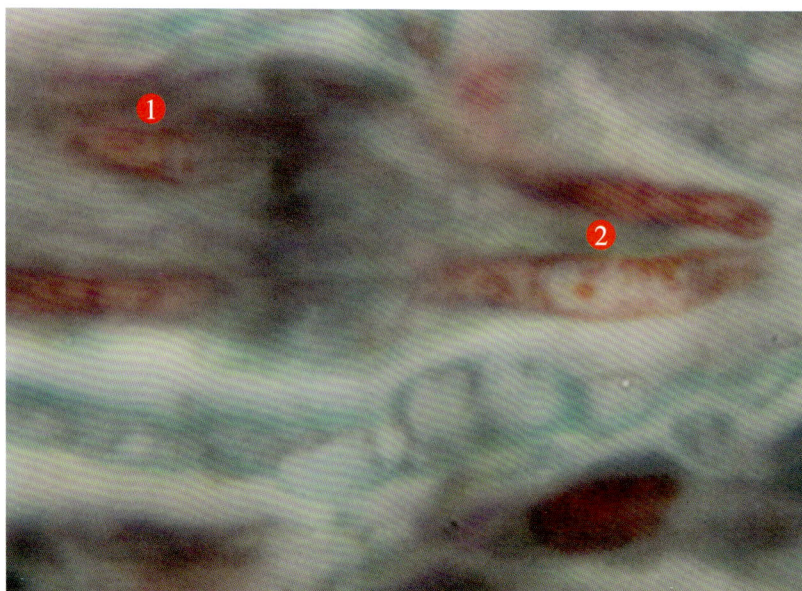

■ 图1-108　人食管神经丛端向横纹肌细胞演化（4）

Masson染色　×1 000

❶示梭形核过渡性细胞；❷示长梭形核过渡性细胞。

3．**平滑肌演化形成横纹肌**　食管平滑肌细胞可以侧向诱导（图1-109、图1-110）或端向诱导（图1-111、图1-112）方式演化成为横纹肌细胞。

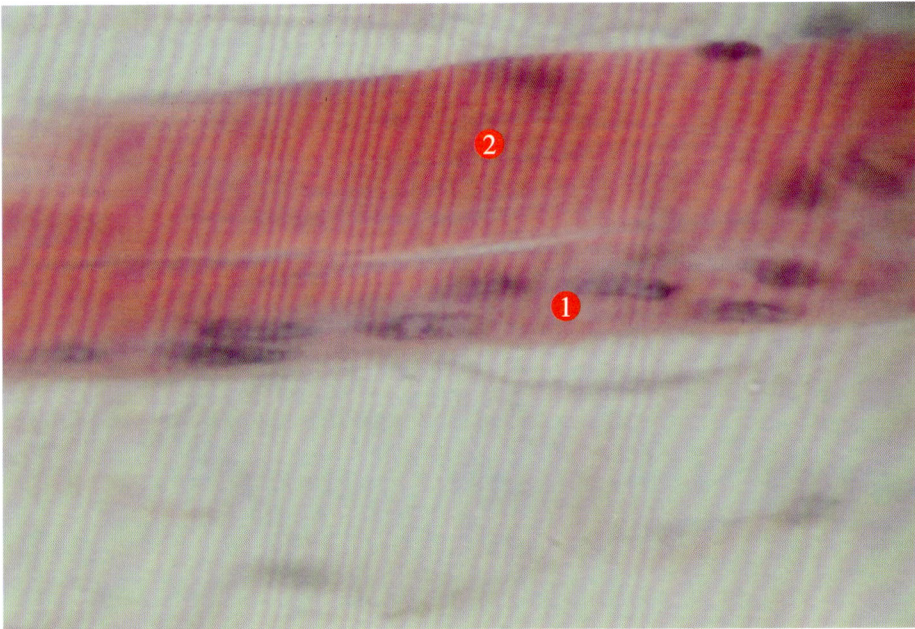

■ **图1-109　人食管平滑肌演化形成横纹肌（1）**
苏木素-伊红染色　×400
❶示平滑肌细胞；❷示横纹肌细胞。

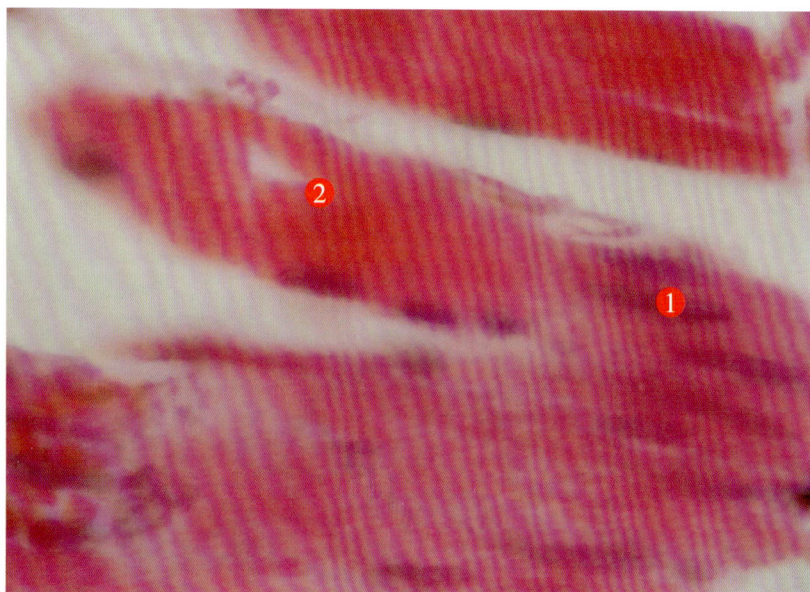

■ 图1-110　人食管平滑肌演化形成横纹肌（2）
苏木素-伊红染色　×400
❶示平滑肌细胞；❷示横纹肌细胞。

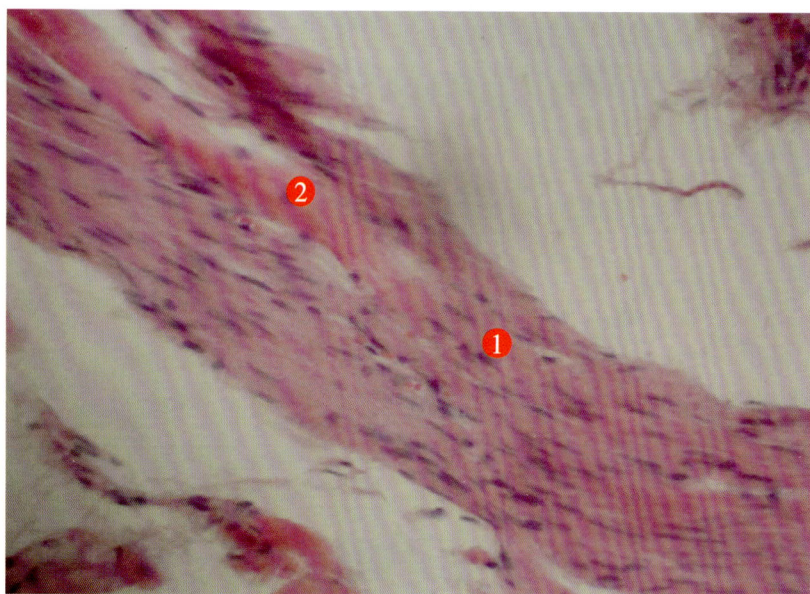

■ 图1-111　人食管平滑肌演化形成横纹肌（3）
苏木素-伊红染色　×100
❶示平滑肌细胞；❷示横纹肌细胞。

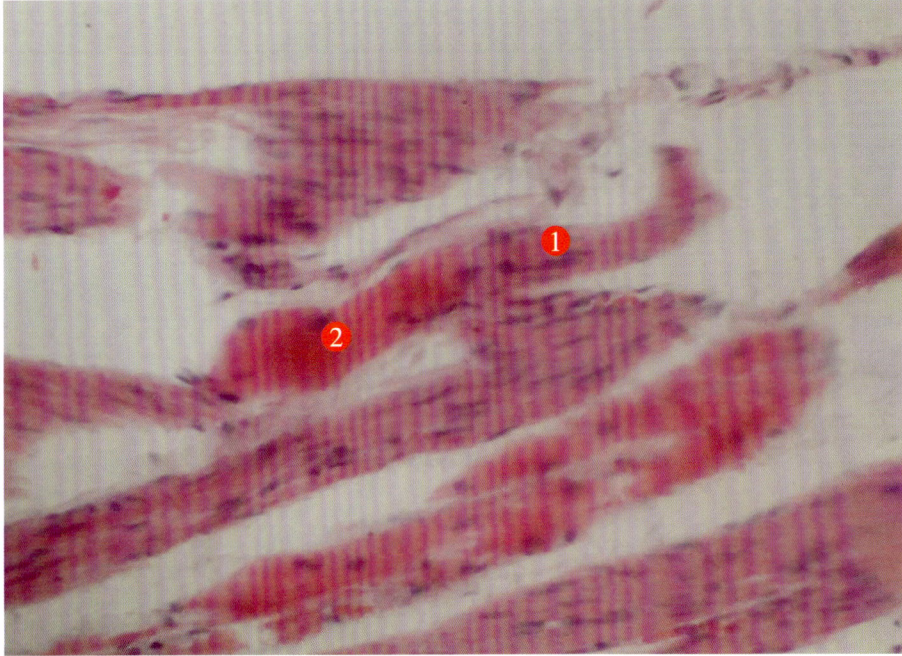

■ 图1-112 人食管平滑肌演化形成横纹肌（4）

苏木素-伊红染色 ×100

❶示平滑肌细胞；❷示横纹肌细胞。

4．肌间神经丛其他转归 人食管肌间神经丛还可演化形成血管（图1-113、图1-114）。当演化进程中神经丛被周围组织屏蔽，成为一个封闭系统时，则进入衰退过程（图1-115、图1-116），最后离散、消融于周围间质之中（图1-117）。

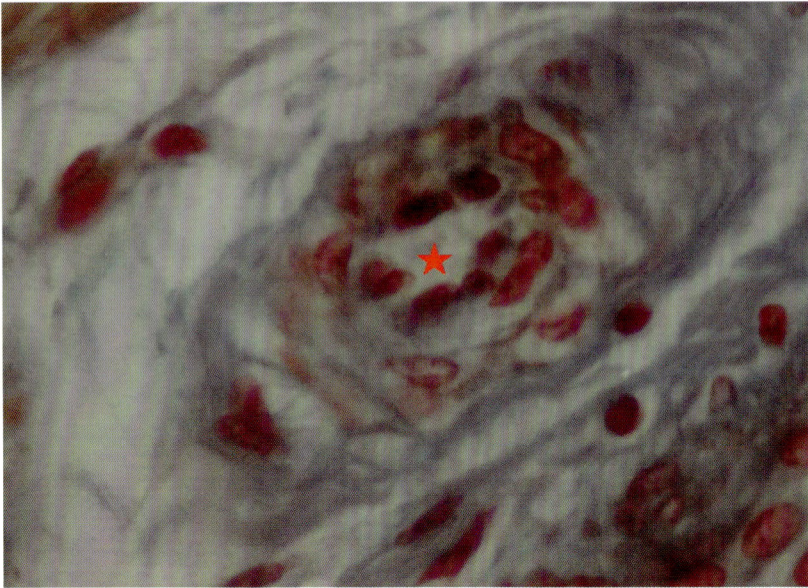

■ 图1-113 人食管肌间神经丛-血管演化（1）

Masson染色 ×400

★ 示神经丛内蚀式演化形成小血管。

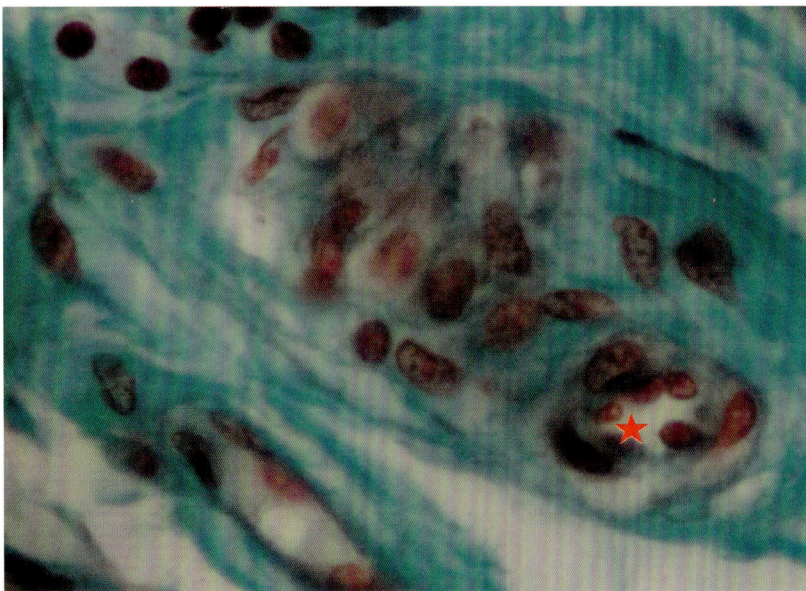

■ 图1-114 人食管肌间神经丛-血管演化（2）

Masson染色 ×400

★ 示神经丛内蚀式演化形成小血管。

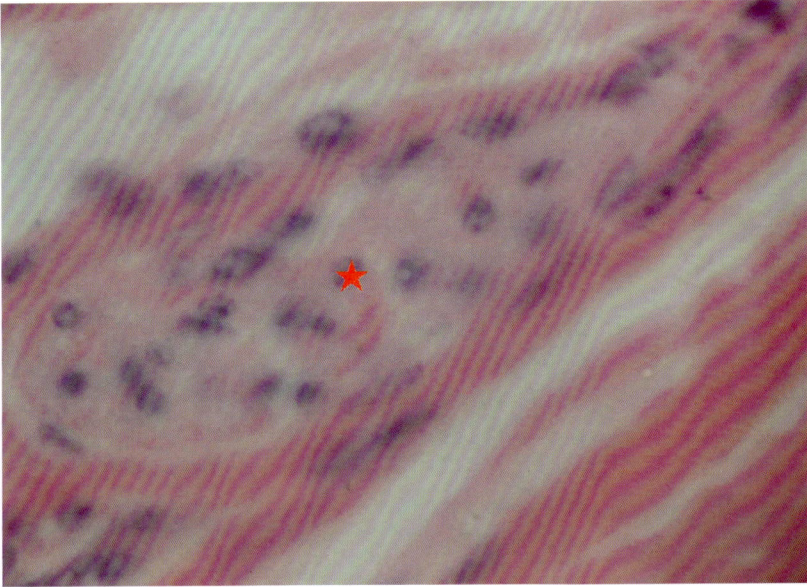

■ 图1-115　人食管肌间神经丛衰退（1）

苏木素–伊红染色　×400

★ 示一个较封闭的肌间神经丛开始出现核固缩与核褪色等衰退特征。

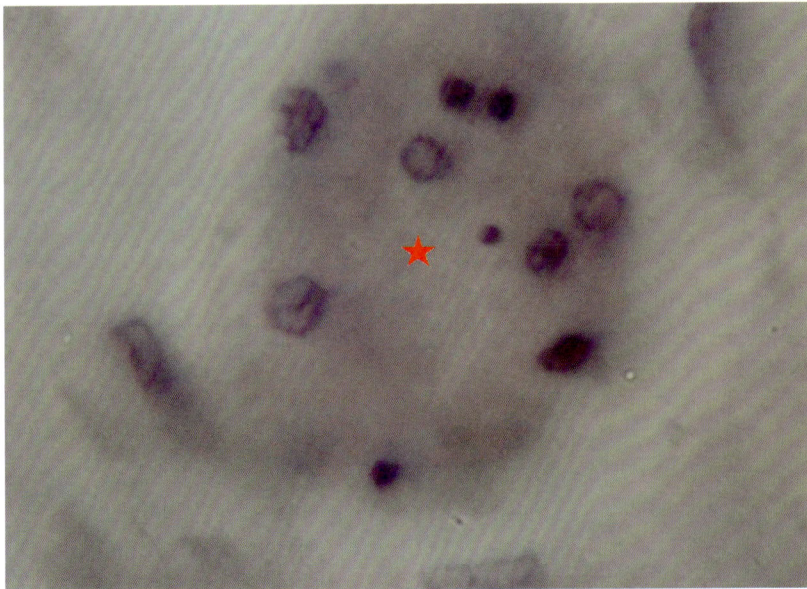

■ 图1-116　人食管肌间神经丛衰退（2）

苏木素–伊红染色　×400

★ 示极度衰退的肌间神经丛，较多核固缩。

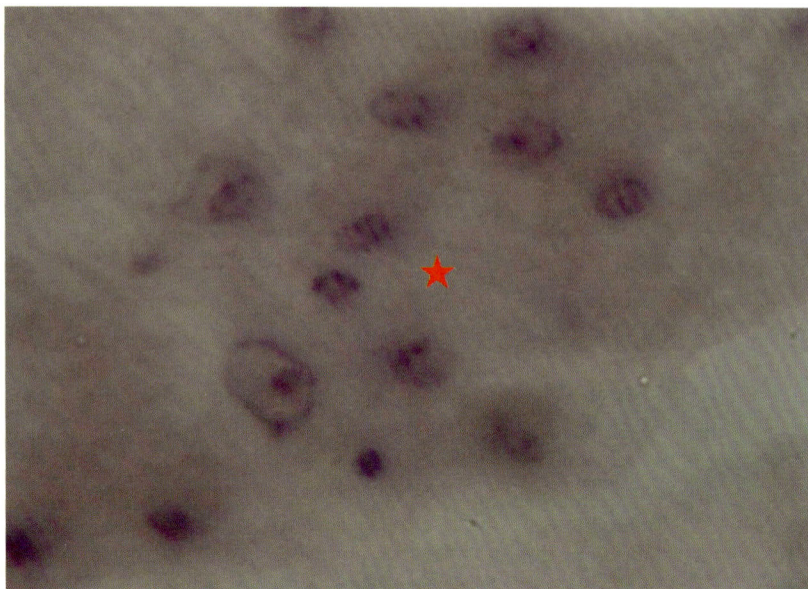

图1-117　人食管肌间神经丛衰退（3）

苏木素-伊红染色　×400

★示极度衰退的肌间神经丛细胞离散，较多核固缩、核褪色。

小　结

　　食管黏膜上皮主要由固有层间质干细胞演化形成，部分由附近的淋巴小结迁移而来。干细胞经透明化，单个或集群式进入上皮基底层缝隙，同化为上皮细胞。

　　食管腺有导管源干细胞-食管腺演化和间质源干细胞-食管腺演化两种途径。食管黏膜固有层及深部间质内食管腺干细胞激发成为透明细胞，透明细胞可分裂增殖，逐渐演化为食管腺黏液性腺泡；食管腺导管上皮干细胞向远端迁移延伸，并分泌黏液，成为黏液性腺细胞。食管平滑肌可由小神经束局部演化形成，而食管横纹肌主要由间质源干细胞-横纹肌演化途径和神经丛-横纹肌演化途径演化而来。间质内散在横纹肌干细胞可经近端诱导与近侧诱导方式，通过过渡细胞演化为横纹肌细胞；间质内也见干细胞巢细胞逐渐离散，演化形成横纹肌细胞。食管肌间神经丛以嬗变式、消耗式和边际式演化形成横纹肌细胞。横纹肌也可由平滑肌演化形成。

食管肌间神经丛有其自身形成、演化与衰亡的过程，并可演化形成小血管。

第三节 胃组织动力学

胃壁大体有胃黏膜和胃肌层两大部分。胃组织结构系统也被分为两个相对独立又相互依存的子系统。本节首先描述以兔、猫和狗为代表的胃一般组织动力学，而后比较描述人胃组织动力学的特点。

一、胃一般组织动力学

胃一般组织动力学可分为胃黏膜组织动力学和胃壁肌组织动力学两部分，而胃黏膜下神经丛介于二者之间，与二者动力学过程均有关联，故也作为独立的一部分来叙述。

（一）胃黏膜组织动力学

胃黏膜是胃组织场的主组织场，胃黏膜子系统的吸引子是不太规则的胃腔内表面极限环。胃黏膜演化的干细胞主要来源于黏膜平滑肌，黏膜内淋巴小结、交感神经丛及黏膜下间质也可作为胃黏膜干细胞的辅助来源。胃黏膜干细胞演化形成胃底腺和胃上皮。

1. 胃底腺结构动力学　　兔胃黏膜干细胞增生成为成胃腺细胞团（图1-118、图1-119）。腺细胞团纵向延伸逐渐形成细管状腺（图1-120）。腺管逐渐增粗，出现腺腔并逐渐扩大（图1-121、图1-122）。胃底腺底部壁细胞较少（图1-123），颈部以壁细胞为主（图1-124）。胃底腺细胞是一元的，都由胃腺干细胞演化而来，壁细胞由胃腺干细胞演化分叉形成，而颈黏液细胞与黏液化主细胞同源（图1-125）。

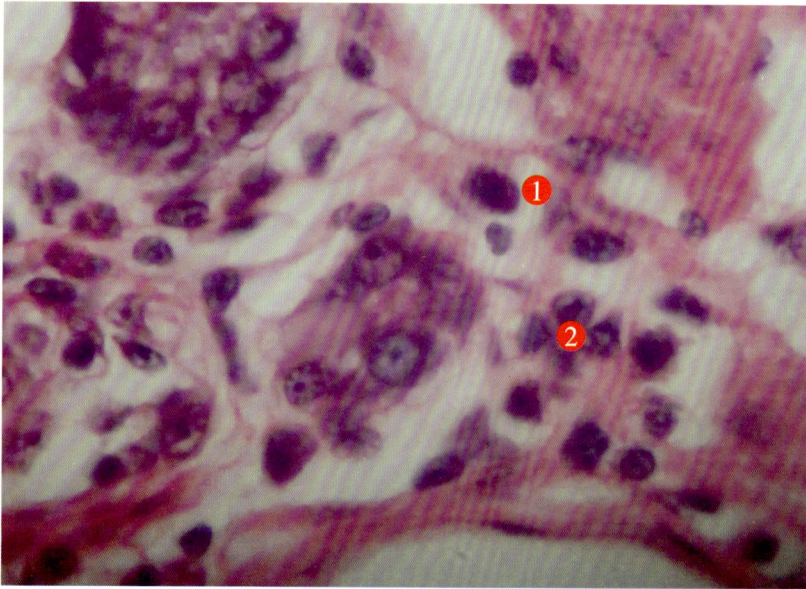

■ **图1-118　兔胃底腺演化（1）**
苏木素-伊红染色　×400
❶示胃黏膜干细胞；❷示成胃腺细胞团。

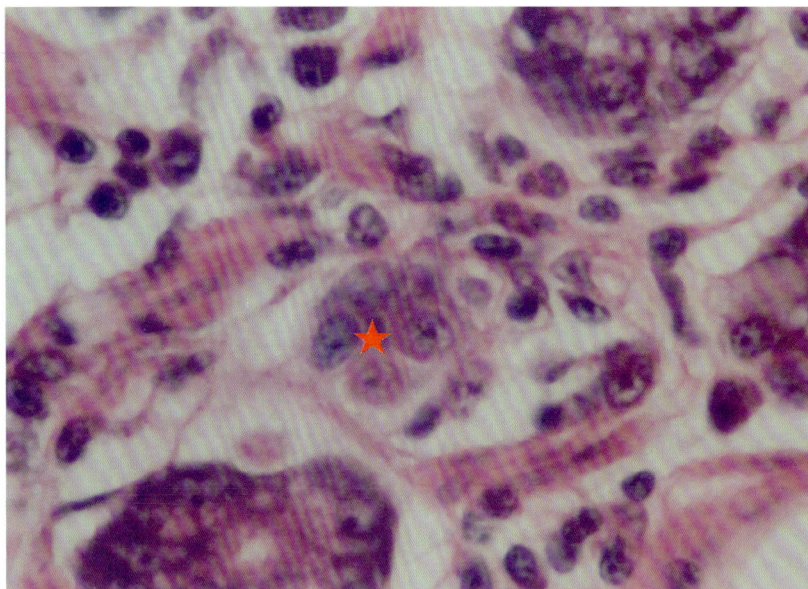

■ 图1-119　兔胃底腺演化（2）

苏木素-伊红染色　×400

★示成胃腺细胞团。

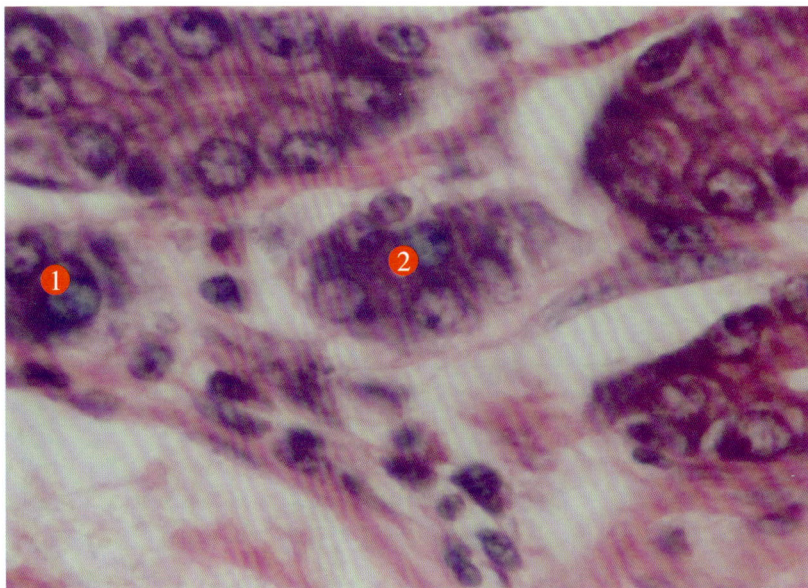

■ 图1-120　兔胃底腺演化（3）

苏木素-伊红染色　×400

❶示胃腺细胞团；❷示早期胃底腺。

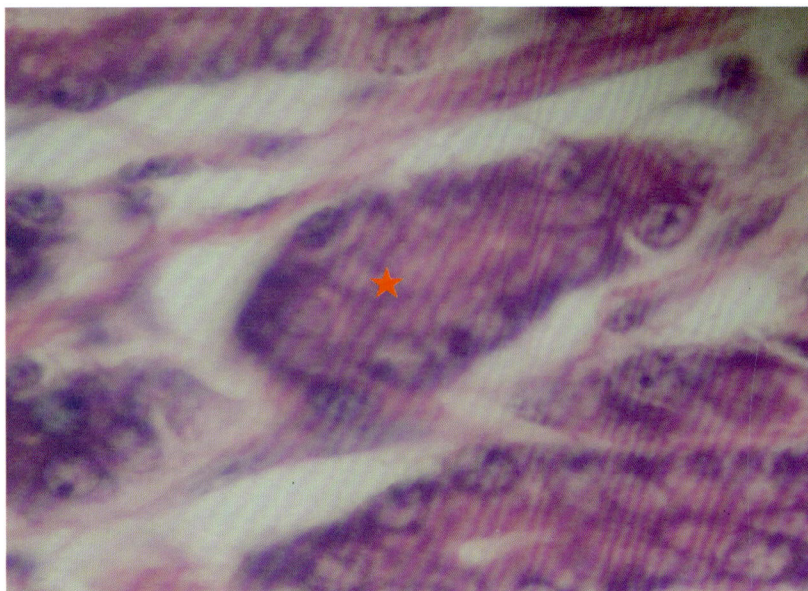

■ 图1–121　兔胃底腺演化（4）

苏木素–伊红染色　×400

★ 示以主细胞为主的胃底腺节段。

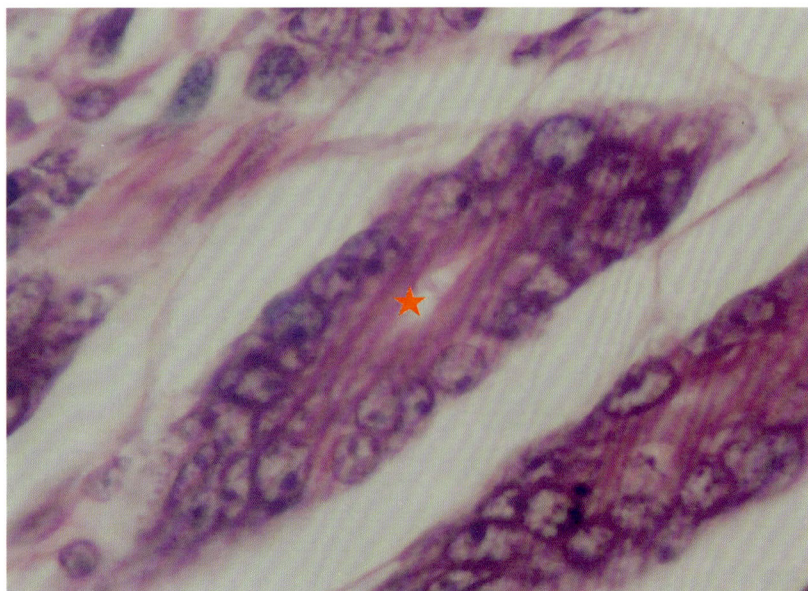

■ 图1–122　兔胃底腺演化（5）

苏木素–伊红染色　×400

★ 示胃底腺管腔增大。

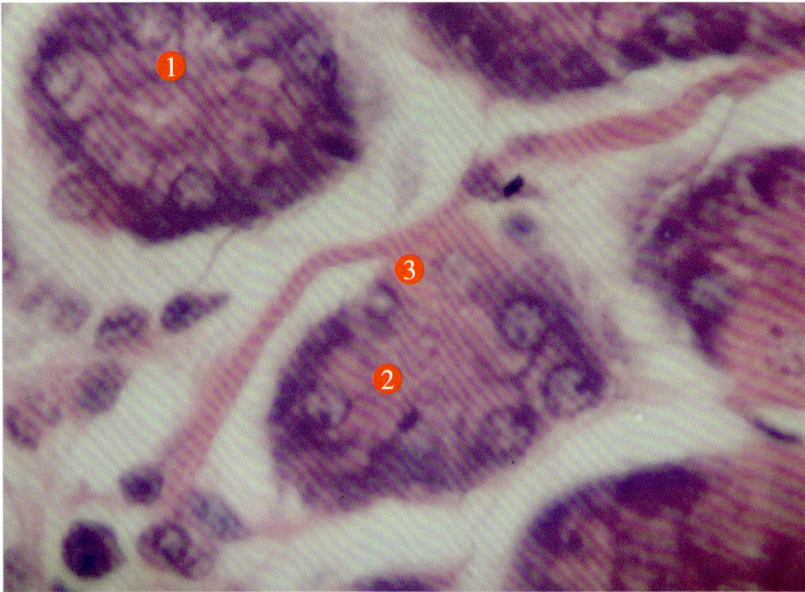

■ 图1-123　兔胃底腺演化（6）

苏木素-伊红染色　×400

❶和❷示胃底腺底部主细胞为主；❸示壁细胞很少。

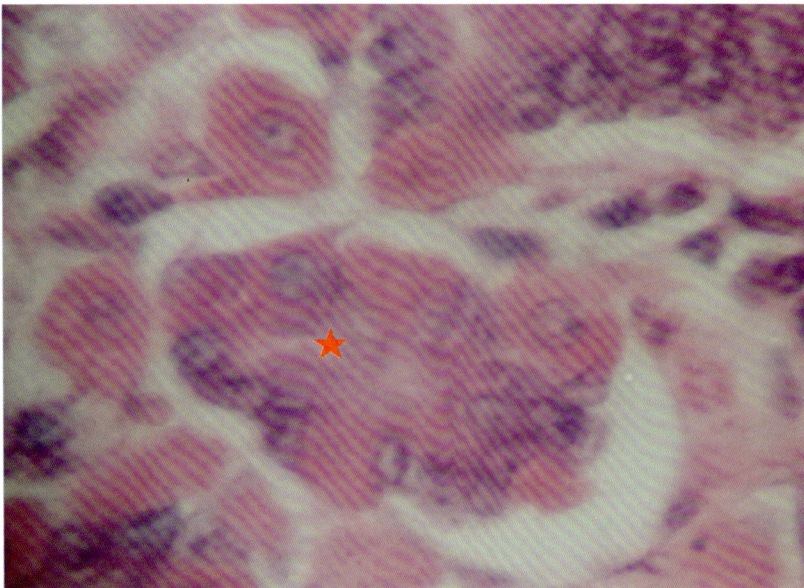

■ 图1-124　兔胃底腺演化（7）

苏木素-伊红染色　×400

★示兔胃底腺颈部以壁细胞为主。

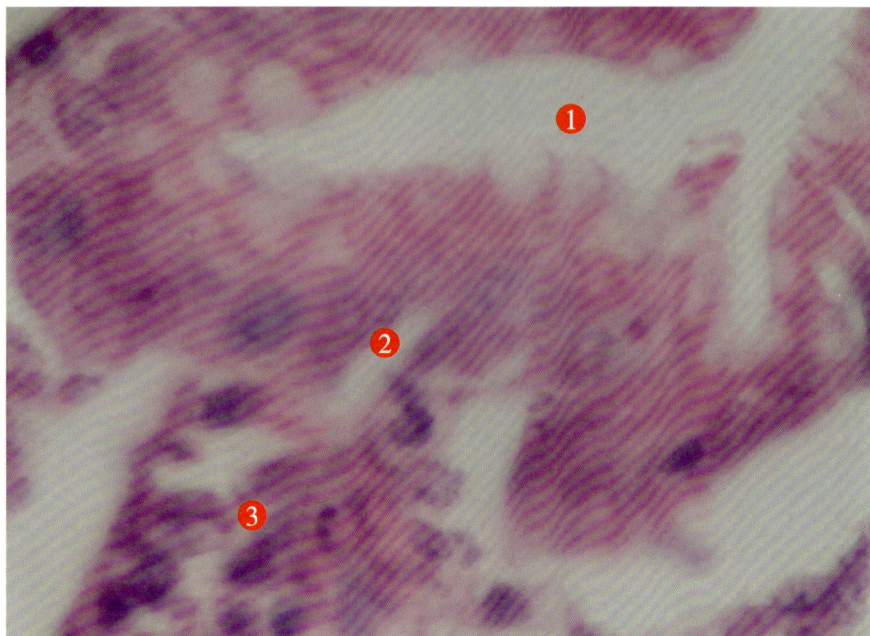

图1-125 兔胃底腺演化（8）

苏木素-伊红染色 ×400

❶示胃小凹底部；❷示胃底腺开口；❸示胃底腺颈部。

2．胃上皮结构动力学 兔胃上皮基底常见透明化的细胞（图
1-126、图1-127），这是胃上皮不断更新的表现。透明细胞开始从基底
加入单层柱状细胞行列（图1-128），而后继续上移（图1-129），胃上
皮下缘可见位于基膜以上的未透明化的小细胞（图1-130），也可见未经
透明化的干细胞直接加入上皮细胞行列（图1-131）。有时干细胞成群演
化形成胃上皮细胞（图1-132），造成上皮与干细胞群之间失去基膜分隔
（图1-133），进入上皮的干细胞合成新的基膜，上皮与固有层细胞才重
新分隔开（图1-134）。

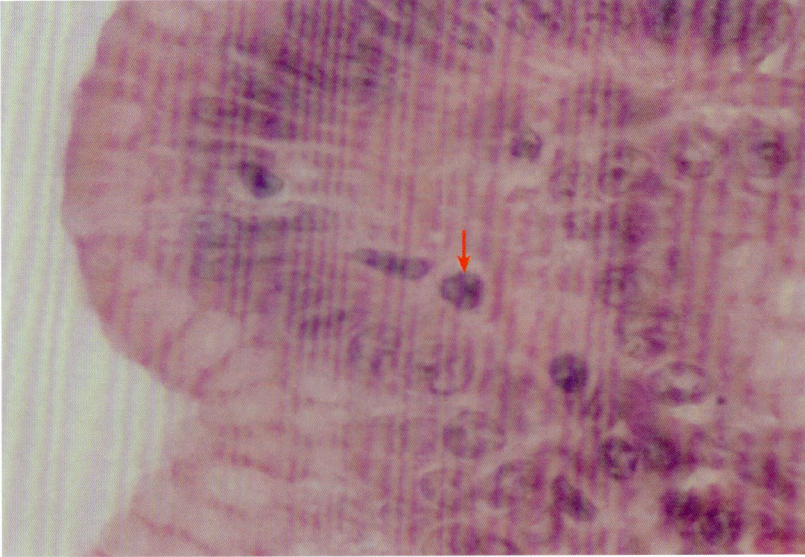

■ 图1-126　兔胃上皮结构动力学（1）

苏木素-伊红染色　×400

↓ 示基膜上透明细胞。

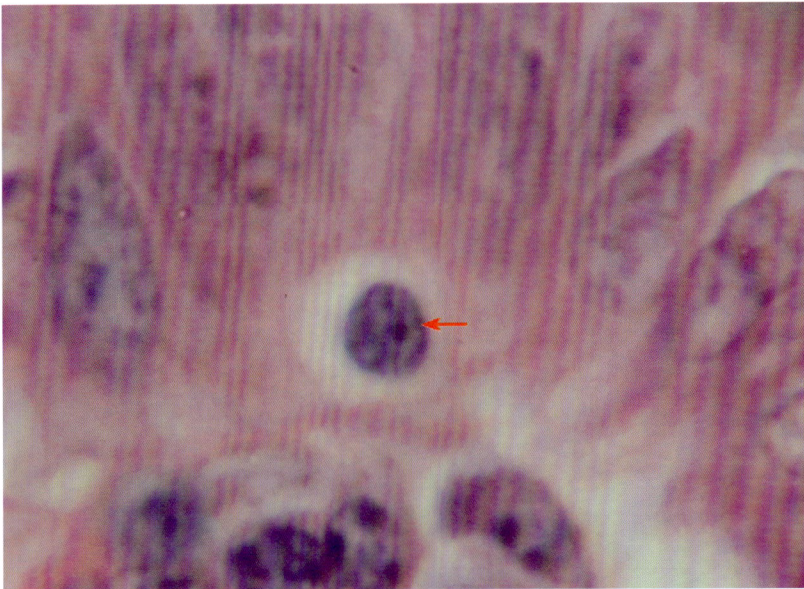

■ 图1-127　兔胃上皮结构动力学（2）

苏木素-伊红染色　×1 000

← 示上皮内透明细胞。

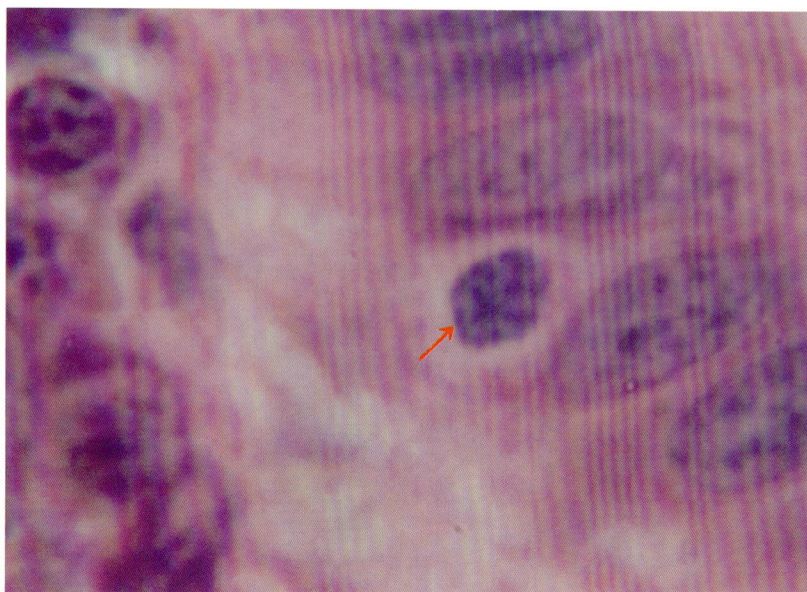

■ 图1-128　兔胃上皮结构动力学（3）

苏木素–伊红染色　×1 000

↗ 示向上迁移的透明细胞。

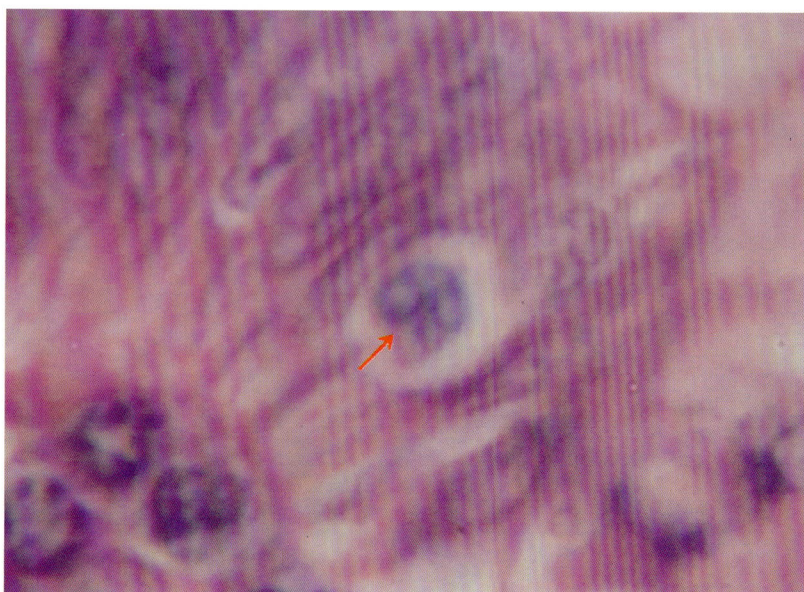

■ 图1-129　兔胃上皮结构动力学（4）

苏木素–伊红染色　×1 000

↗ 示向上迁移的透明细胞，顶替衰老的上皮细胞。

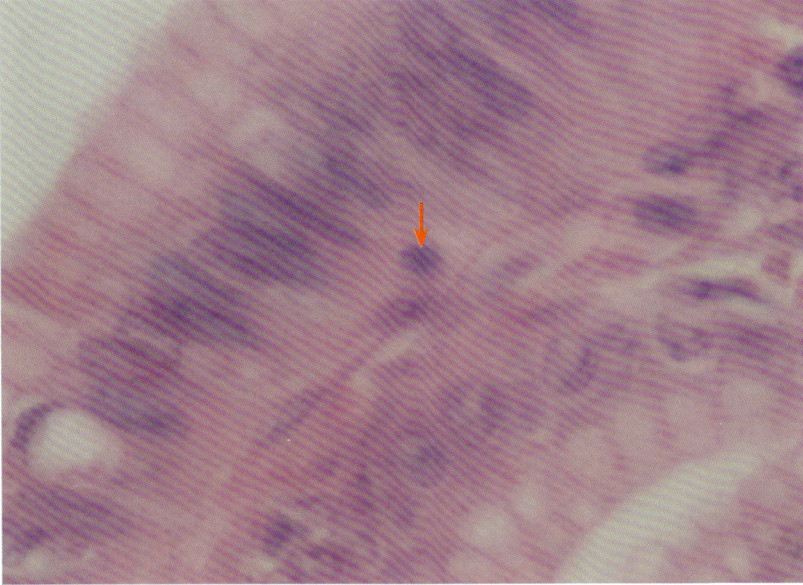

■ 图1-130　兔胃上皮结构动力学（5）

苏木素-伊红染色　×400

↓ 示基膜上干细胞。

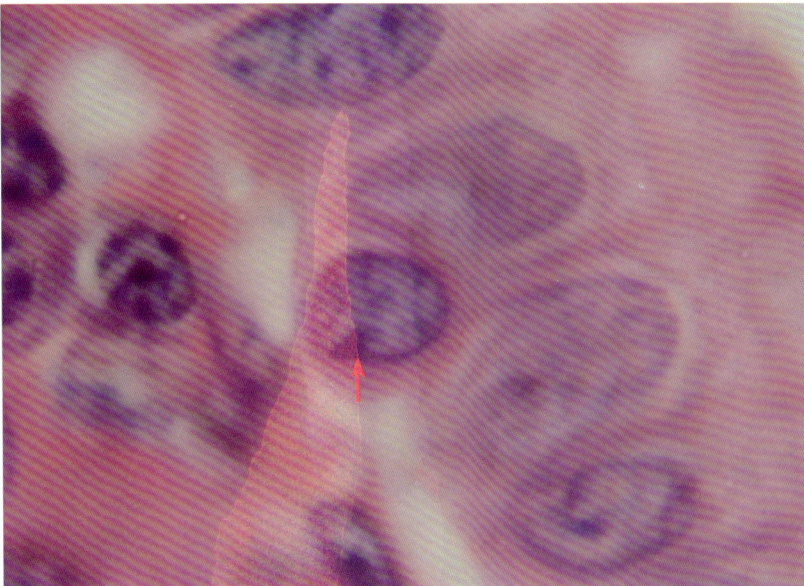

■ 图1-131　兔胃上皮结构动力学（6）

苏木素-伊红染色　×1 000

↑ 示刚进入上皮、透明化不明显的干细胞。

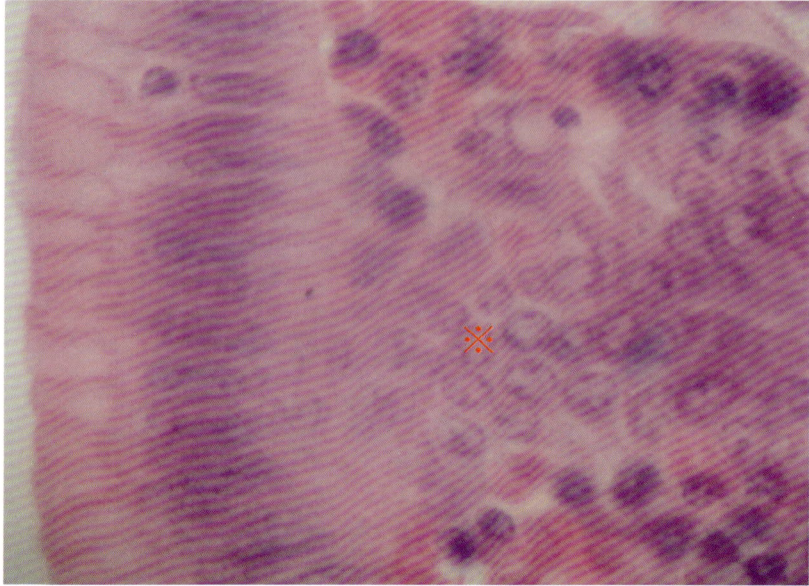

■ 图1-132　兔胃上皮结构动力学（7）

苏木素-伊红染色　×400

※示无基膜分隔的胃上皮下干细胞群。

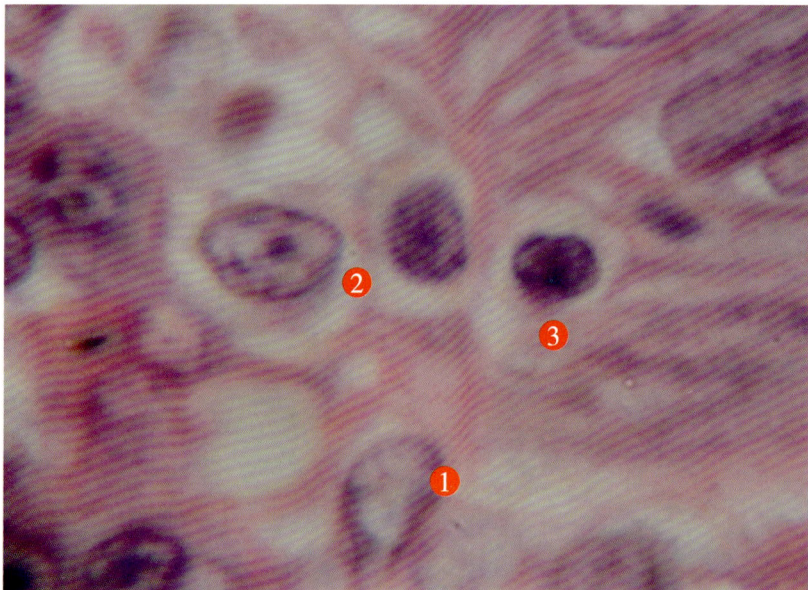

■ 图1-133　兔胃上皮结构动力学（8）

苏木素-伊红染色　×1 000

❶示胃上皮干细胞；❷示干细胞透明化；❸示上皮内透明细胞。

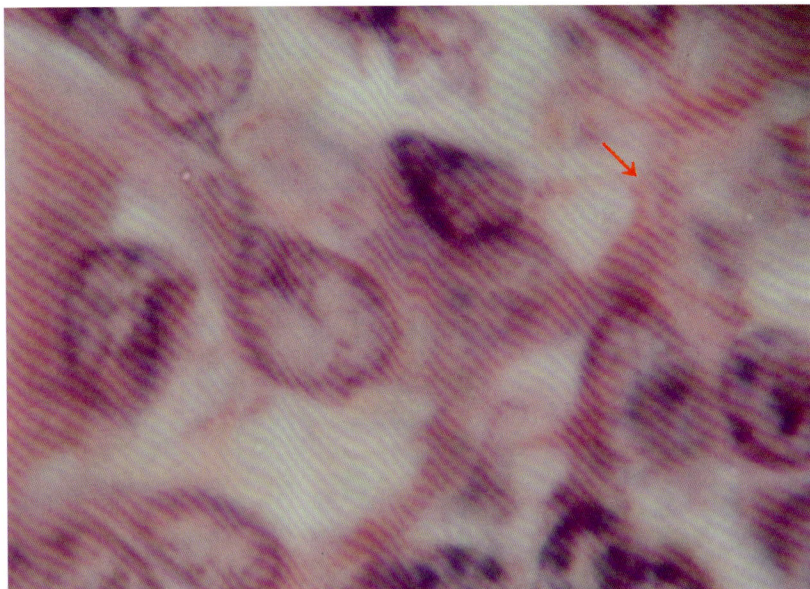

■ 图1-134 兔胃上皮结构动力学（9）

苏木素-伊红染色 ×1 000

示透明化干细胞合成新基膜。

3. 胃黏膜干细胞演化来源 胃黏膜干细胞有黏膜肌源、淋巴小结源和黏膜下层间质源三种演化来源。

（1）胃黏膜肌源干细胞演化 胃黏膜平滑肌是胃黏膜干细胞的主要来源，干细胞经近距诱导、平滑肌锥、平滑肌束和干细胞流等形式，迁移演化形成胃底腺与胃上皮。

1）胃黏膜肌邻近诱导演化 邻近诱导平滑肌演化又分近距强诱导和较远距弱诱导两种表现。

① 胃黏膜肌近距强诱导演化 胃黏膜组织场的本质主要是理化因子梯度，胃底腺是胃黏膜组织场构成的重要参与者。紧邻胃底腺的平滑肌核分裂后钝圆化，或直接钝圆化成为胃腺干细胞（图1-135），邻近胃底腺可诱导平滑肌细胞翘起，甚至与黏膜肌层垂直，经钝圆化、透明化，依次演化为胃底腺干细胞、成胃腺细胞、胃底腺细胞（图1-136、图1-137）。

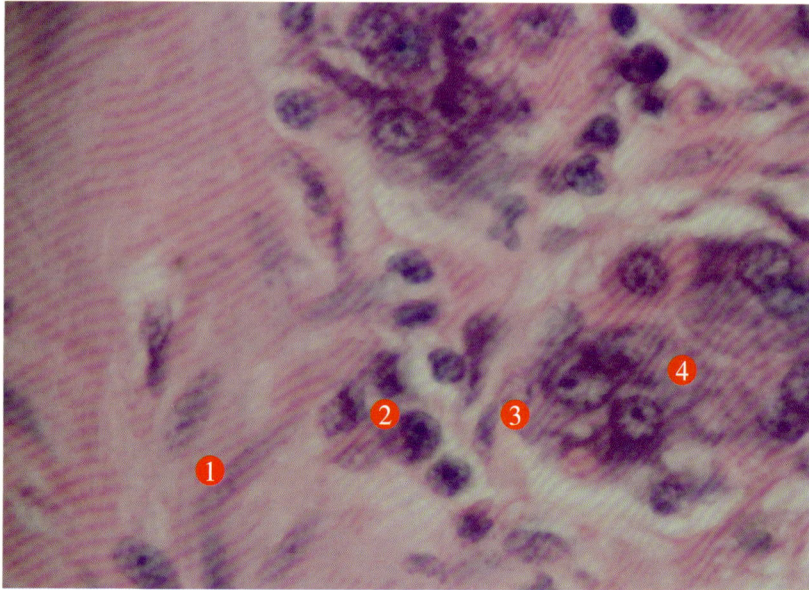

■ 图1-135　兔胃黏膜肌近距强诱导演化（1）

苏木素–伊红染色　×400

❶示黏膜肌细胞竖立；❷示胃底腺干细胞；❸示成胃腺细胞；
❹示胃底腺底部。

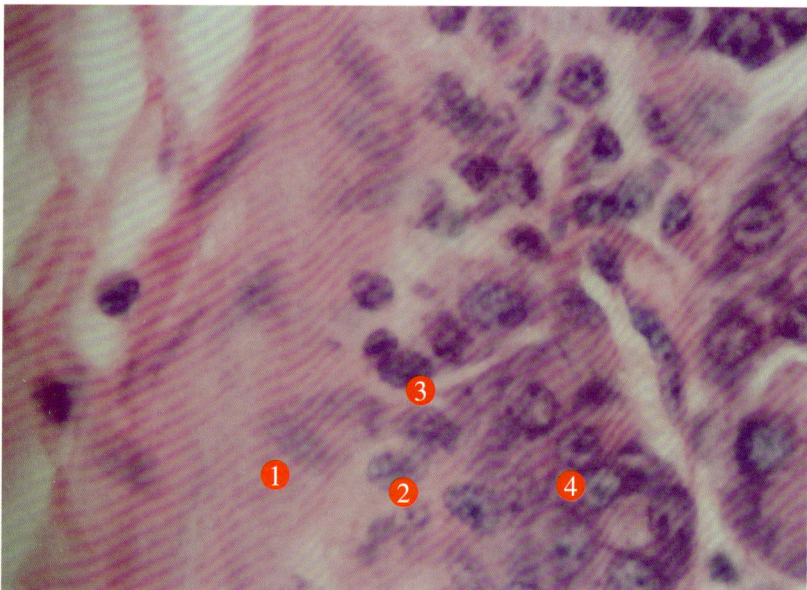

■ 图1-136　兔胃黏膜肌近距强诱导演化（2）

苏木素–伊红染色　×400

❶示黏膜肌细胞竖立；❷示胃底腺干细胞；❸示成胃腺细胞；
❹示胃底腺底部。

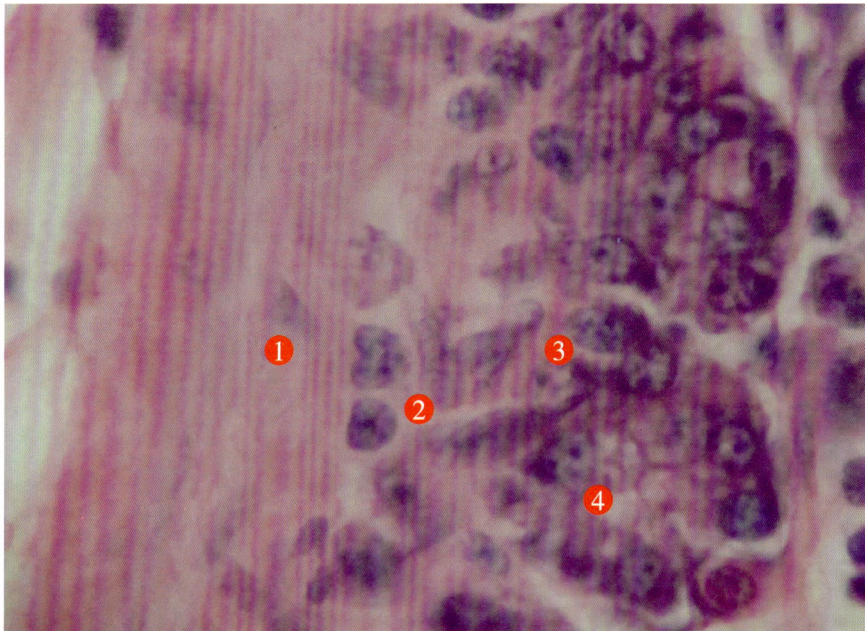

■ 图1-137　兔胃黏膜肌近距强诱导演化（3）

苏木素–伊红染色　×400

❶示黏膜肌细胞竖立；❷示胃腺干细胞；❸示成胃腺细胞；
❹示胃底腺底部。

② 胃黏膜肌较远距弱诱导演化　兔胃黏膜可显示黏膜肌较远距弱诱导演化的详细过程（图1-138），容易观察到更多中间过渡性细胞（图1-139）。

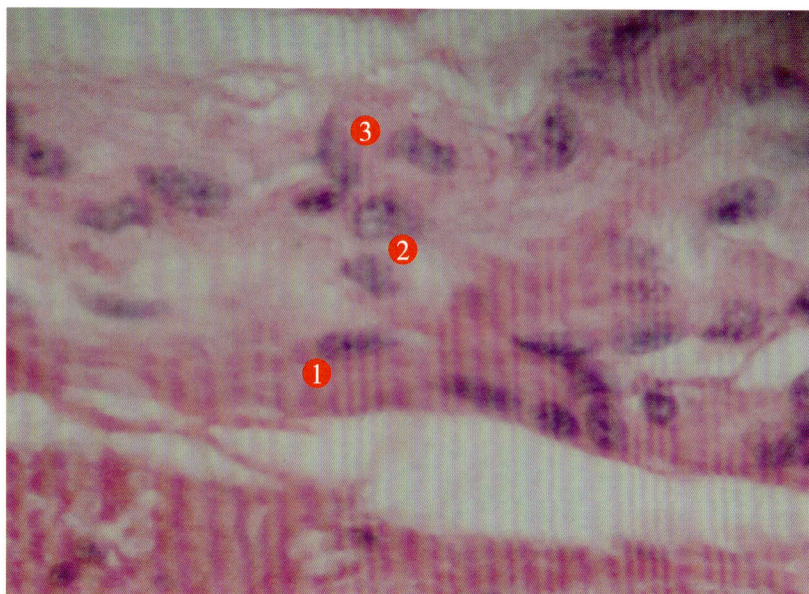

■ 图1-138　兔胃黏膜肌较远距弱诱导演化（1）

苏木素–伊红染色　×400

❶示横位梭形核平滑肌细胞；❷示平滑肌细胞钝圆化；❸示平滑肌细胞竖立。

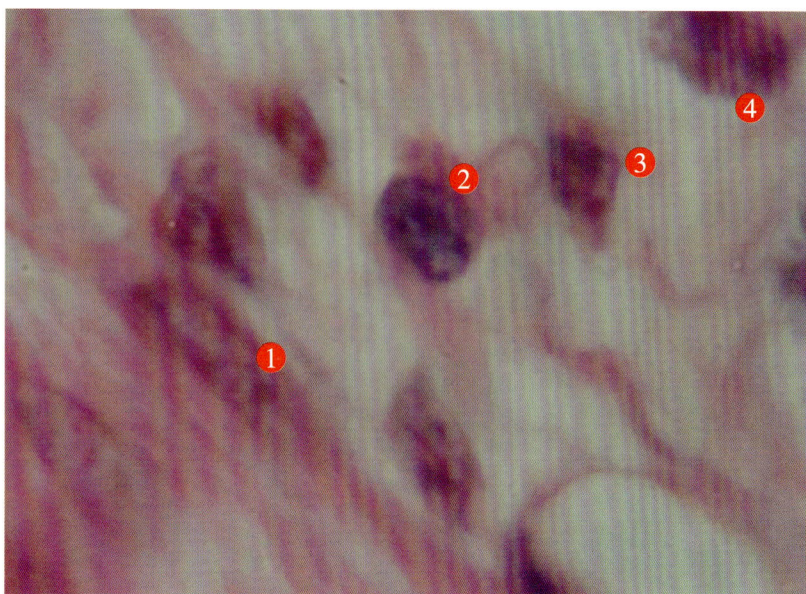

■ 图1-139　兔胃黏膜肌较远距弱诱导演化（2）

苏木素–伊红染色　×1 000

❶示横位梭形核平滑肌细胞；❷示平滑肌细胞钝圆化；❸示胃腺干细胞；❹示成胃腺细胞。

2）黏膜肌锥演化　在黏膜组织场诱导下，兔胃黏膜平滑肌细胞成簇竖立，向内突出形成平滑肌锥（图1-140），锥顶经多少不等的中间态演化形成胃底腺细胞（图1-141）。

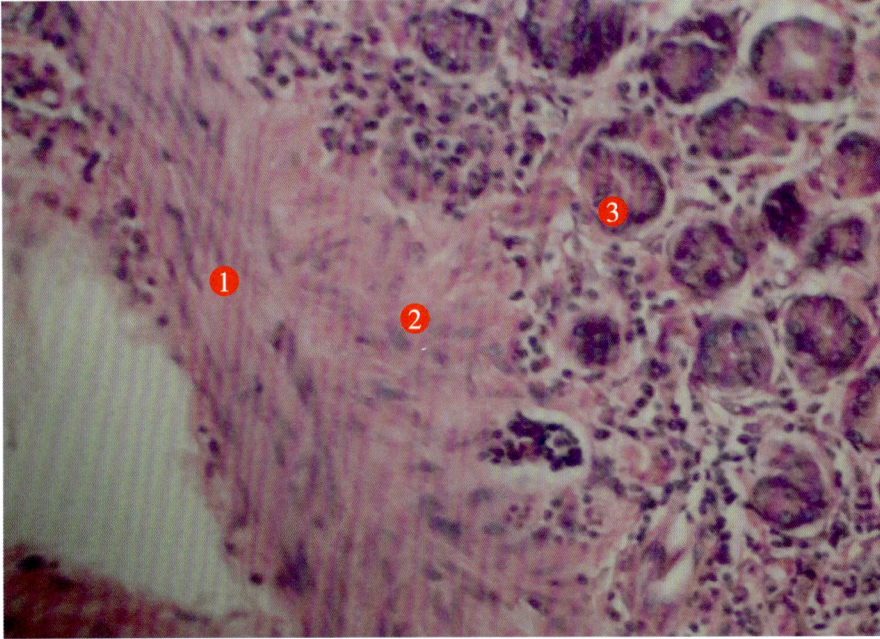

■ 图1-140　兔胃黏膜肌锥演化（1）

苏木素–伊红染色　×100

❶示胃黏膜肌；❷示胃黏膜肌锥；❸示胃底腺底部。

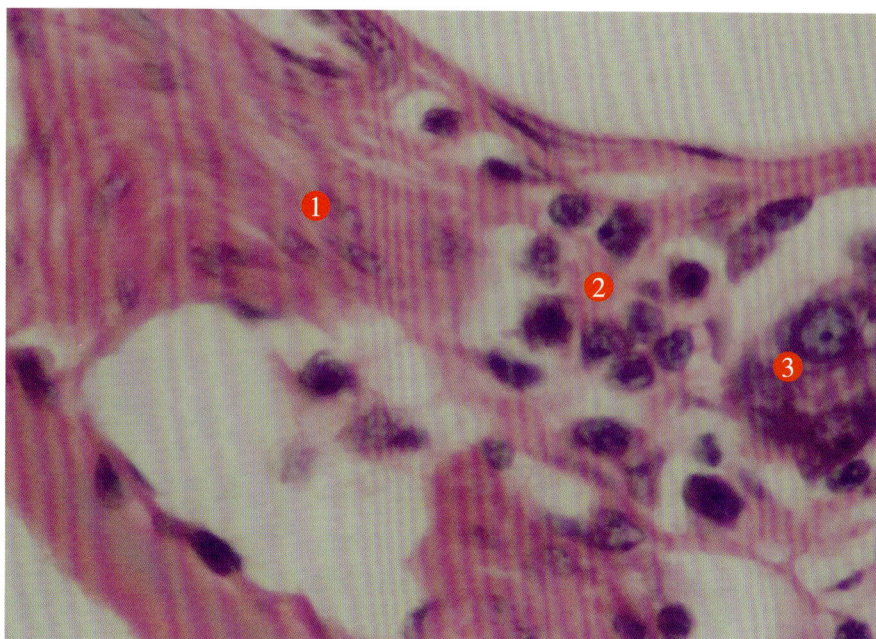

■ 图1-141　兔胃黏膜肌锥演化（2）

苏木素-伊红染色　×400

❶示胃黏膜肌锥；❷示胃腺干细胞簇；❸示胃底腺底部。

　　3）黏膜肌束演化　　在黏膜组织场诱导下，从黏膜肌可发出长短不等、向上延伸的平滑肌束（图1-142）。平滑肌束基部较粗（图1-143），中间较细（图1-144），顶端可伸达黏膜上部，经多寡不等的过渡态演化形成胃底腺（图1-145～图1-147）。

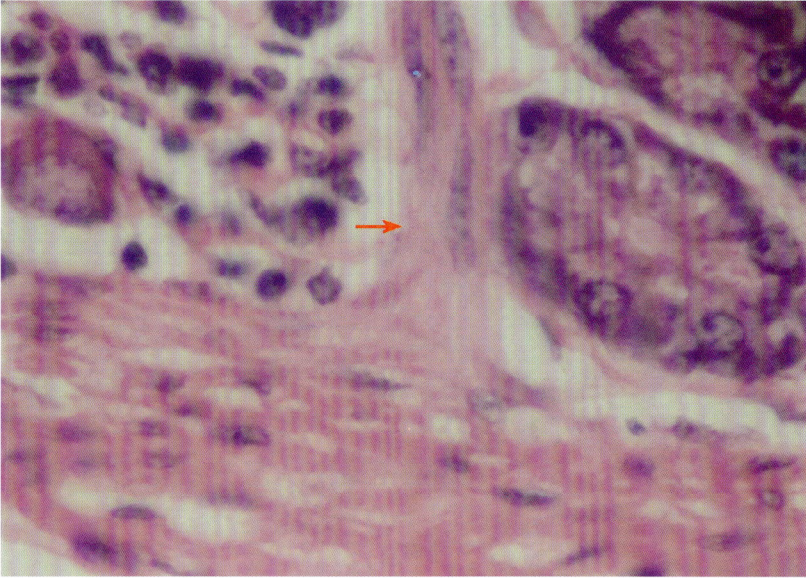

■ 图1-142　兔胃黏膜肌束演化（1）

苏木素-伊红染色　×400

→ 示较粗的长黏膜肌束基部。

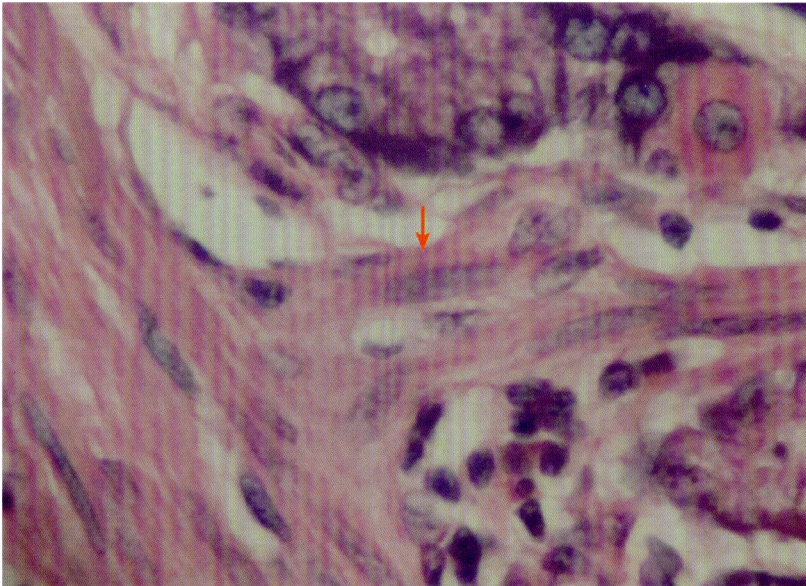

■ 图1-143　兔胃黏膜肌束演化（2）

苏木素-伊红染色　×400

↓ 示较粗的长黏膜肌束基部。

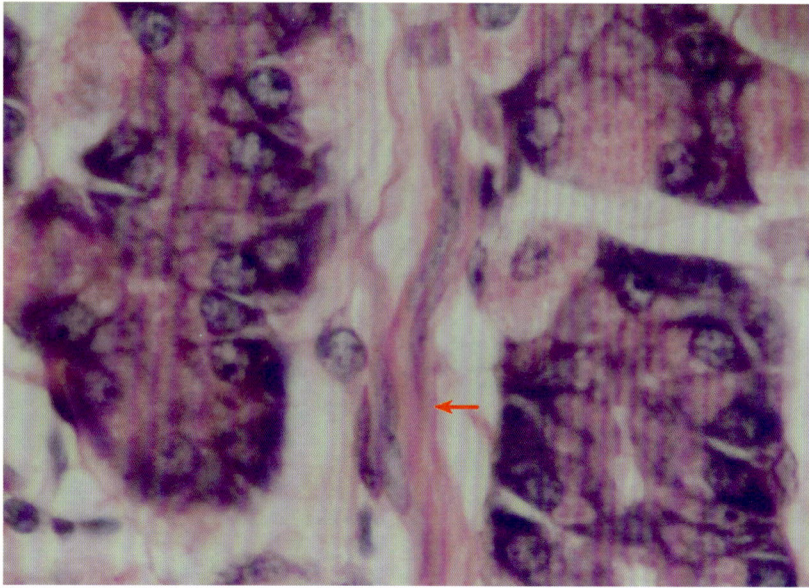

■ 图1-144 兔胃黏膜肌束演化（3）

苏木素-伊红染色 ×400

← 示较细的黏膜肌束中部。

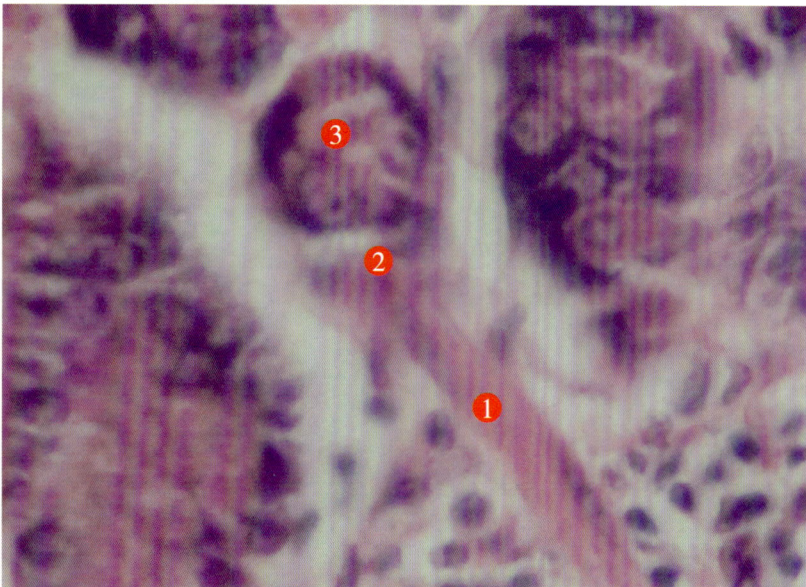

■ 图1-145 兔胃黏膜肌束演化（4）

苏木素-伊红染色 ×400

❶示黏膜肌束顶端；❷示过渡区；❸示胃底腺。

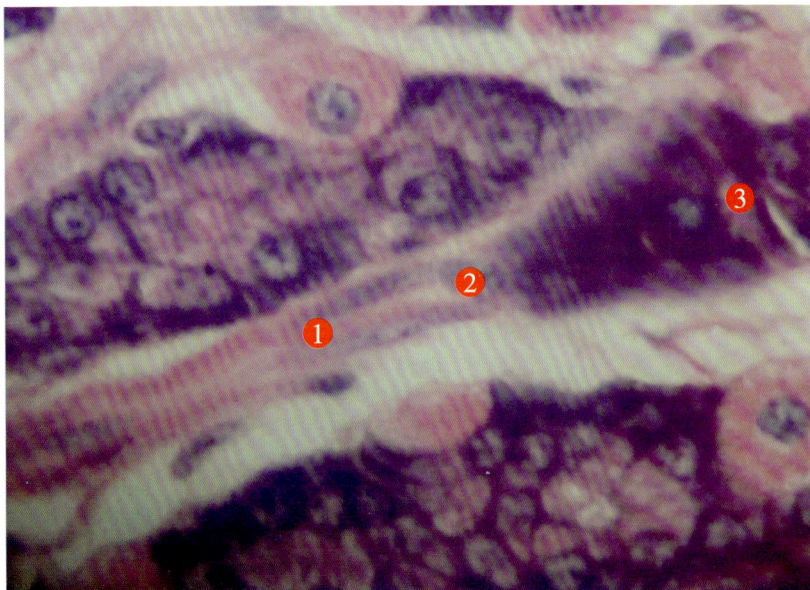

■ 图1-146　兔胃黏膜肌束演化（5）

苏木素-伊红染色　×400

❶示黏膜肌束顶端；❷示过渡区；❸示胃底腺。

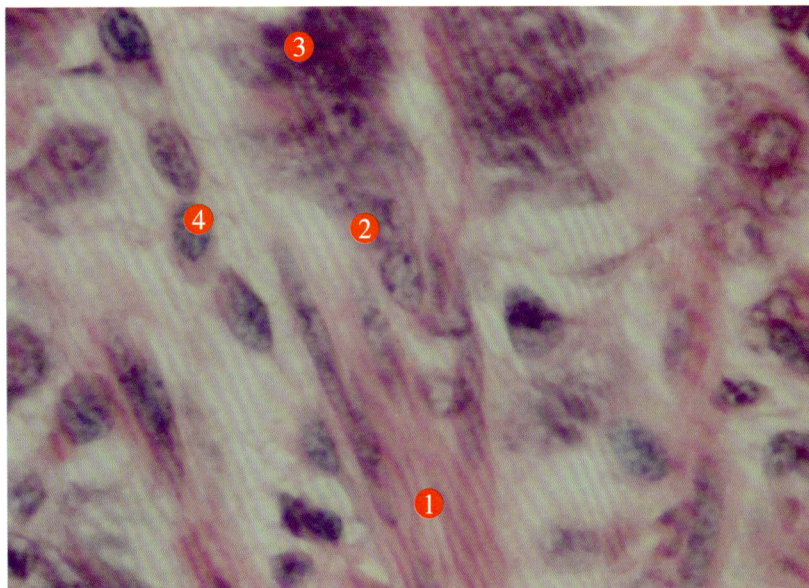

■ 图1-147　兔胃黏膜肌束演化（6）

苏木素-伊红染色　×400

❶示黏膜肌束顶端；❷示过渡区；❸示胃底腺；❹示黏膜肌束顶端发出的干细胞流。

4）胃黏膜干细胞流演化　兔和狗胃黏膜间质内可见干细胞流（图1-148、图1-149）。兔胃黏膜干细胞流可直接起源于黏膜肌，至黏膜肌束顶部可演化为散在的干细胞（图1-150），或经过渡细胞演化形成胃底腺（图1-151），或径直上达胃小区的间质顶部胃上皮下，单个或成群演化形成胃上皮细胞（图1-152、图1-153）。

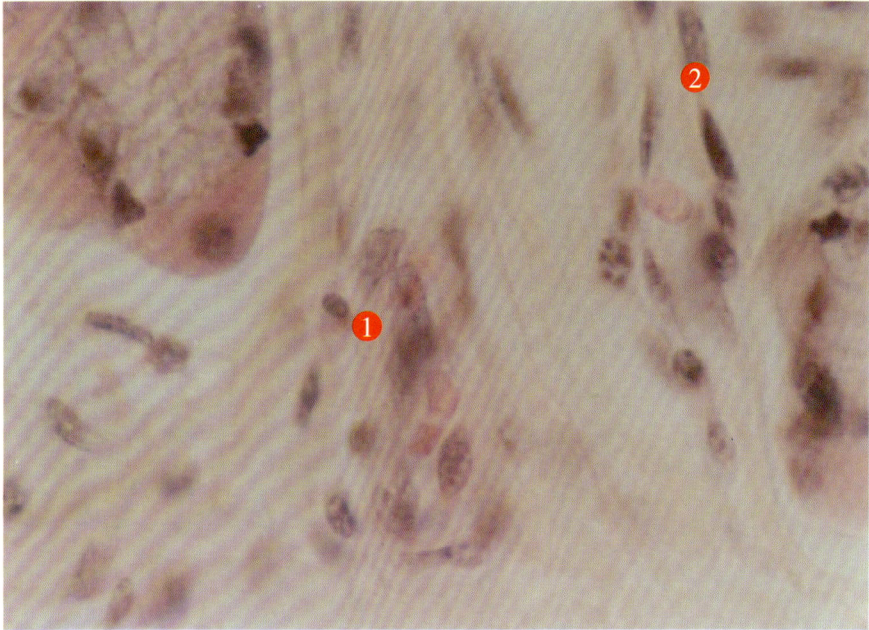

■ **图1-148　兔胃黏膜间质干细胞流**
苏木素-伊红染色　×400
❶和❷示起源于不同高度黏膜间质的干细胞流。

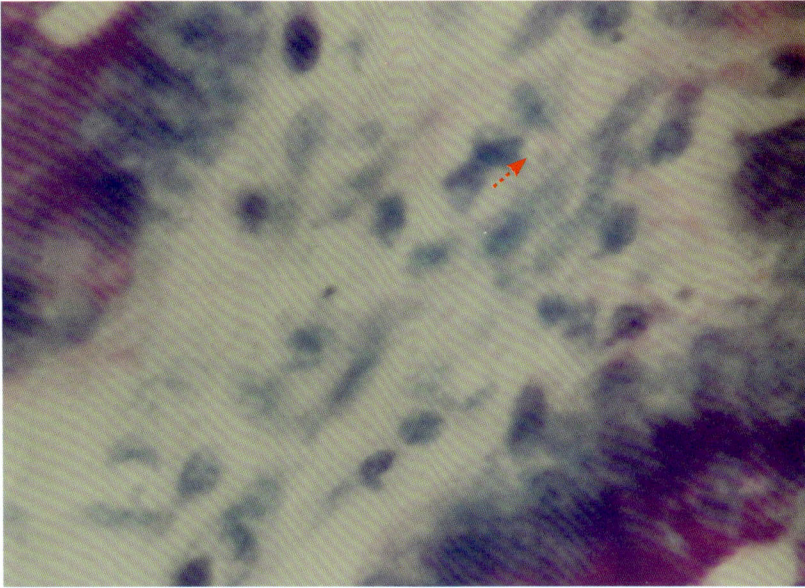

■ 图1-149 狗胃黏膜间质干细胞流

PAS反应＋天青Ⅱ染色 ×400

⤍ 示胃黏膜干细胞流上行到胃小区间质内。

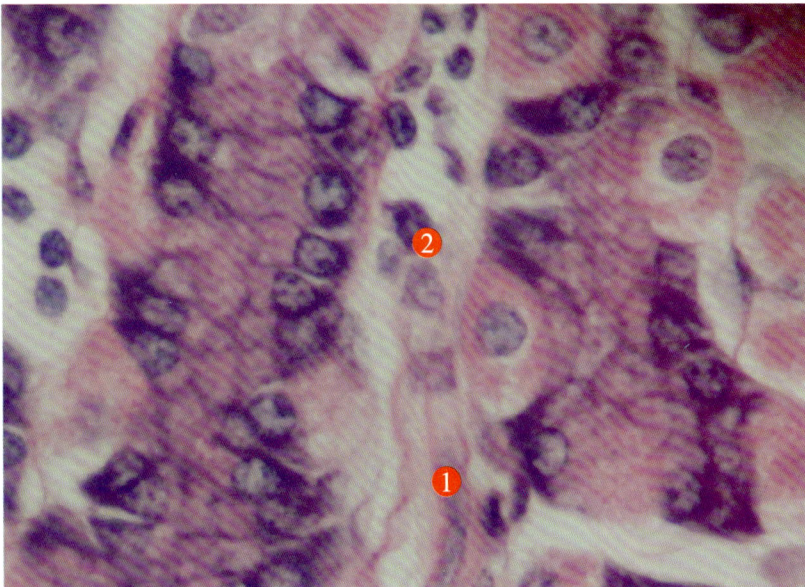

■ 图1-150 兔胃黏膜干细胞流演化（1）

苏木素–伊红染色 ×400

❶示黏膜肌束顶端；❷示黏膜干细胞流。

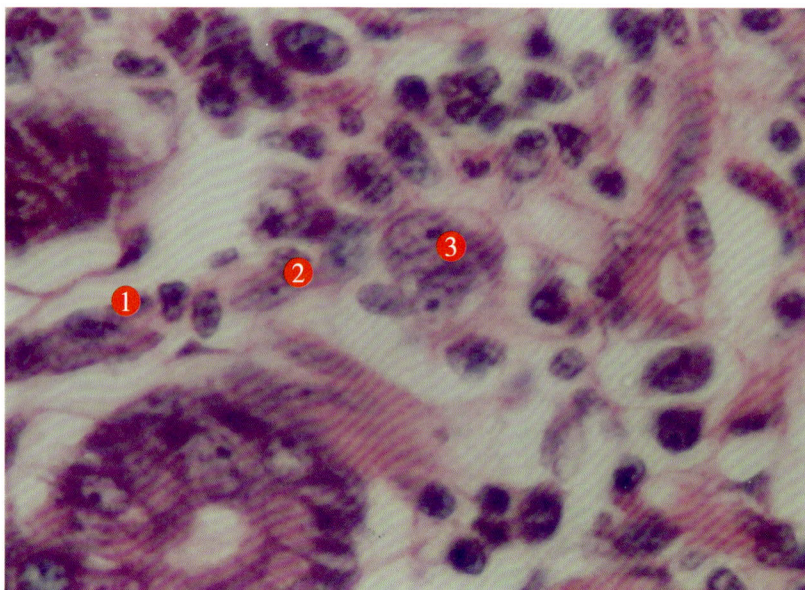

■ 图1-151　兔胃黏膜干细胞流演化（2）

苏木素-伊红染色　×400

❶示胃黏膜干细胞流；❷示过渡性细胞；❸示成胃底腺细胞团。

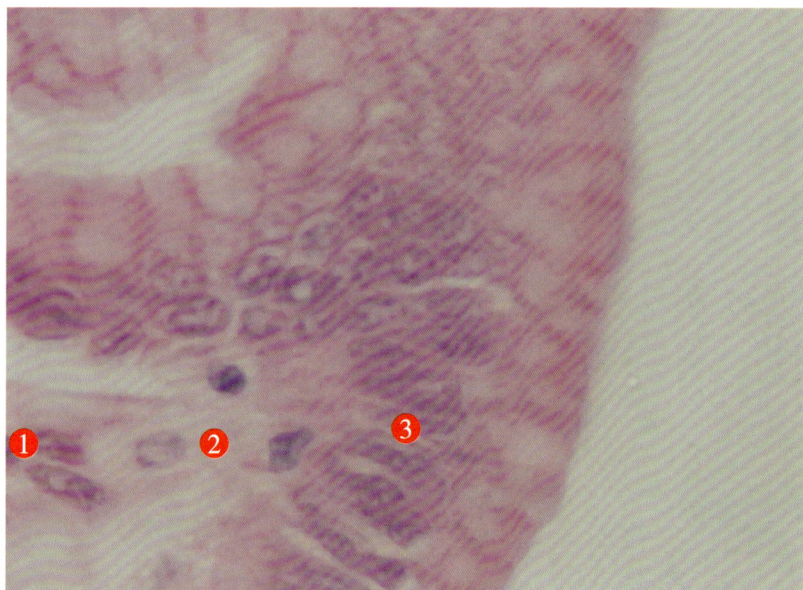

■ 图1-152　兔胃黏膜干细胞流演化（3）

苏木素-伊红染色　×400

❶示向上迁移的干细胞流；❷示过渡性细胞；❸示胃上皮。

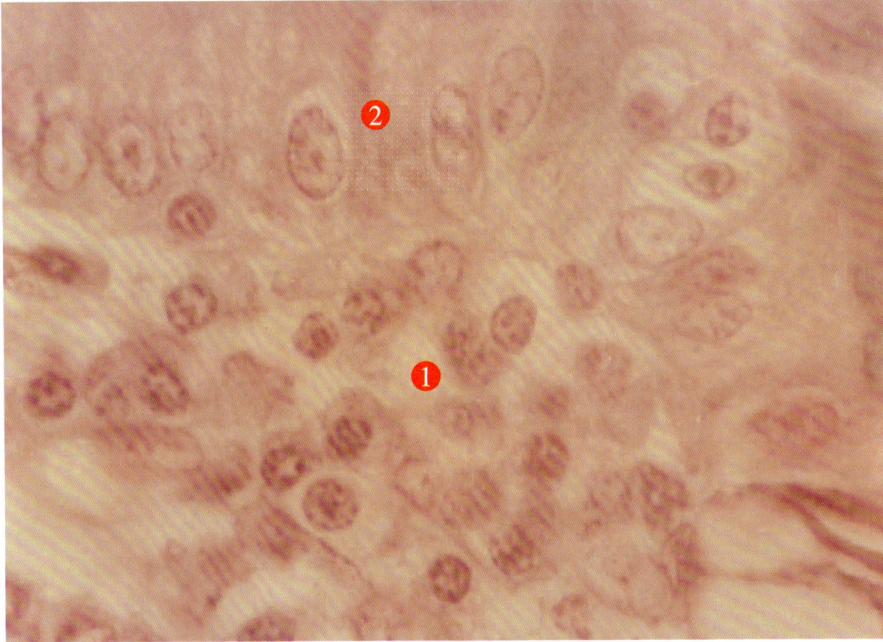

■ 图1-153 兔胃黏膜干细胞流演化（4）

苏木素-伊红染色 ×400

❶示胃上皮干细胞群；❷示胃上皮。

（2）淋巴小结源干细胞演化 兔胃黏膜内可见淋巴小结（图1-154），也可见黏膜下层淋巴小结通过黏膜肌缺口将淋巴细胞散发到黏膜层内（图1-155），淋巴细胞集聚部位早期胃底腺较多（图1-156），其中部分胃腺细胞乃由淋巴源干细胞演化形成。

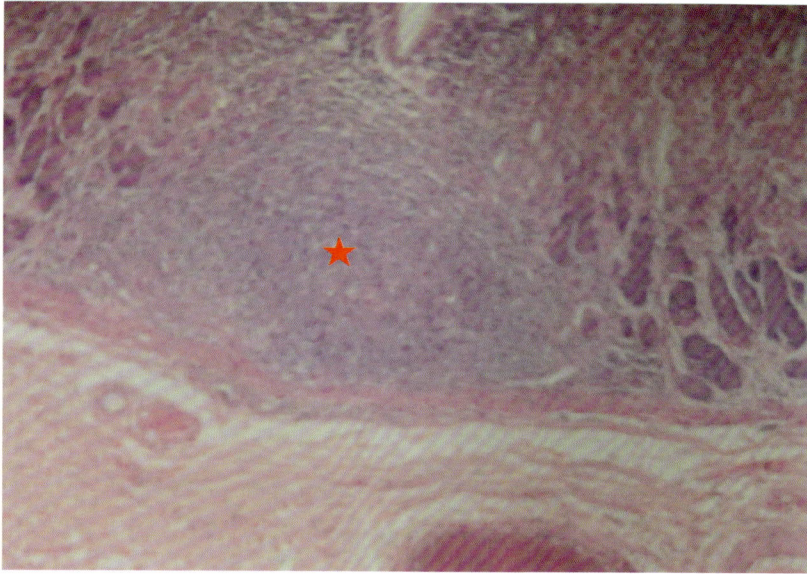

■ 图1-154　兔胃黏膜内淋巴小结

苏木素-伊红染色　×50

★示兔胃黏膜内淋巴小结。

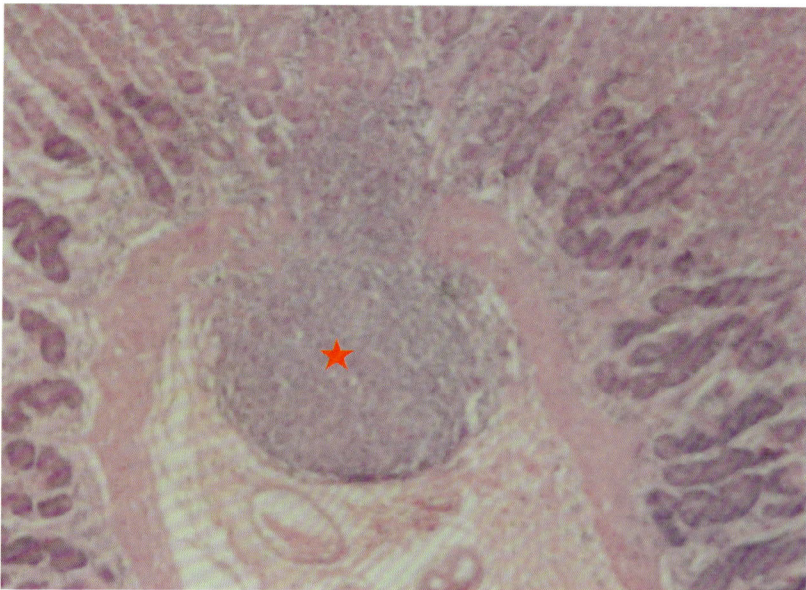

■ 图1-155　兔胃黏膜下层淋巴小结

苏木素-伊红染色　×50

★示兔胃黏膜下层淋巴小结向黏膜层散发淋巴细胞。

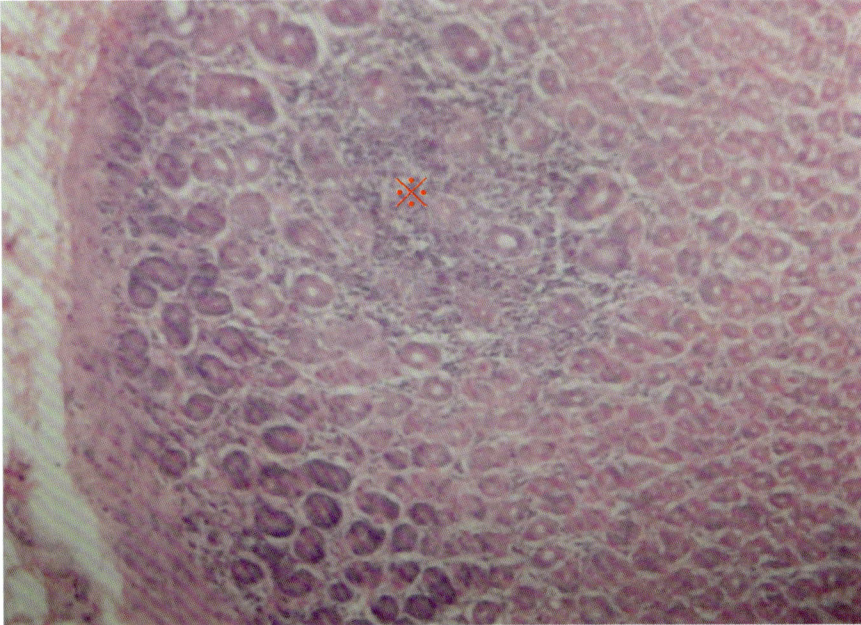

■ 图1-156　兔胃黏膜层内淋巴聚集区

苏木素-伊红染色　×50

※示兔胃黏膜下层淋巴小结向黏膜层散发淋巴细胞。

（3）黏膜下层间质源干细胞演化　兔胃黏膜肌常有缺口，黏膜下间质干细胞可由此进入黏膜层（图1-157、图1-158），也可伴随跨黏膜肌血管进入黏膜层，成为胃黏膜干细胞（图1-159）。

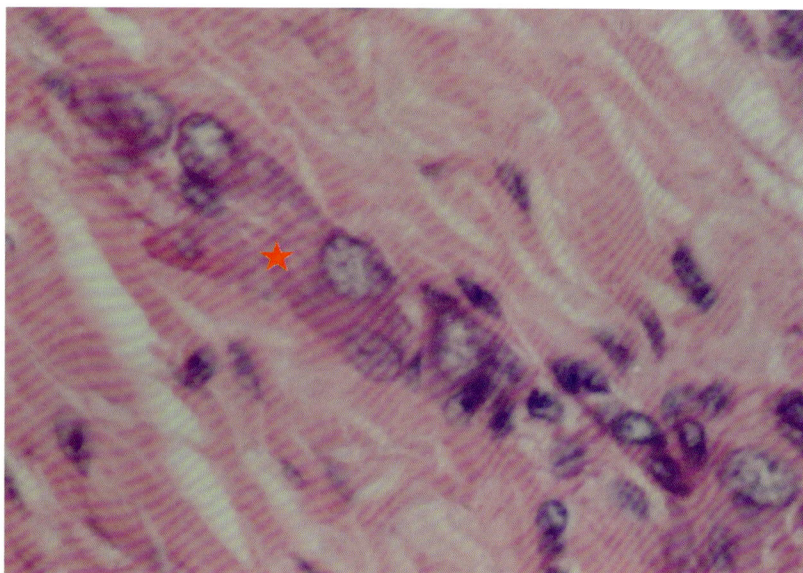

■ 图1-160 猫胃黏膜下神经丛

苏木素−伊红染色 ×400

★示猫胃黏膜下层神经丛。

1. 胃黏膜下神经丛演化黏膜肌 猫胃黏膜下神经丛可直接演化形成
黏膜平滑肌（图1-161）。

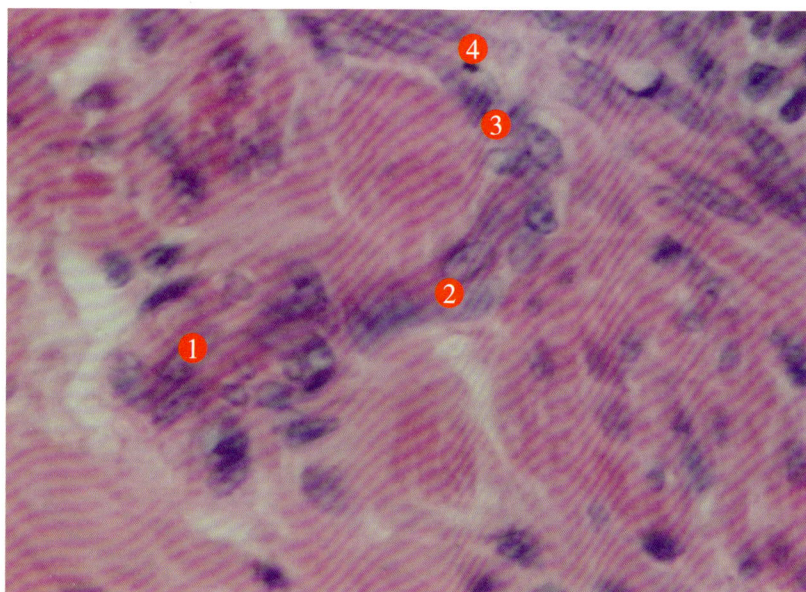

■ 图1-161 猫胃黏膜下神经丛演化黏膜肌

苏木素−伊红染色 ×400

❶示黏膜下神经丛；❷示上行干细胞流；❸示过渡性细胞；
❹示黏膜平滑肌细胞。

2. 胃黏膜下神经丛演化肌层平滑肌 黏膜下神经丛向外可演化形成肌层平滑肌（图1-162）。

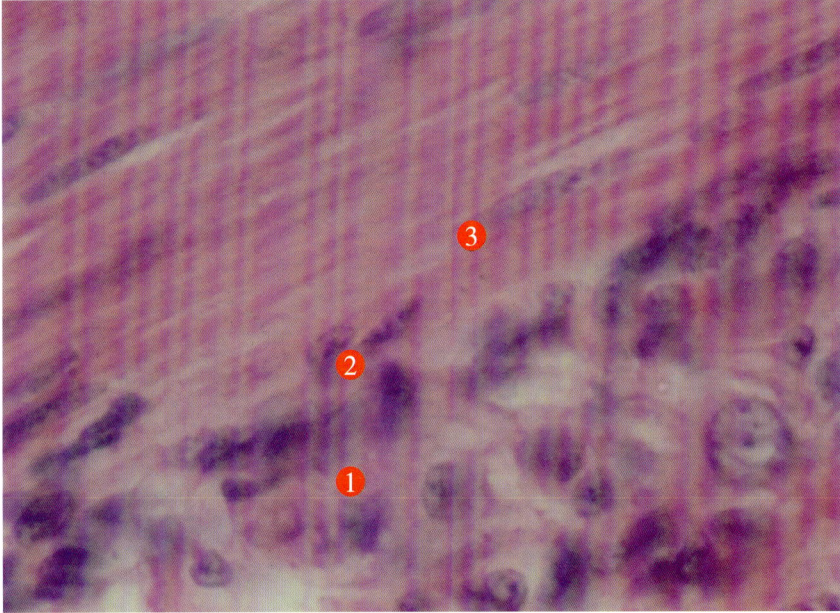

■ **图1-162 猫胃黏膜下神经丛演化肌层平滑肌**

苏木素-伊红染色 ×400

❶示黏膜下神经丛；❷示过渡性细胞；❸示肌层平滑肌细胞。

3. 胃黏膜下神经丛演化黏膜下层间质 猫胃黏膜下神经丛可向周边演化形成黏膜下层间质（图1-163）。

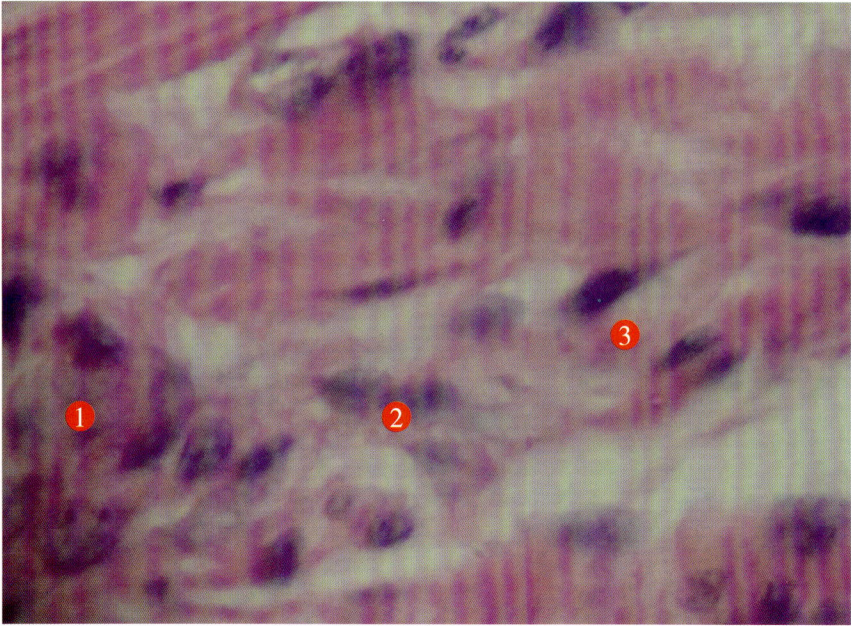

■ 图1-163　猫胃黏膜下神经丛演化黏膜下层间质

苏木素-伊红染色　×400

❶示黏膜下神经丛；❷示间质干细胞；❸示黏膜下层间质细胞。

（三）胃壁肌间神经丛演化

胃壁肌间神经丛可以内部嬗变和边际演化两种演化方式演化形成平滑肌。

1. 胃肌间神经丛内部嬗变演化　猫胃壁肌肌间神经丛在细胞密度、细胞形态及嗜色性方面显示明显异质性（图1-164、图1-165）。演化早期兔胃肌间神经丛可见嗜碱性神经细胞，神经束细胞多为圆形（图1-166）；较晚期肌间神经丛不见嗜碱性神经细胞，嗜酸性梭形细胞逐渐增多（图1-167）。胃肌间神经丛逐渐内部嬗变为平滑肌束（图1-168、图1-169）。

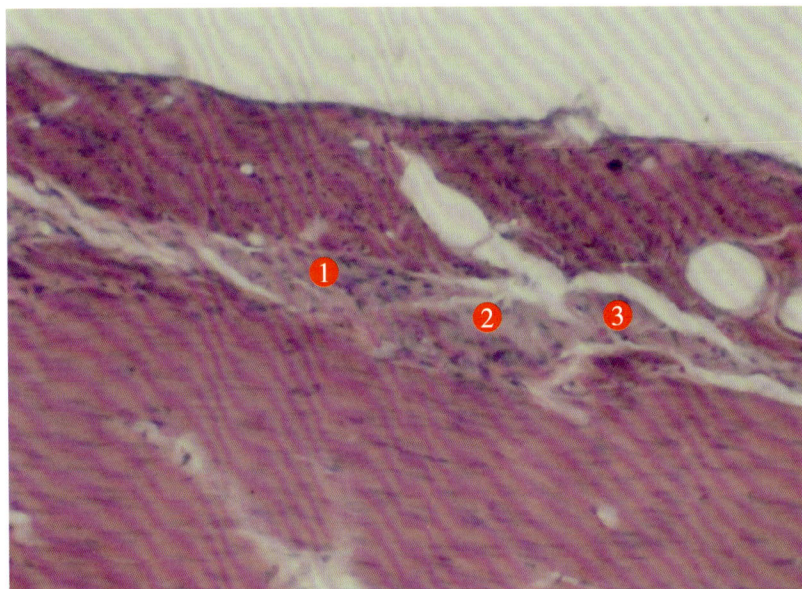

■ 图1-164　猫胃壁肌间神经丛异质性（1）

苏木素-伊红染色　×100

❶、❷和❸示细胞密度、细胞形状及嗜碱性强度各不相同的三个肌间神经丛。

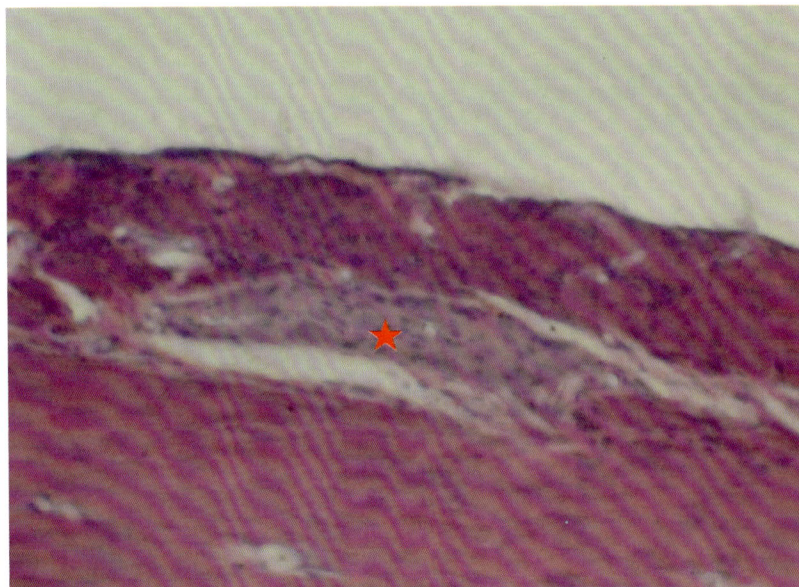

■ 图1-165　猫胃壁肌间神经丛异质性（2）

苏木素-伊红染色　×100

★示较晚期肌间神经丛。

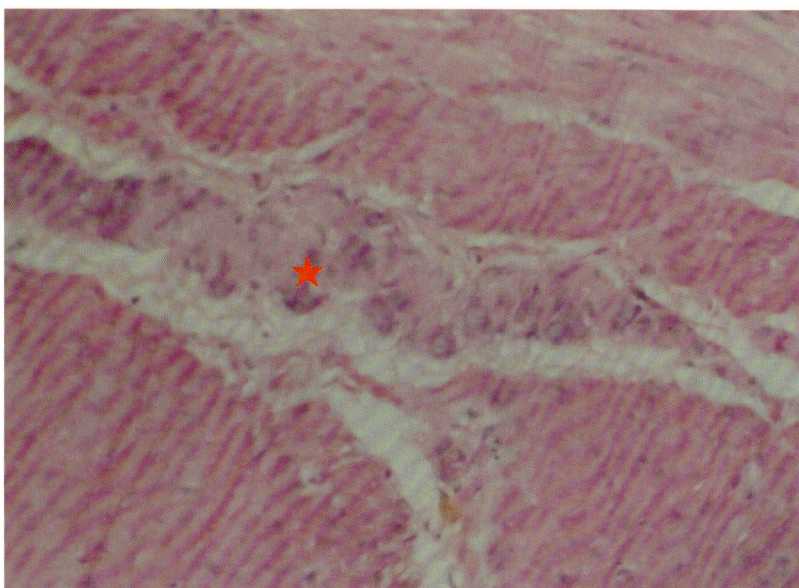

■ 图1-166　兔胃壁肌间神经丛嬗变演化（1）

苏木素-伊红染色　×100

★示早期肌间神经丛。

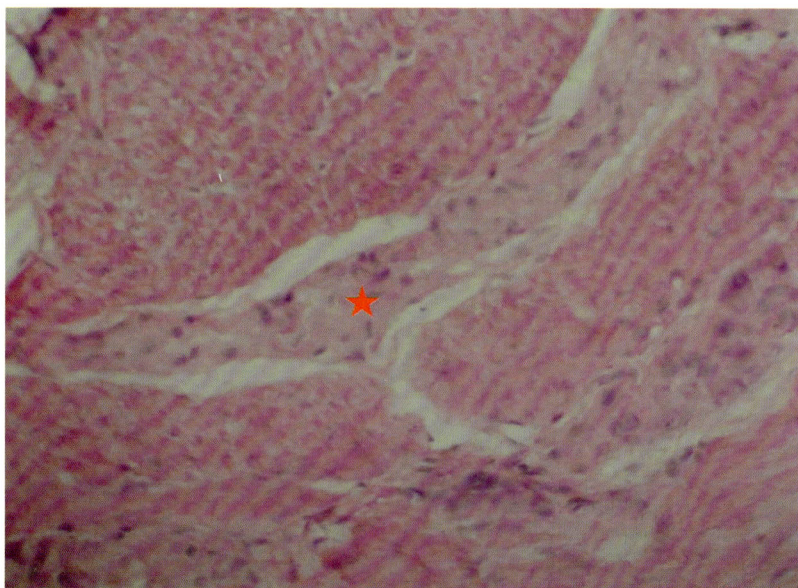

■ 图1-167　兔胃壁肌间神经丛嬗变演化（2）

苏木素-伊红染色　×100

★示较晚期肌间神经丛。

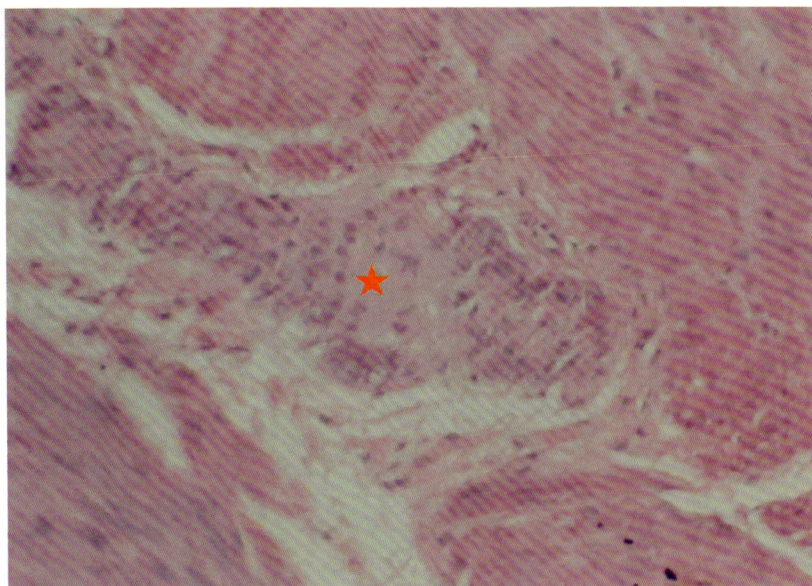

■ **图1-168　兔胃壁肌间神经丛嬗变演化（3）**

苏木素-伊红染色　×100

★示兔胃壁演化较早期长锤形肌间神经丛。

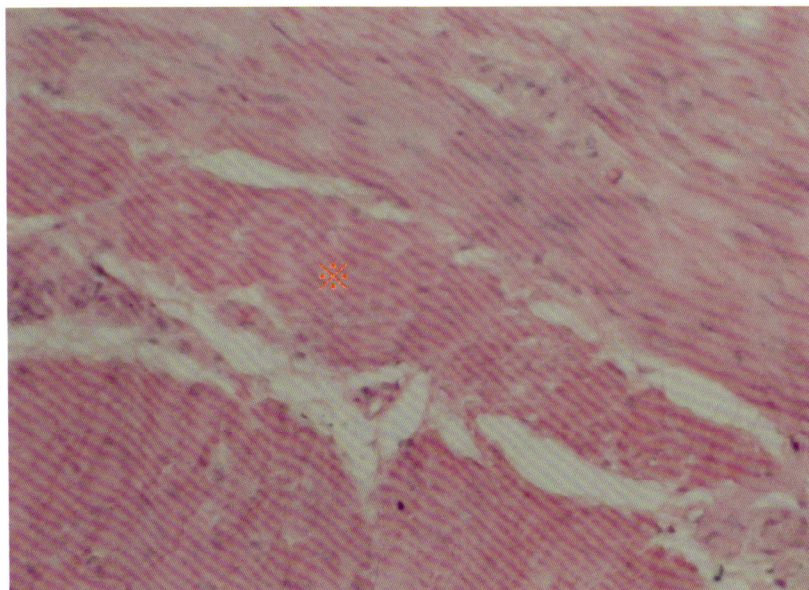

■ **图1-169　兔胃壁肌间神经丛嬗变演化（4）**

苏木素-伊红染色　×100

※示兔胃壁肌间神经丛嬗变演化为多节平滑肌束。

2. 胃肌间神经丛边际演化　神经细胞受周边诱导可成群演化为平滑肌细胞（图1-170、图1-171）。

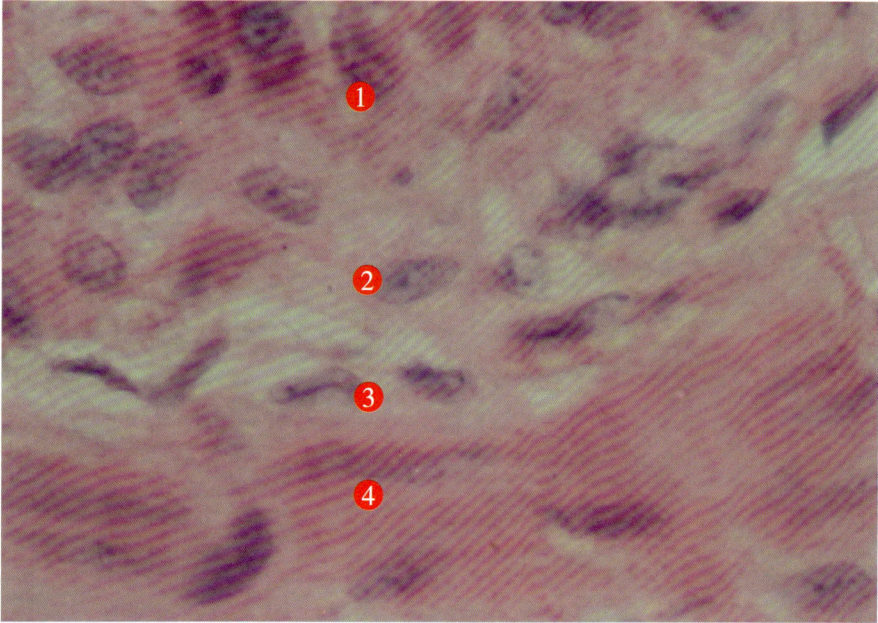

■ **图1-170　猫胃肌间神经丛边际演化（1）**
苏木素-伊红染色　×400
❶示神经丛神经细胞；❷和❸示过渡性细胞；❹示平滑肌细胞。

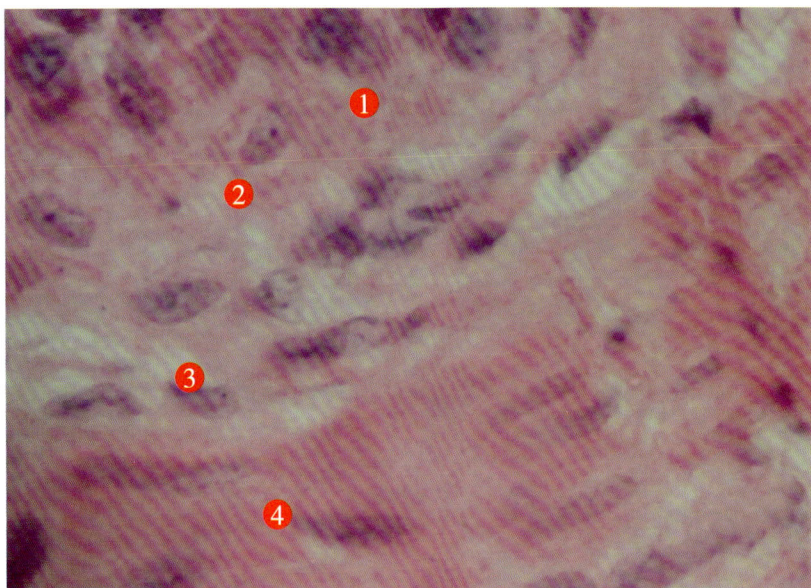

■ 图1-171 猫胃肌间神经丛边际演化（2）

苏木素-伊红染色 ×400

❶示神经丛神经细胞；❷示外迁神经细胞；❸示过渡性细胞；
❹示平滑肌细胞。

二、人胃组织动力学特点

人胃黏膜胃底腺排列密集，黏膜间质较少（图1-172），只在较大胃小区上皮下有较多疏松固有层间质（图1-173）。人胃黏膜干细胞也来自黏膜肌，黏膜肌细胞受邻近胃底腺诱导可演化形成胃底腺细胞（图1-174、图1-175）。平滑肌锥也因过渡性细胞掺入而不典型（图1-176）。人胃黏膜内纤细的平滑肌束也起源于胃黏膜肌，常因混杂有过渡性细胞而显得不明显、不连贯（图1-177、图1-178）。人胃黏膜可见循较纤细平滑肌束向上迁移的平滑肌细胞流（图1-179、图1-180），其末端经过渡性细胞演化为成胃腺细胞（图1-181）。人胃黏膜内也可见淋巴源干细胞演化（图1-182），还常见黏膜肌缺口，干细胞可经此缺口从黏膜下转移到黏膜层（图1-183）；有时也见黏膜下血管穿过黏膜肌，血管源干细胞随其进入黏膜层（图1-184）。人胃肌层可见肌间神经束细胞逐渐演化形成平滑肌细胞（图1-185、图1-186）。

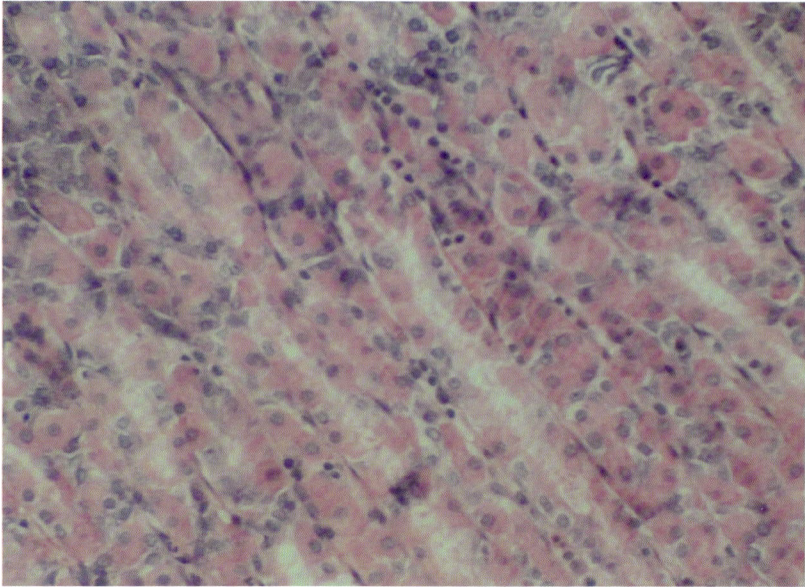

■ **图1-172 人胃黏膜（1）**

苏木素-伊红染色 ×100

图示人胃黏膜胃底腺排列密集，黏膜间质较少。

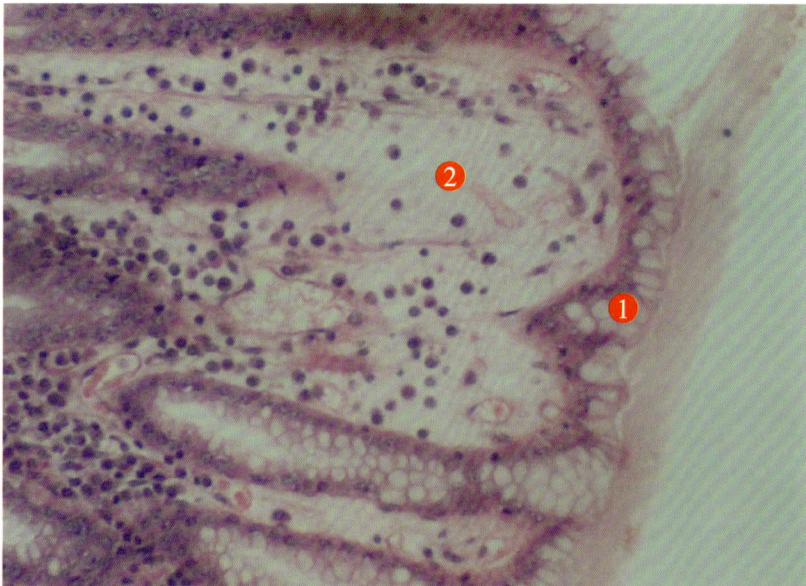

■ **图1-173 人胃黏膜（2）**

苏木素-伊红染色 ×100

❶示较大胃小区胃上皮；❷示疏松固有层。

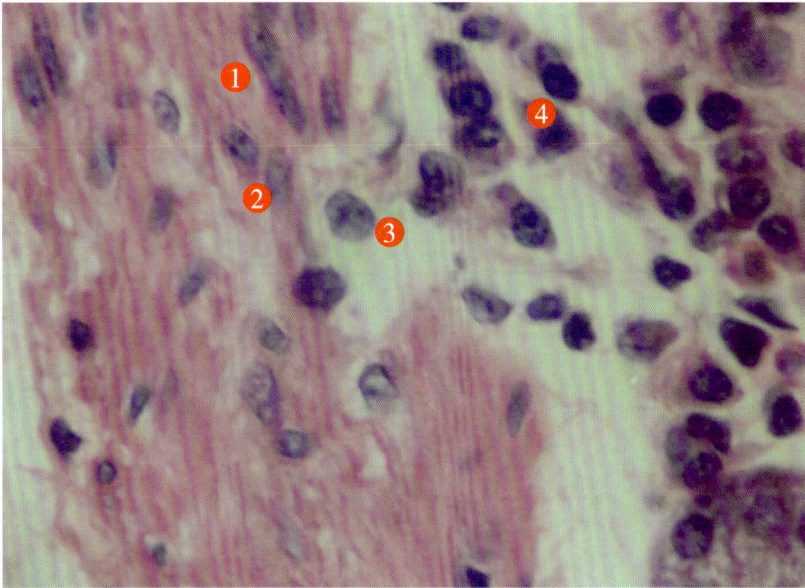

■ 图1-174 人胃黏膜肌诱导演化（1）

苏木素-伊红染色 ×400

❶示静息平滑肌细胞；❷示激发平滑肌细胞；❸示再干细胞化；❹示干细胞群。

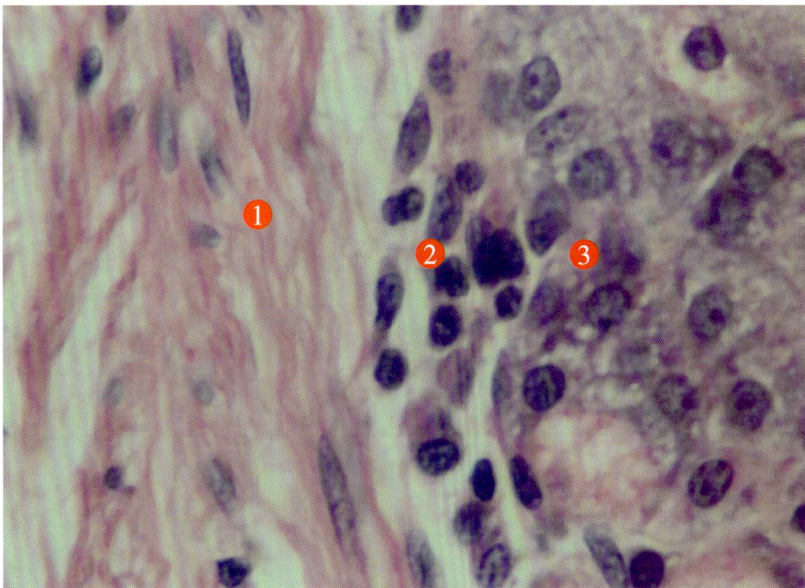

■ 图1-175 人胃黏膜肌诱导演化（2）

苏木素-伊红染色 ×400

❶示胃黏膜肌；❷示干细胞巢；❸示成胃腺细胞。

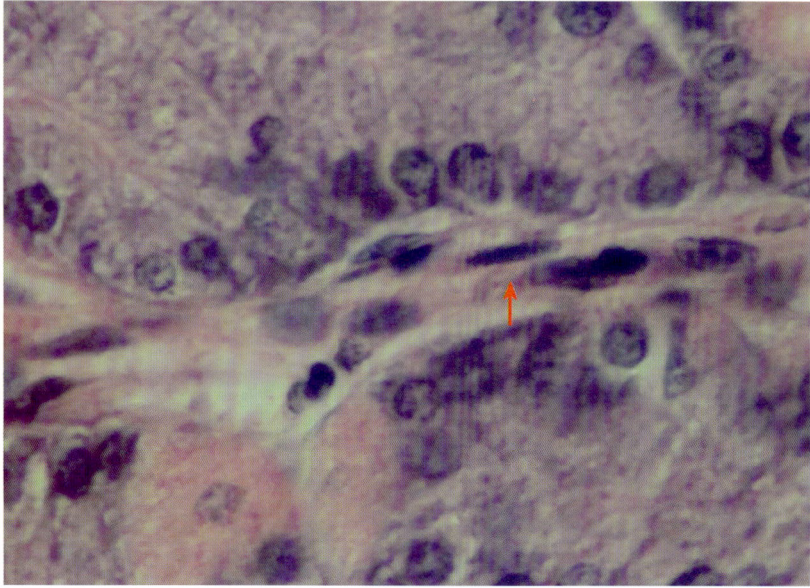

■ 图1-180　人胃黏膜肌束演化（4）

苏木素-伊红染色　×400

↑ 示胃黏膜内向上迁移的平滑肌细胞。

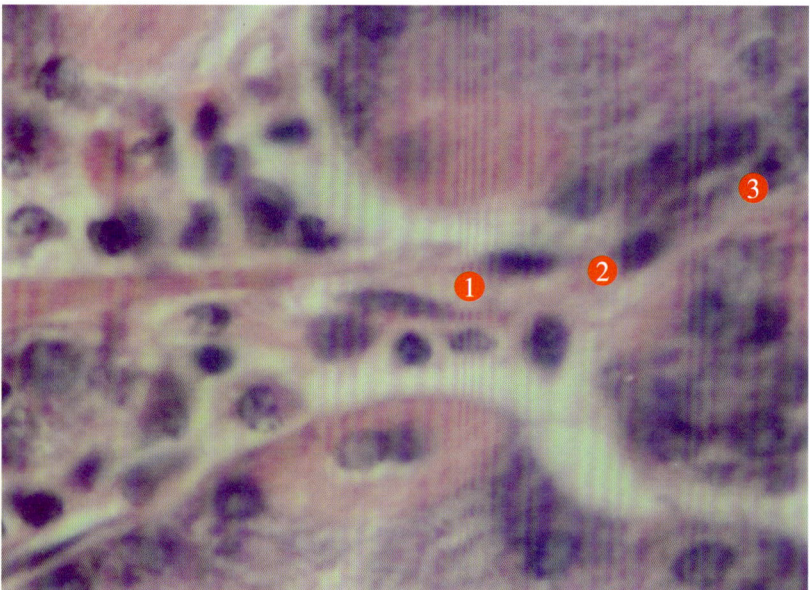

■ 图1-181　人胃黏膜肌束演化（5）

苏木素-伊红染色　×400

❶示向上迁移的平滑肌细胞；❷示过渡性细胞；❸示成胃腺细胞。

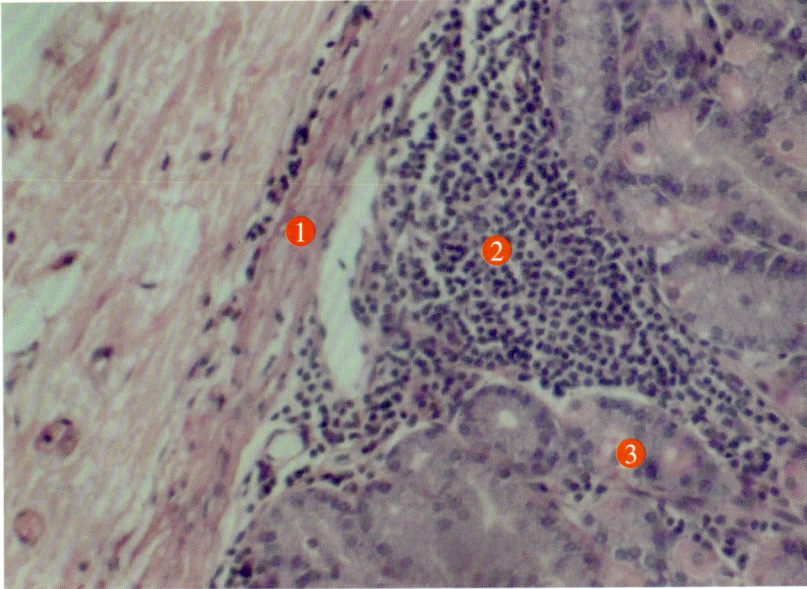

■ 图1-182　人胃淋巴源干细胞黏膜-胃腺细胞演化

苏木素-伊红染色　×100

❶示胃黏膜肌；❷示弥散淋巴组织；❸示胃底腺。

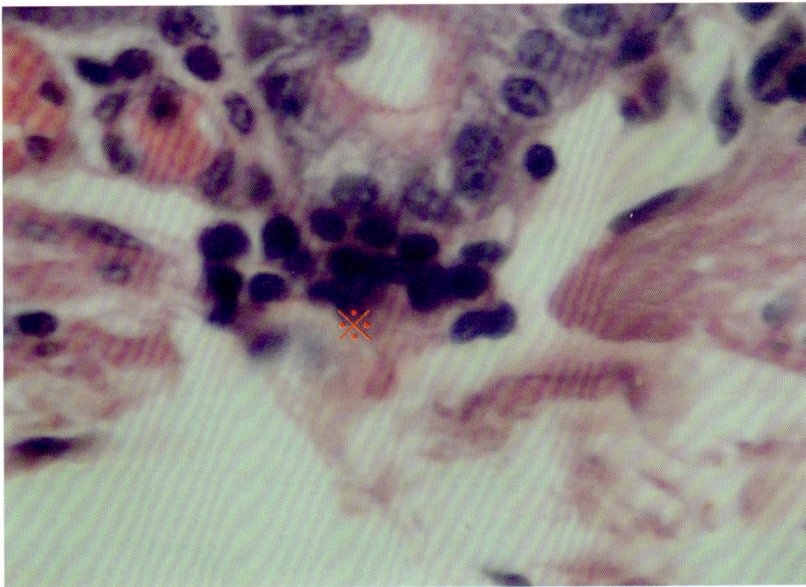

■ 图1-183　人胃黏膜肌缺口与干细胞转移

苏木素-伊红染色　×400

※示黏膜肌缺口及通过缺口将从黏膜下进入黏膜内的干细胞群。

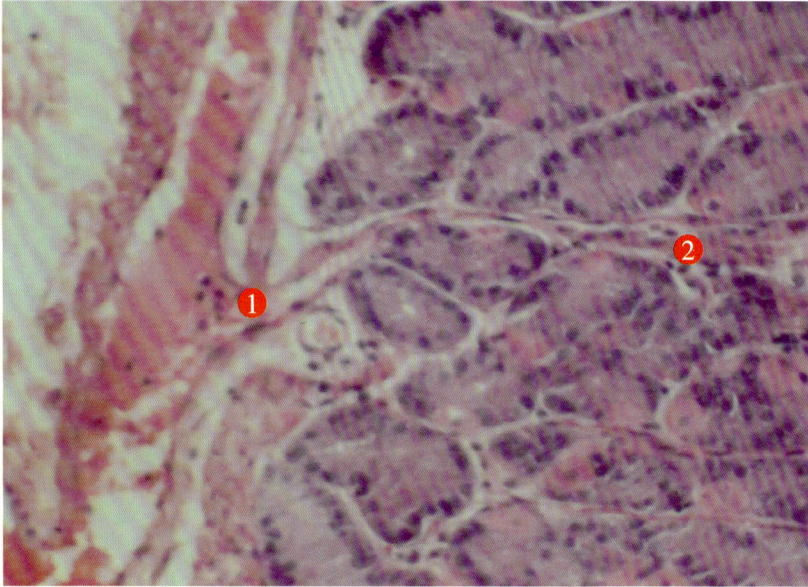

■ 图1-184　人胃血管源干细胞演化

苏木素–伊红染色　×100

❶示黏膜下血管穿过黏膜肌进入黏膜层；❷示血管源干细胞随血管向上迁移。

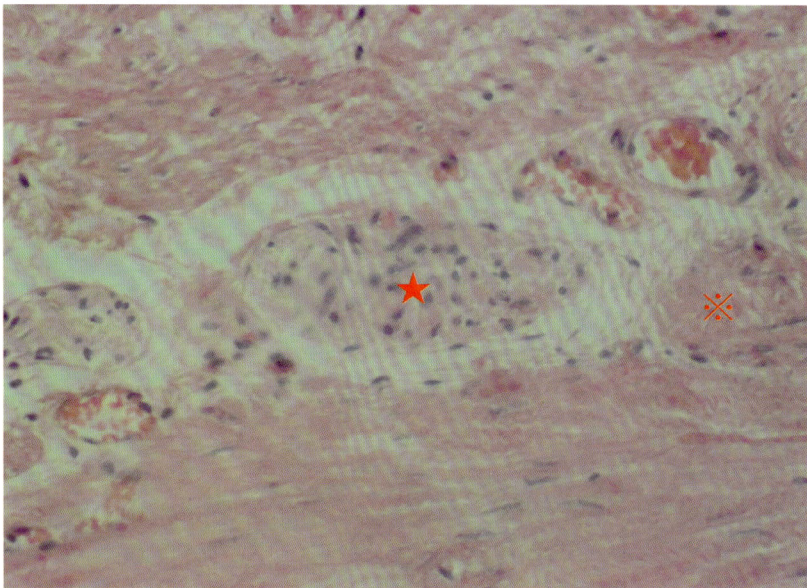

■ 图1-185　人胃肌间神经束演化（1）

苏木素–伊红染色　×100

★示向平滑肌演化的神经束。※示由神经束演化形成的平滑肌束。

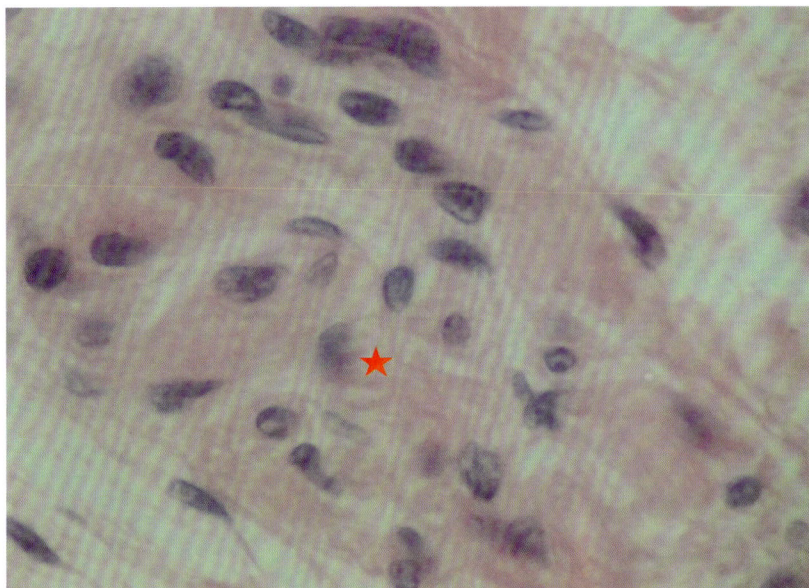

■ 图1-186　人胃肌间神经束演化（2）

苏木素-伊红染色　×400

★ 示明显向平滑肌演化的肌间神经束。

小　结

　　胃结构系统分为胃黏膜和胃肌层两个相对独立又相互依存的子系统。胃黏膜是胃组织场的主组织分场，胃黏膜子系统的吸引子是不太规则的胃腔内表面环。胃黏膜干细胞主要来源于黏膜平滑肌，黏膜内淋巴小结及黏膜下间质也是胃黏膜干细胞的辅助来源。胃黏膜肌源干细胞经邻近诱导、平滑肌锥、平滑肌束和干细胞流等形式迁移演化，形成胃底腺与胃上皮。淋巴源干细胞是胃黏膜干细胞的补充来源。

　　胃壁肌间神经丛通过内部嬗变和边际演化两种方式演化形成平滑肌。

第四节 空肠组织动力学

人空肠壁大体有空肠黏膜和肠肌层两大部分。空肠组织结构系统中也被相应地分为两个相对独立又相互依存的子系统。

一、空肠黏膜组织动力学

空肠黏膜是空肠组织场的主组织分场，空肠黏膜子系统的吸引子是不太规则的肠腔内环面。空肠黏膜的干细胞主要来源于黏膜平滑肌，黏膜内淋巴小结及黏膜下间质可能也是空肠黏膜干细胞的辅助来源。空肠黏膜干细胞演化形成空肠腺和绒毛上皮。

（一）空肠黏膜结构动力学

空肠黏膜有空肠腺和空肠绒毛两种结构。

1. 空肠腺结构动力学 人空肠黏膜干细胞增生形成黏膜干细胞团（图1-187），先演化成为空肠腺细胞团（图1-188），而后演变为具有分泌细胞特征的腺细胞团（图1-189），腺细胞分泌物逐渐汇聚于中心（图1-190），且中心细胞营养剥夺性衰亡（图1-191），形成有腔的腺样结构，部分腺细胞顶部黏液化（图1-192），肠腺纵向延伸逐渐形成细管状腺，越接近颈部杯状细胞越多（图1-193），直至空肠腺开口（图1-194）。空肠腺细胞是一元的，各种空肠腺细胞都是由空肠腺干细胞演化而来。

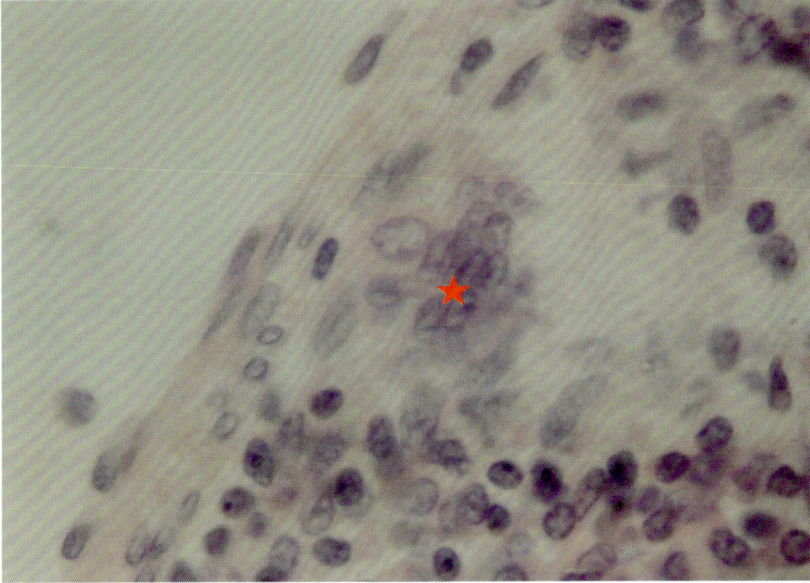

■ 图1-187　人空肠腺演化（1）

苏木素–伊红染色　×400

★ 示空肠腺干细胞团。

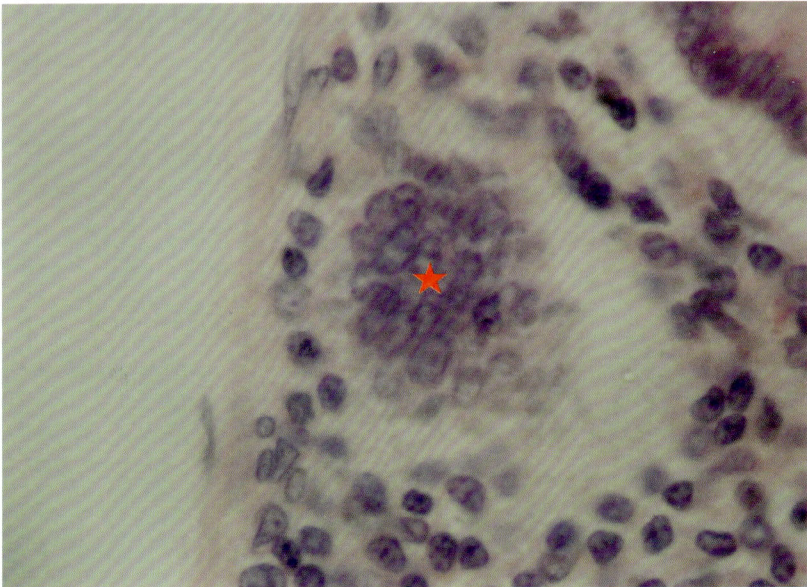

■ 图1-188　人空肠腺演化（2）

苏木素–伊红染色　×400

★ 示空肠腺细胞团。

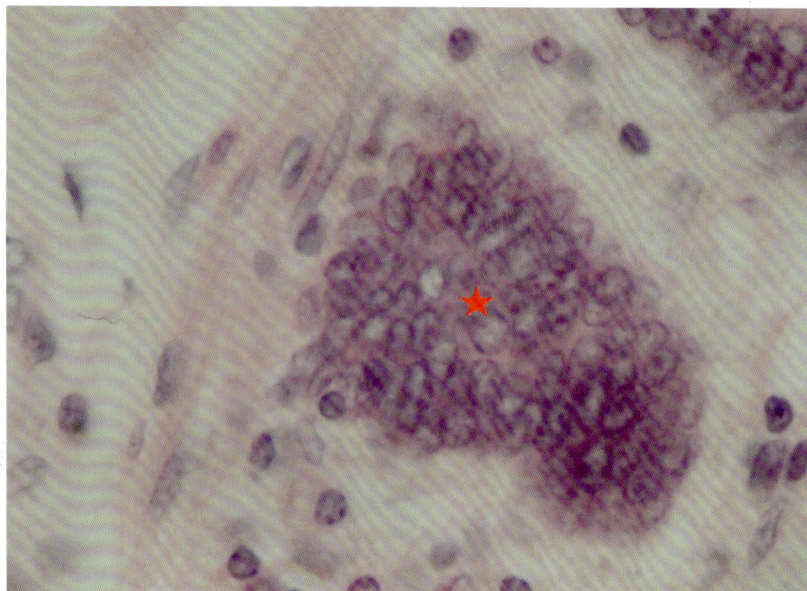

■ 图1-189　人空肠腺演化（3）
苏木素-伊红染色　×400
★示空肠腺细胞团。

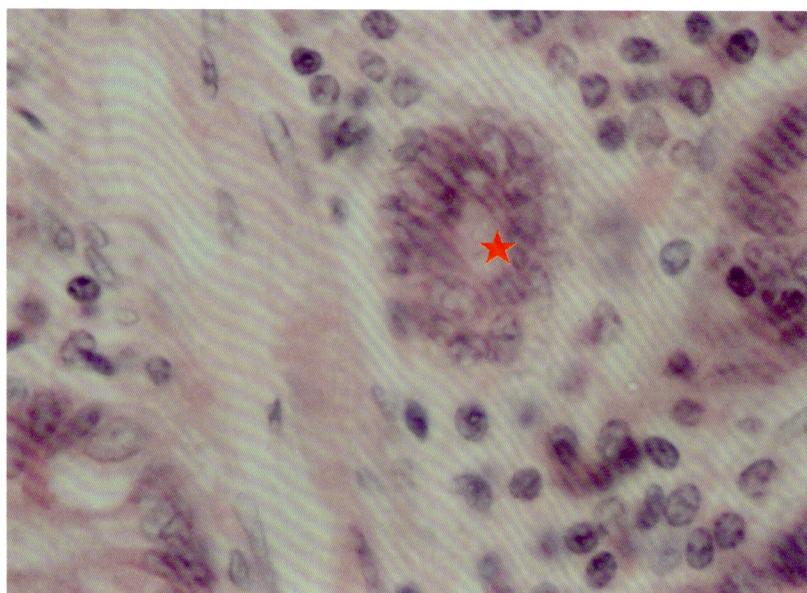

■ 图1-190　人空肠腺演化（4）
苏木素-伊红染色　×400
★示空肠腺细胞团分泌物汇聚中心。

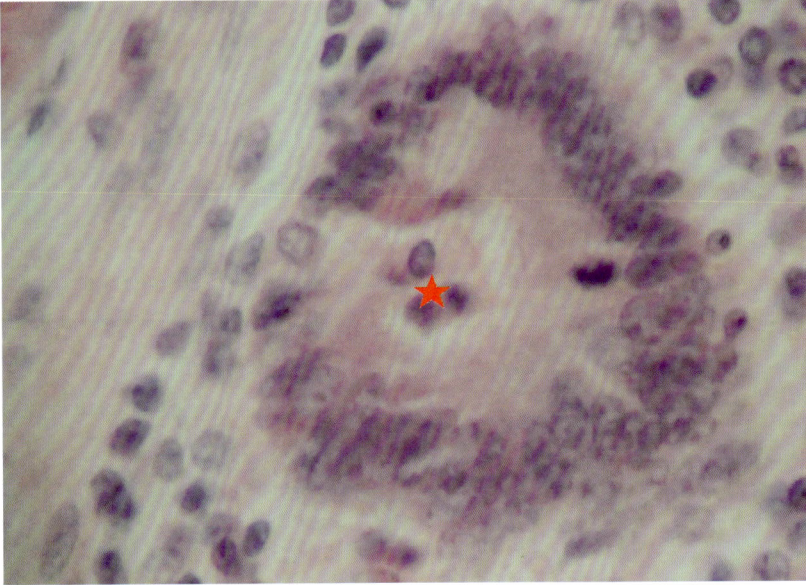

■ 图1-191　人空肠腺演化（5）

苏木素-伊红染色　×400

★ 示空肠腺细胞团，中心细胞营养剥夺性衰亡。

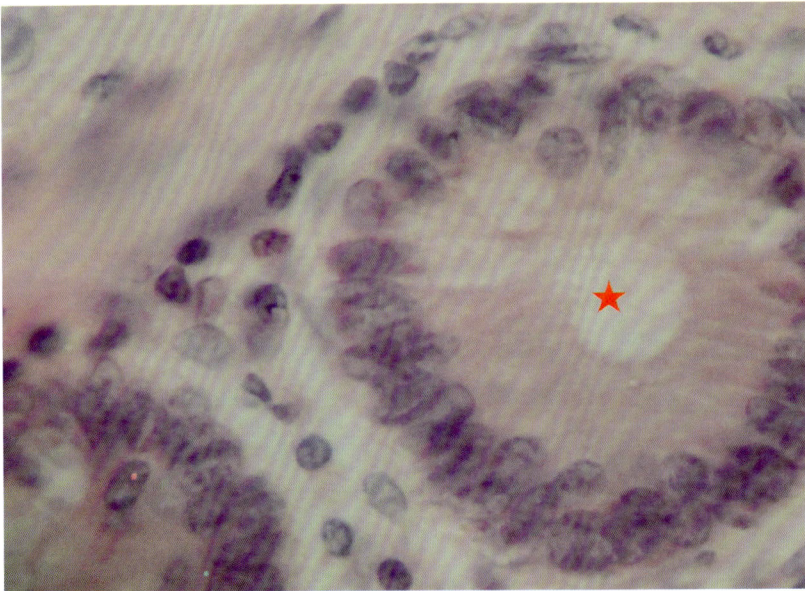

■ 图1-192　人空肠腺演化（6）

苏木素-伊红染色　×400

★ 示空肠腺腺腔扩大，腺上皮细胞增生拥挤。

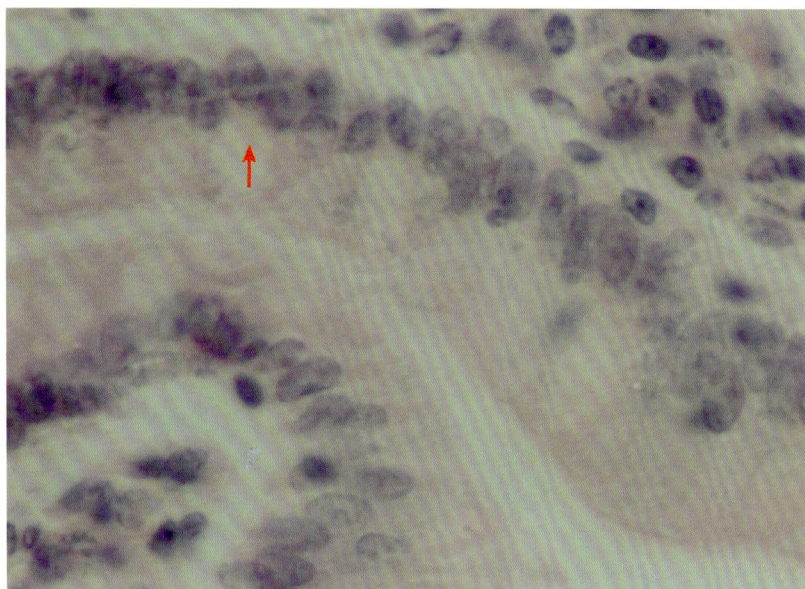

■ 图1-193　人空肠腺演化（7）

苏木素-伊红染色　×400

↑ 示空肠腺颈部杯状细胞增多。

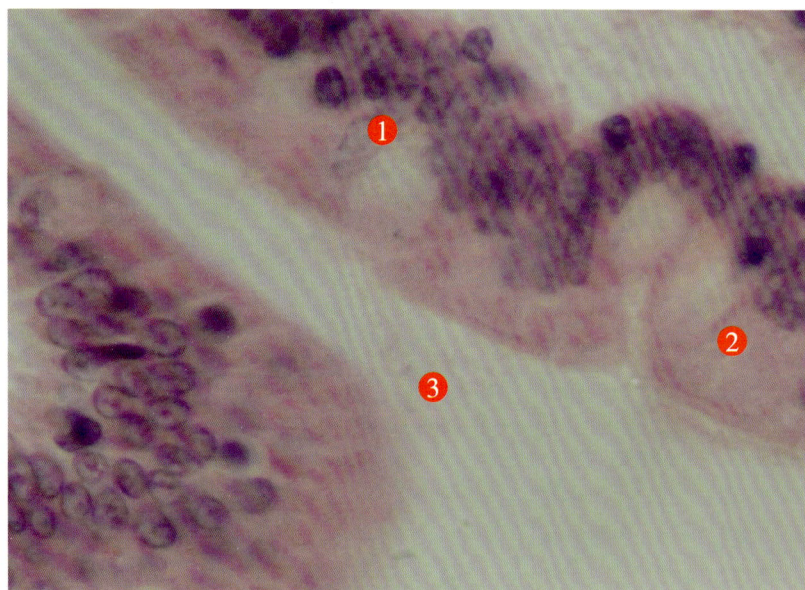

■ 图1-194　人空肠腺演化（8）

苏木素-伊红染色　×400

❶示空肠腺上皮；❷示空肠绒毛上皮；❸示空肠腺开口。

2．空肠绒毛结构动力学 空肠绒毛由绒毛轴芯和被覆的空肠上皮组成。空肠上皮下缘常见到将加入上皮的未透明化干细胞（图1-195），或透明化的干细胞（图1-196），新加入细胞可向上迁移（图1-197）。

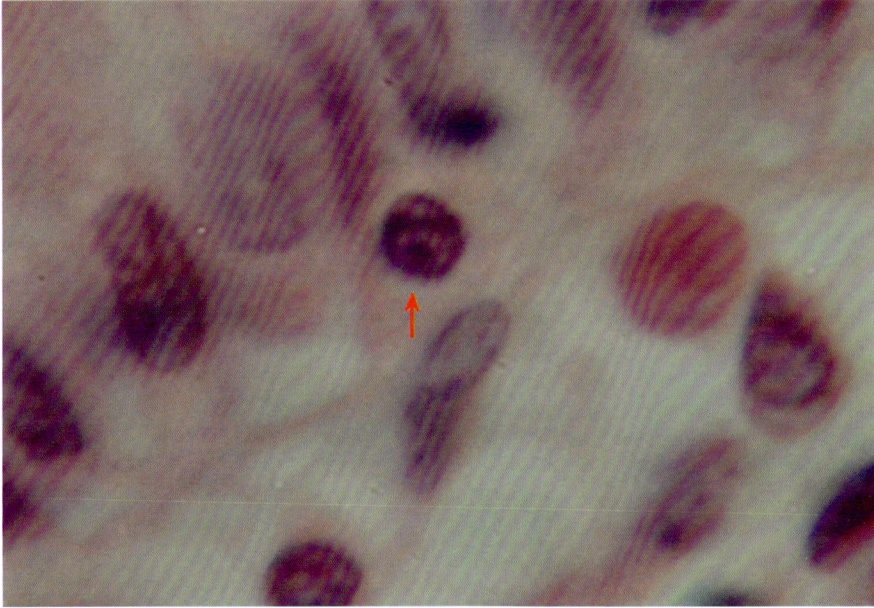

■ 图1-195 人空肠绒毛结构动力学（1）
苏木素–伊红染色 ×1 000
↑ 示新加入空肠腺上皮的未透明化干细胞。

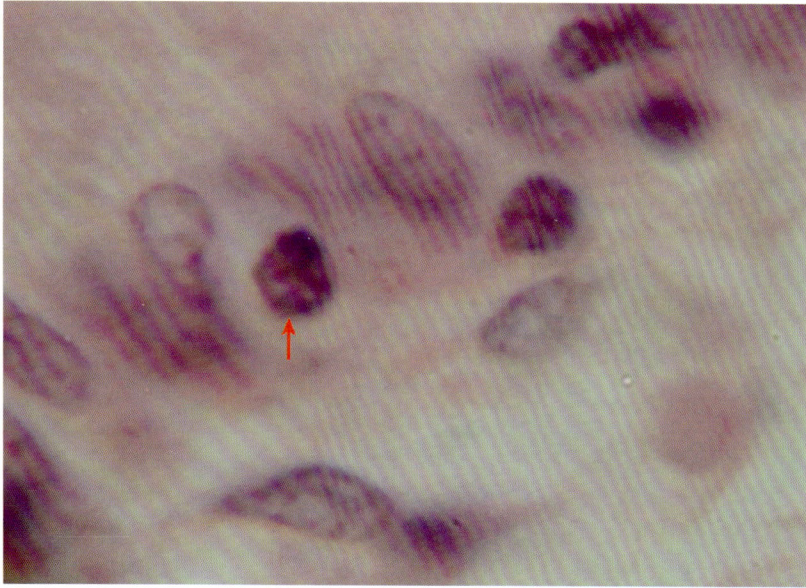

■ 图1-196　人空肠绒毛结构动力学（2）

苏木素-伊红染色　×1 000

↑示新加入空肠腺上皮的透明化干细胞。

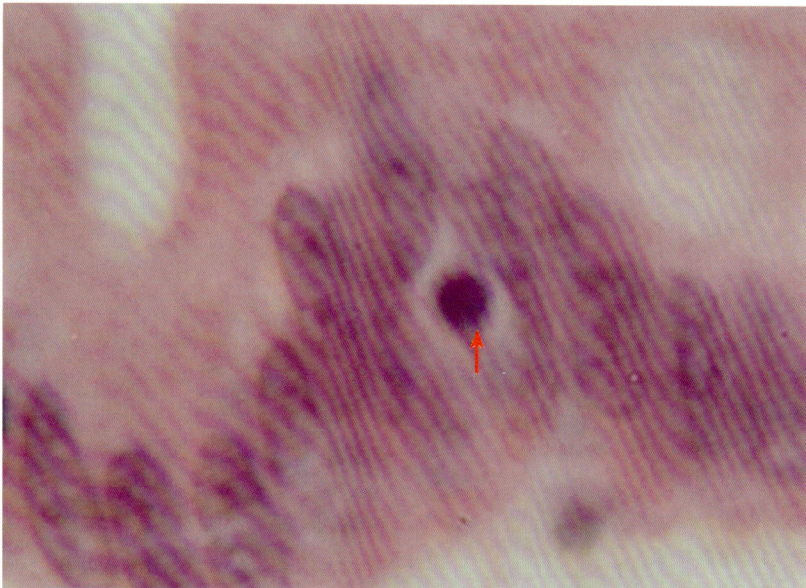

■ 图1-197　人空肠绒毛结构动力学（3）

苏木素-伊红染色　×1 000

↑示新加入细胞继续上移，顶替衰老的上皮细胞。

（二）空肠黏膜干细胞演化来源

空肠黏膜干细胞有黏膜肌源、淋巴小结源和黏膜下间质源三种演化来源。

1. 空肠黏膜肌源干细胞演化 空肠黏膜平滑肌是空肠黏膜干细胞的主要来源。干细胞经邻近诱导、平滑肌锥、平滑肌束和干细胞流等形式迁移演化，形成空肠腺与肠上皮。

（1）空肠黏膜肌邻近诱导演化 空肠黏膜组织场的本质主要是理化因子梯度。人和猫空肠黏膜平滑肌细胞可见在邻近肠腺诱导下经钝圆化、透明化成为空肠腺上皮细胞（图1-198、图1-199）。在强诱导下人空肠黏膜肌受激发演化形成密集的肠黏膜干细胞层（图1-200、图1-201）。

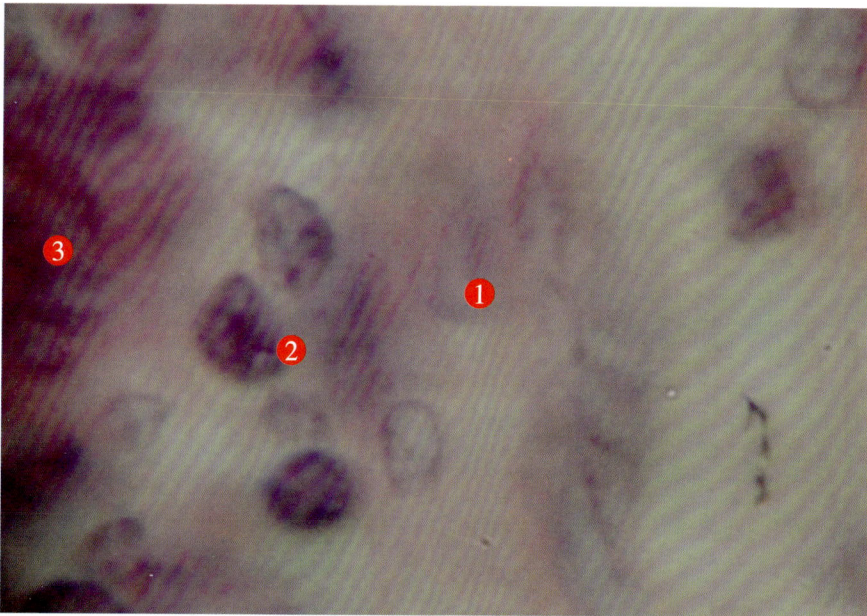

■ **图1-198　人空肠黏膜肌邻近诱导演化**
苏木素-伊红染色　×1 000
❶示黏膜平滑肌细胞；❷示钝圆化、透明化的过渡性细胞；
❸示空肠腺细胞。

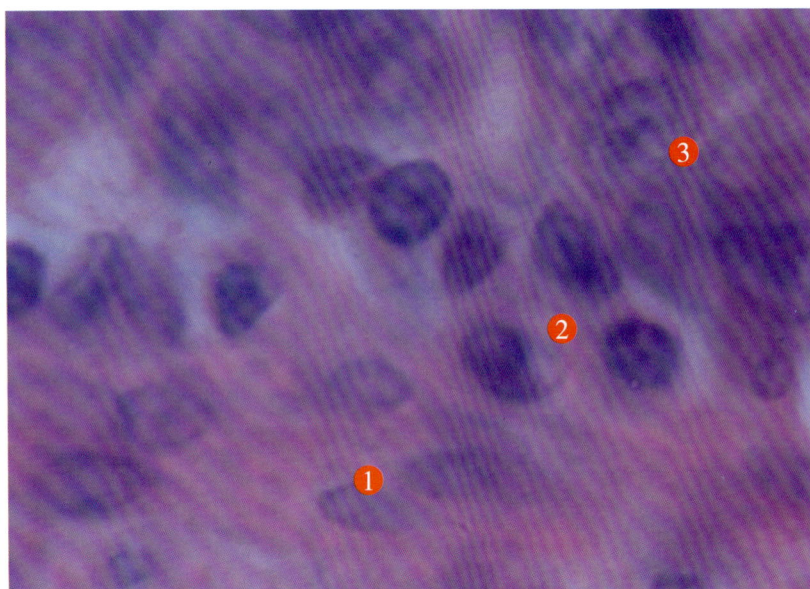

■ 图1-199　猫空肠黏膜肌邻近诱导演化（1）

苏木素-伊红染色　×1 000

❶示激发黏膜肌层；❷示空肠腺干细胞；❸示空肠腺上皮细胞。

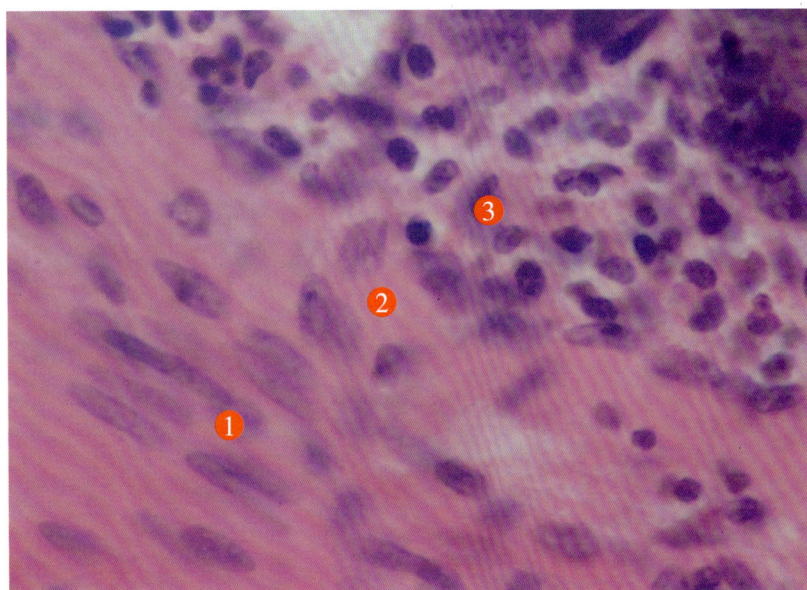

■ 图1-200　猫空肠黏膜肌邻近诱导演化（2）

苏木素-伊红染色　×400

❶示黏膜平滑肌细胞；❷示受诱导细胞核竖立、钝圆化；❸示空肠黏膜干细胞群。

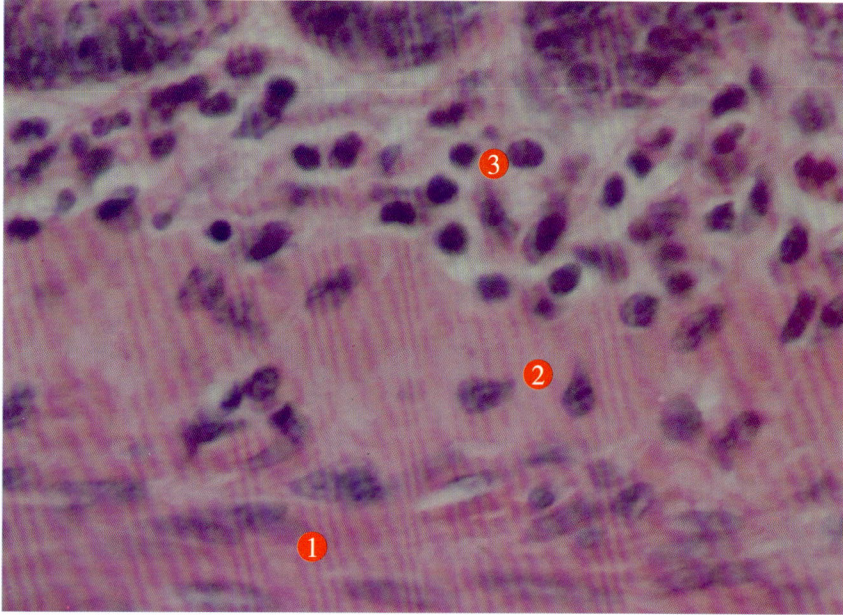

■ 图1-201　猫空肠黏膜肌邻近诱导演化（3）

苏木素-伊红染色　×400

❶示静息黏膜肌层；❷示激发黏膜肌层；❸示黏膜干细胞层。

（2）黏膜肌锥演化　在黏膜组织场诱导下，猫空肠黏膜平滑肌细胞成簇竖立，向内突出形成平滑肌锥，经多少不等的中间态演化形成空肠腺细胞（图1-202、图1-203）。

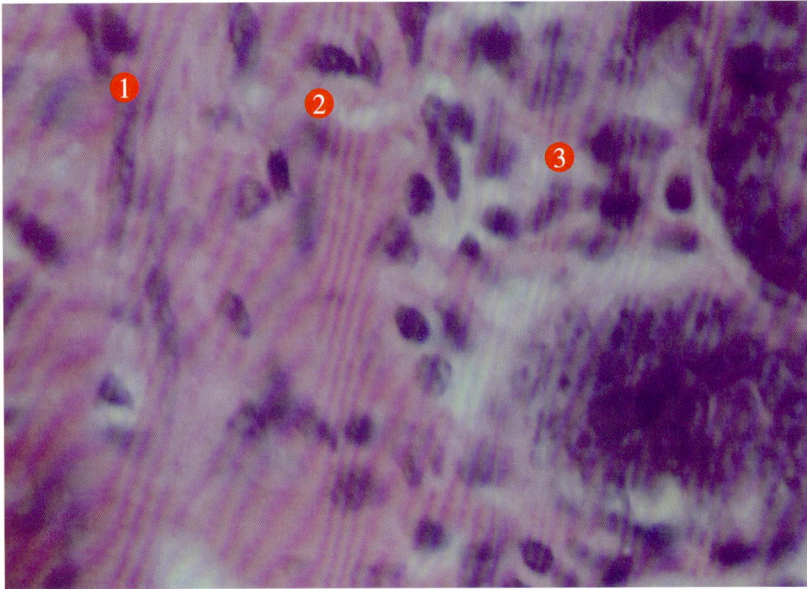

■ 图1-202　猫空肠黏膜肌锥演化（1）

苏木素–伊红染色　×400

❶示静息黏膜肌层；❷示激发黏膜肌层；❸示黏膜肌锥。

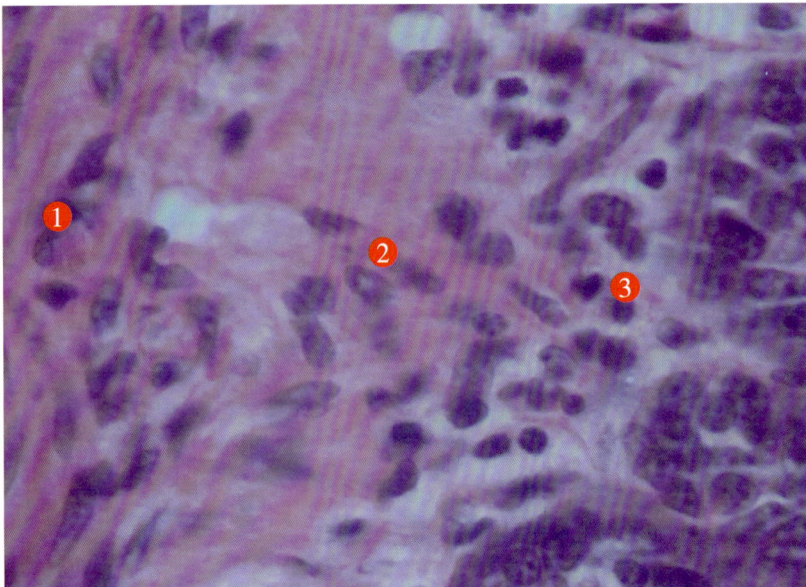

■ 图1-203　猫空肠黏膜肌锥演化（2）

苏木素–伊红染色　×400

❶示激发黏膜肌层；❷示黏膜肌锥；❸示过渡性细胞透明化。

（3）黏膜肌束演化　从猫空肠黏膜肌也可发出长短不等、向上延伸的平滑肌源干细胞（图1-204、图1-205）。干细胞边上迁、边演化，可见明暗不同的两种干细胞（图1-206、图1-207），可于不同高度钝圆化演化形成肠黏膜间质干细胞（图1-208），直达顶部直接演化形成空肠上皮细胞（图1-209）。

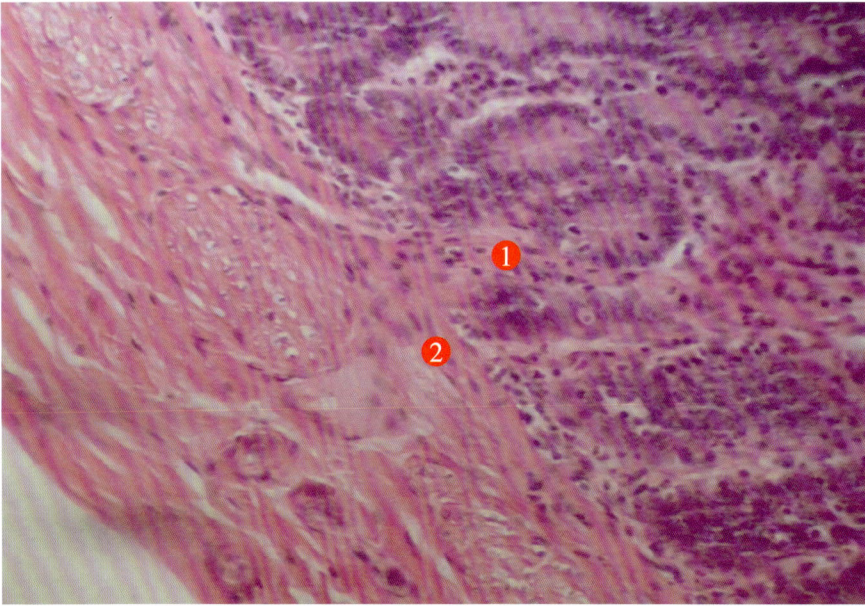

■ 图1-204　猫空肠黏膜肌束

苏木素-伊红染色　×100

❶示黏膜肌；❷示黏膜肌束。

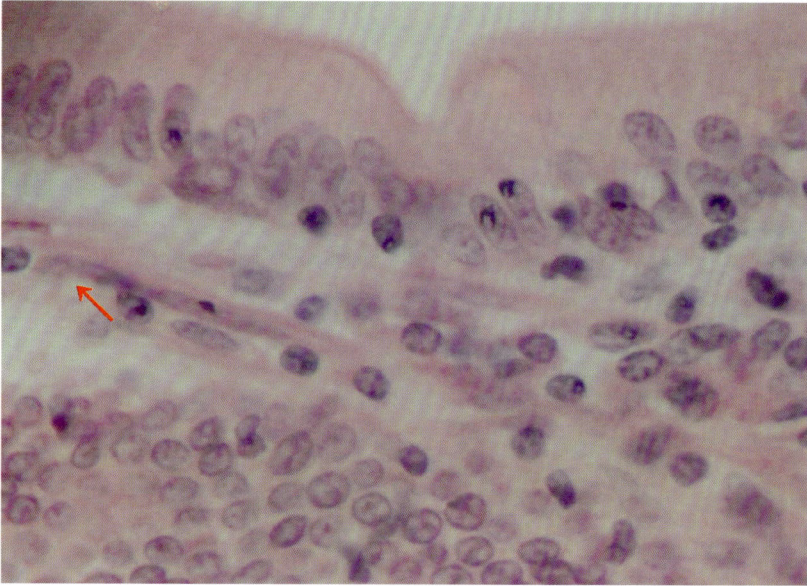

图1-205　猫空肠黏膜干细胞流演化（1）

苏木素－伊红染色　×400

↖ 示向上迁移达空肠绒毛上端的平滑肌细胞。

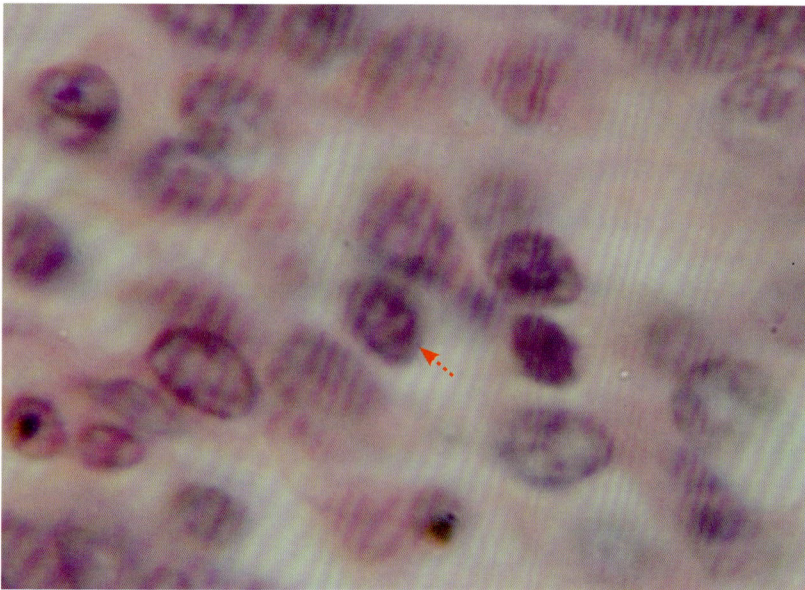

图1-206　猫空肠黏膜干细胞流演化（2）

苏木素－伊红染色　×1 000

⋰ 示向上迁移的暗干细胞流。

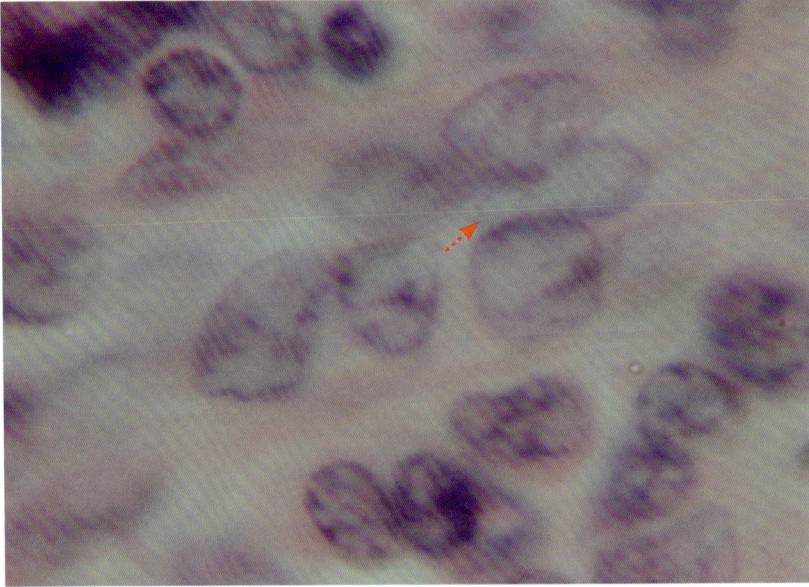

■ 图1-207　猫空肠黏膜干细胞流演化（3）
苏木素-伊红染色　×1 000
示向上迁移的明干细胞流。

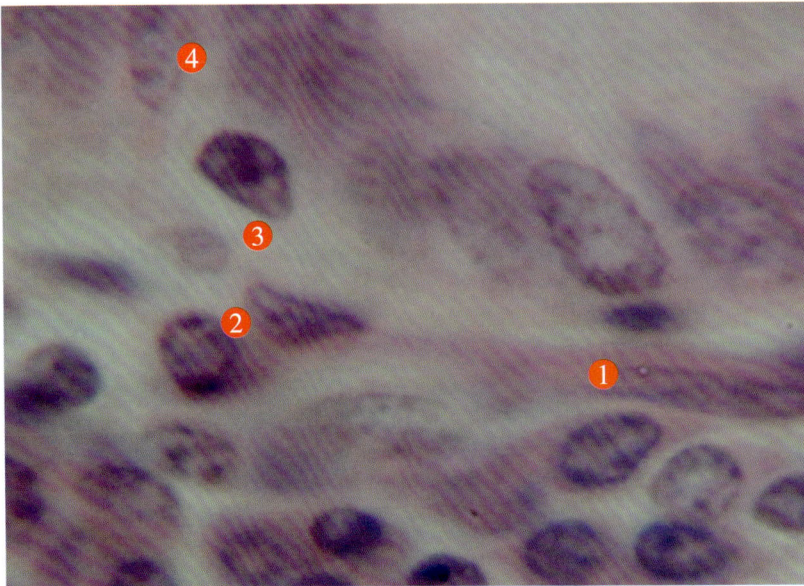

■ 图1-208　猫空肠黏膜干细胞流演化（4）
苏木素-伊红染色　×1 000
❶示近绒毛顶端的平滑肌细胞；❷示过渡性细胞；❸示透明化的上皮干细胞；❹示空肠上皮。

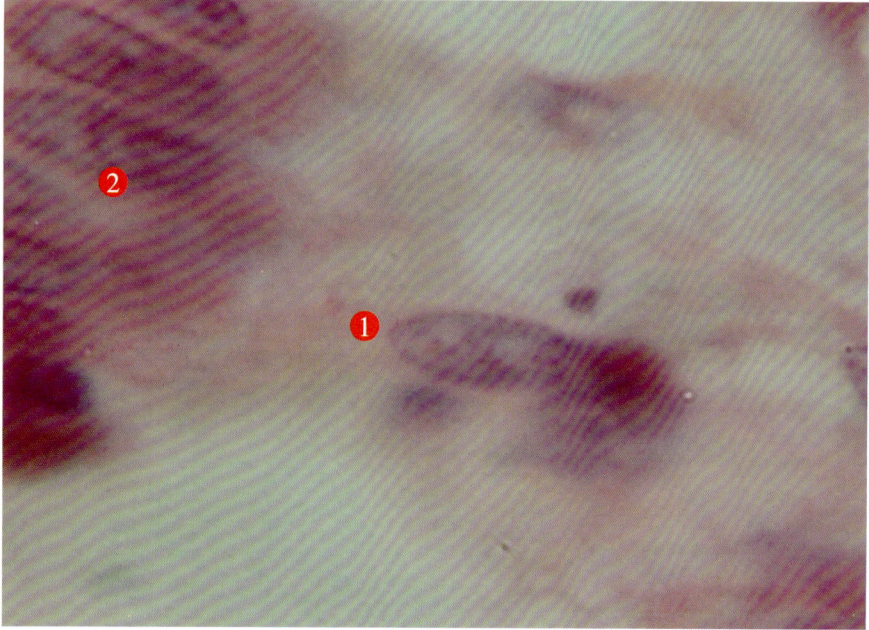

■ 图1-209 猫空肠黏膜干细胞流演化（5）

苏木素–伊红染色 ×1 000

❶示到达绒毛顶端的平滑肌样细胞；❷示空肠绒毛上皮。

    2．淋巴小结源干细胞演化 人空肠黏膜内可见大片弥漫性淋巴组织（图1-210），可充斥空肠绒毛芯（图1-211）。有时也见黏膜下淋巴小结穿破黏膜肌，将淋巴细胞散播到黏膜层内（图1-212），是黏膜干细胞的另一来源。

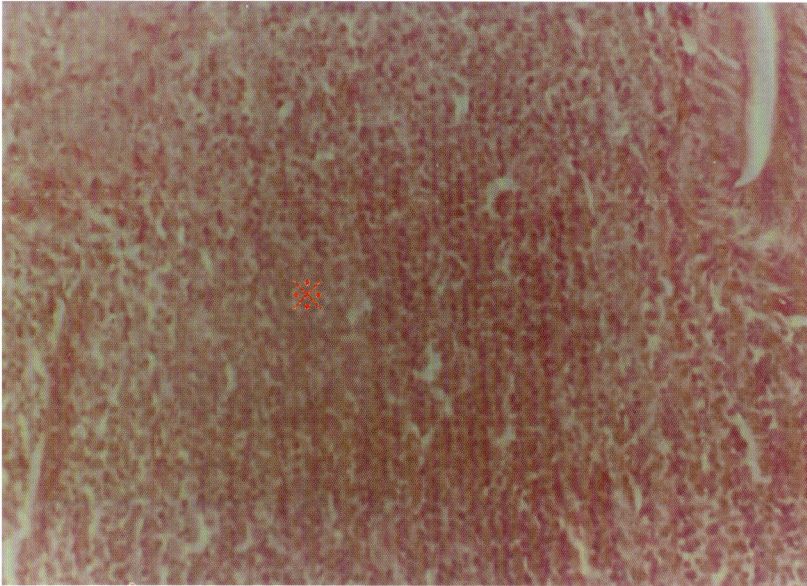

■ 图1-210　人空肠黏膜淋巴源干细胞演化（1）
苏木素-伊红染色　×100
※示空肠黏膜内大片弥漫性淋巴组织。

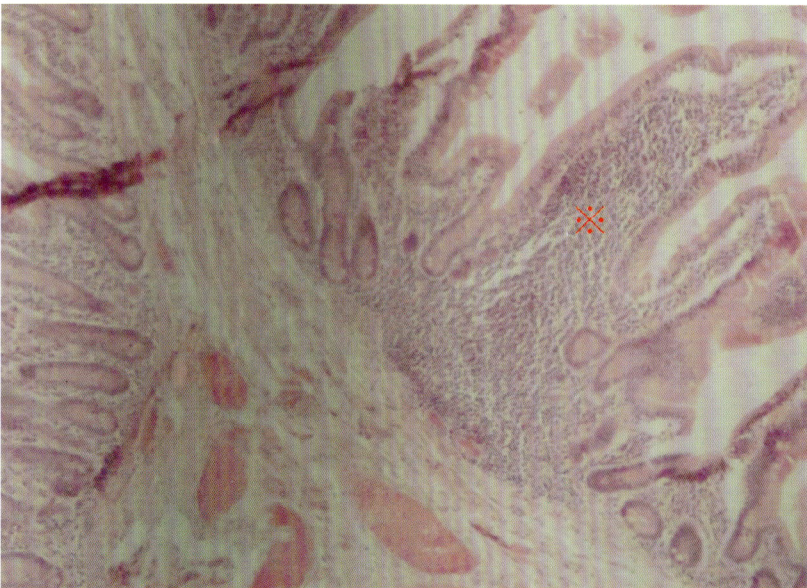

■ 图1-211　人空肠黏膜淋巴源干细胞演化（2）
苏木素-伊红染色　×100
※示空肠绒毛芯内充斥淋巴细胞。

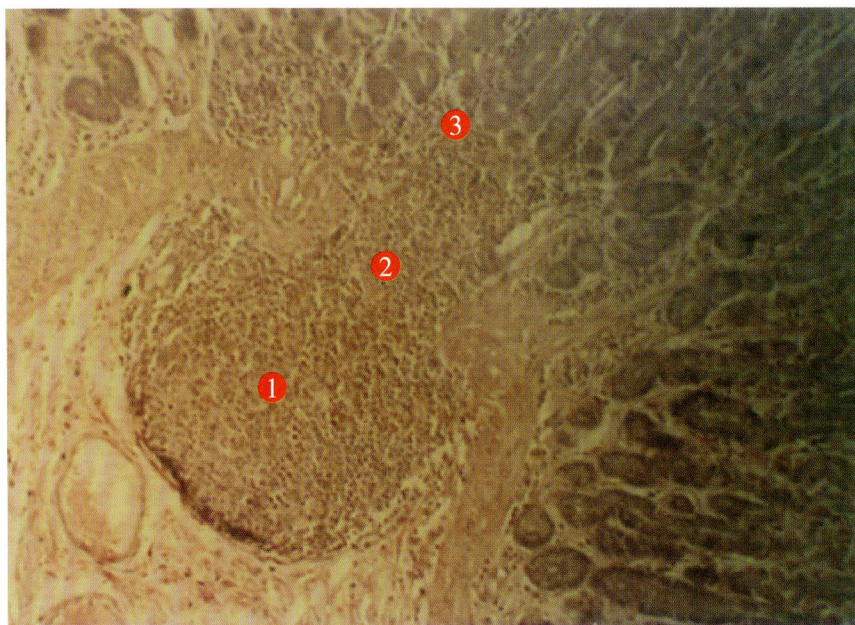

■ 图1-212　人空肠黏膜淋巴源干细胞演化（3）

苏木素-伊红染色　×100

❶示黏膜下淋巴小结；❷示黏膜肌缺口；❸示黏膜层密集淋巴细胞。

3．黏膜下层间质源干细胞演化　猫空肠黏膜下层间质干细胞可穿过黏膜肌直接成为黏膜干细胞（图1-213、图1-214）。

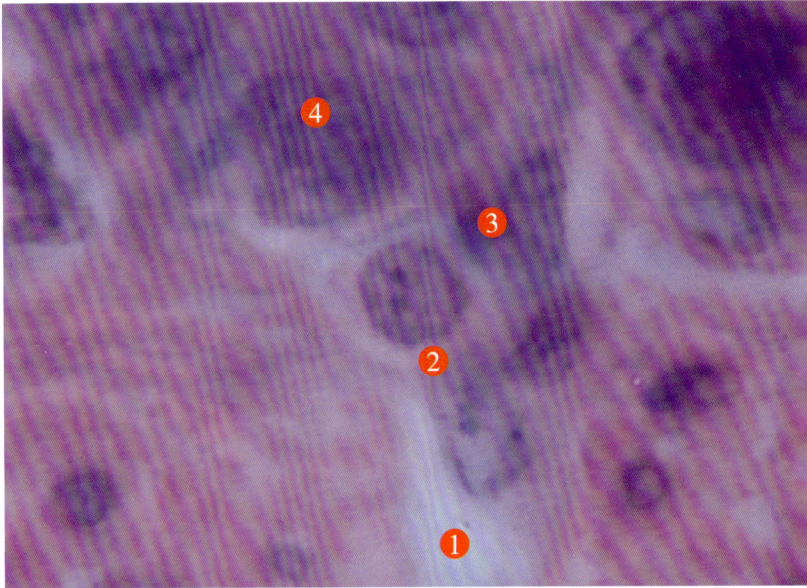

■ 图1-213　猫空肠黏膜下层间质源干细胞演化（1）

苏木素-伊红染色　×1 000

❶示黏膜肌缺口上段；❷示通过缺口的两个间质干细胞；❸示黏膜干细胞；❹示空肠腺上皮。

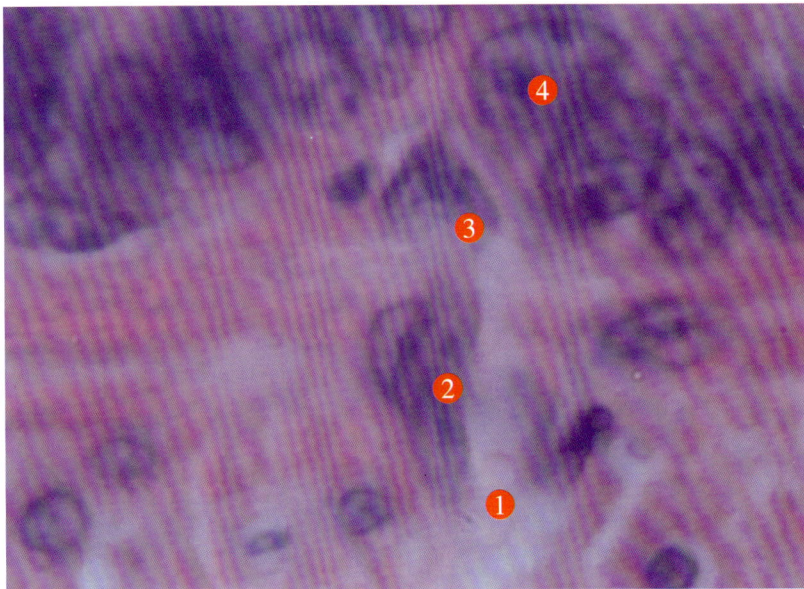

■ 图1-214　猫空肠黏膜下层间质源干细胞演化（2）

苏木素-伊红染色　×1 000

❶示黏膜肌缺口上段；❷示正通过黏膜肌缺口的干细胞；❸示黏膜干细胞；❹示空肠腺底部。

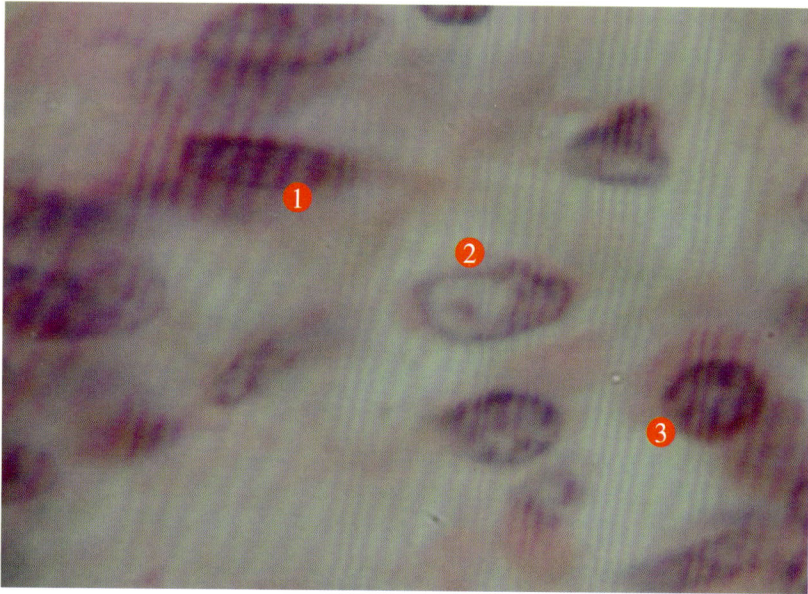

■ 图1-218　猫空肠肌间神经丛嬗变演化（2）

苏木素-伊红染色　×1 000

1、**2**和**3**示神经丛内细胞肌性特征增强。

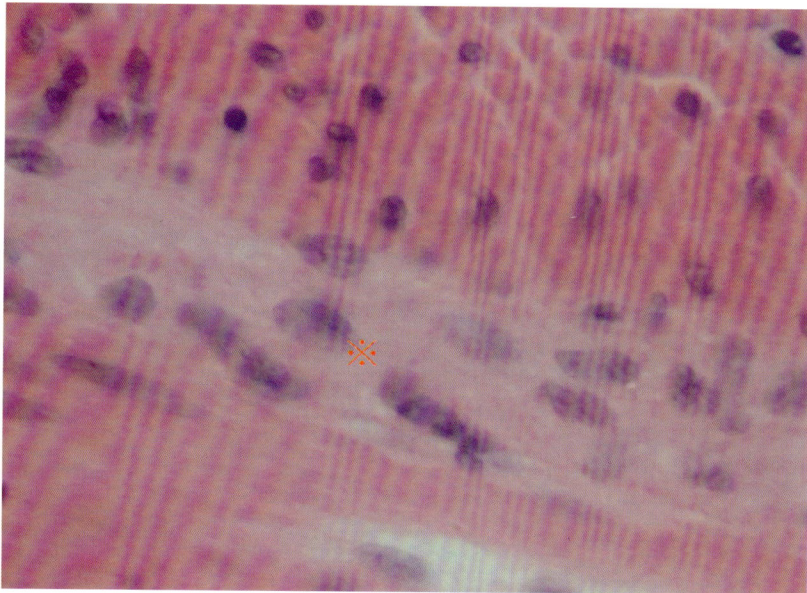

■ 图1-219　人空肠肌间神经丛嬗变演化

苏木素-伊红染色　×400

※示神经丛内细胞肌细胞特征普遍增强。

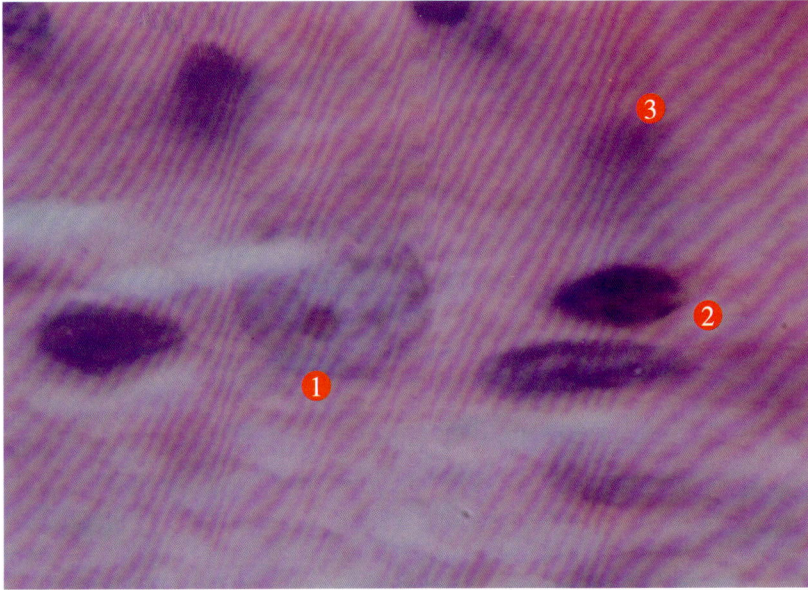

■ 图1-220 猫空肠肌间神经丛边际演化（1）

苏木素-伊红染色 ×1 000

❶示神经丛细胞；❷示过渡性细胞；❸示平滑肌细胞。

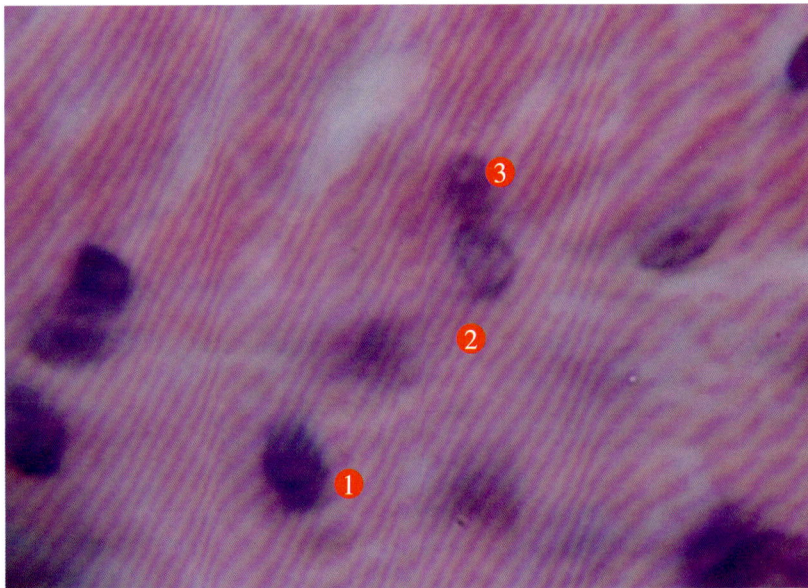

■ 图1-221 猫空肠肌间神经丛边际演化（2）

苏木素-伊红染色 ×1 000

❶示神经丛细胞；❷示过渡性细胞；❸示平滑肌细胞。

小 结

　　空肠壁大体分为肠黏膜和肠肌层两大部分。空肠组织结构系统也被分为两个相对独立又相互依存的子系统。空肠黏膜是空肠组织场的主组织场。空肠黏膜干细胞增生，形成黏膜干细胞团，经成肠腺细胞团至腺细胞团，后因分泌物汇聚于中心形成腺泡样结构，腺泡纵向延伸逐渐形成细管状腺。空肠腺干细胞演化形成各种空肠腺细胞。空肠绒毛由绒毛芯和空肠上皮组成。空肠上皮不断有干细胞掺入顶替衰老的上皮细胞。空肠黏膜平滑肌是空肠黏膜干细胞的主要来源。干细胞经邻近诱导、平滑肌锥、平滑肌束和干细胞流等形式迁移演化，形成空肠腺与空肠上皮。空肠黏膜内或黏膜下淋巴组织及黏膜下层间质是部分空肠黏膜干细胞的来源。空肠肌层平滑肌细胞主要由空肠肌间神经丛以嬗变方式和边际诱导方式演化形成。

　　空肠和胃组织动力学显示一定程度的同一性。为避免过多重复，不使本卷篇幅过大，裁撤了十二指肠、回肠和阑尾组织动力学内容，这些可作为组织动力学学习者观察练习之用。

第五节　结肠组织动力学

　　结肠黏膜肌较厚，是黏膜演化的主要干细胞库。环形平滑肌细胞可翘起、倾斜，经过渡性细胞演化形成结肠腺细胞（图1-222、图1-223），也可见明显的黏膜肌锥演化成为结肠腺细胞的演化序（图1-224、图1-225），来自黏膜肌的平滑肌束向上迁移，随时演化形成肠腺细胞（图1-226、图1-227），也可直至黏膜上层演化为间质干细胞，作为上部肠腺细胞更新的干细胞来源（图1-228）。

　　结肠黏膜有更多淋巴小结，是结肠黏膜演化的另一干细胞来源。淋巴小结可位于黏膜底层（图1-229），更多见凸出淋巴小结向外推压黏膜肌，导致黏膜肌凹陷（图1-230）。

　　结肠肌间神经束可以总体同步嬗变方式演化成为平滑肌束（图1-231～图1-234），但受邻近平滑肌细胞诱导，神经束细胞可离散演化成为平滑肌细胞（图1-235、图1-236）。

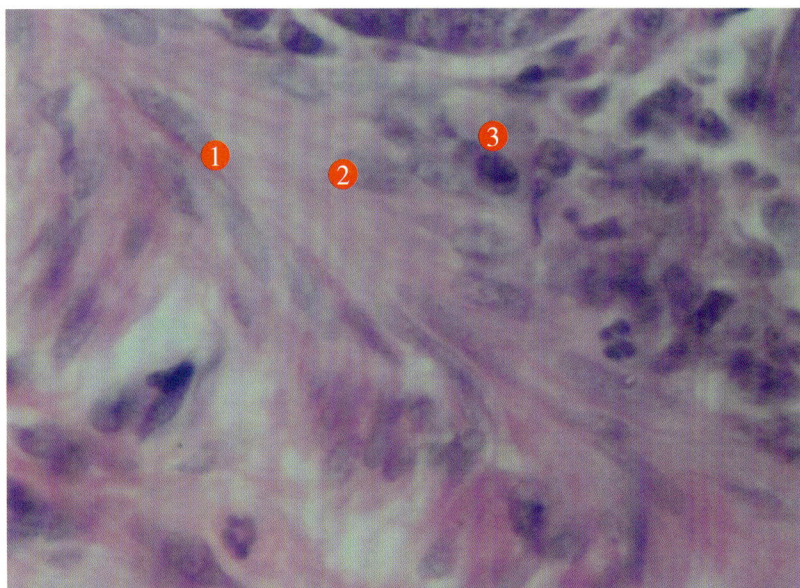

■ 图1-222　人结肠黏膜肌细胞-结肠腺细胞演化（1）

苏木素-伊红染色　×400

❶示静息平滑肌细胞；❷示翘起的激发平滑肌细胞；❸示成肠腺细胞。

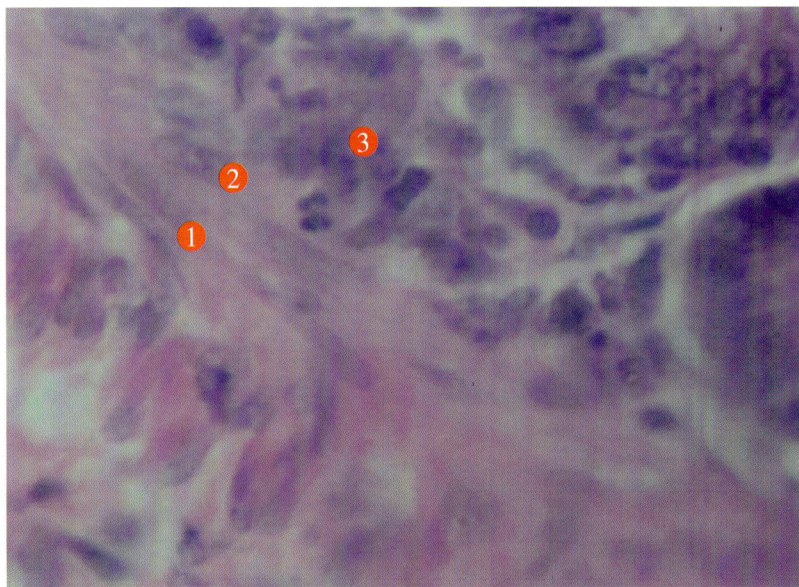

■ 图1-223　人结肠黏膜肌细胞-结肠腺细胞演化（2）

苏木素-伊红染色　×400

❶示静息平滑肌细胞；❷示翘起的激发平滑肌细胞；❸示成肠腺细胞。

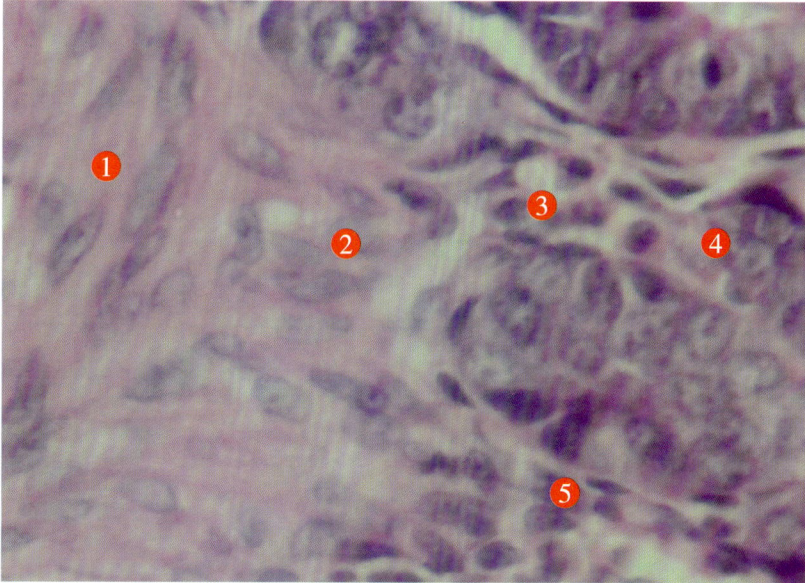

■ 图1-224　人结肠黏膜肌细胞-结肠腺细胞演化（3）

苏木素-伊红染色　×400

❶示黏膜肌；❷示黏膜肌锥；❸示过渡性细胞；❹示成肠腺细胞；❺示向上迁移的细胞流。

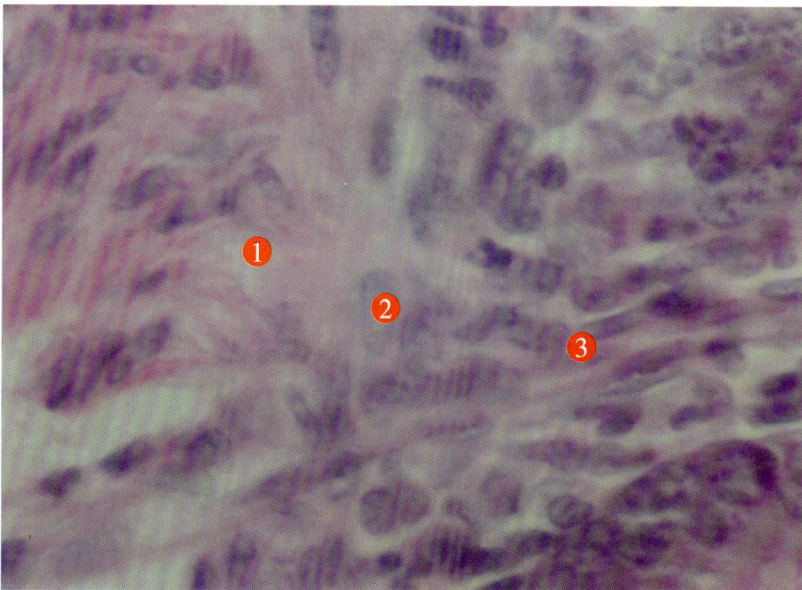

■ 图1-225　人结肠黏膜肌细胞-结肠腺细胞演化（4）

苏木素-伊红染色　×400

❶示黏膜肌锥；❷示过渡性细胞；❸示向上迁移的平滑肌束。

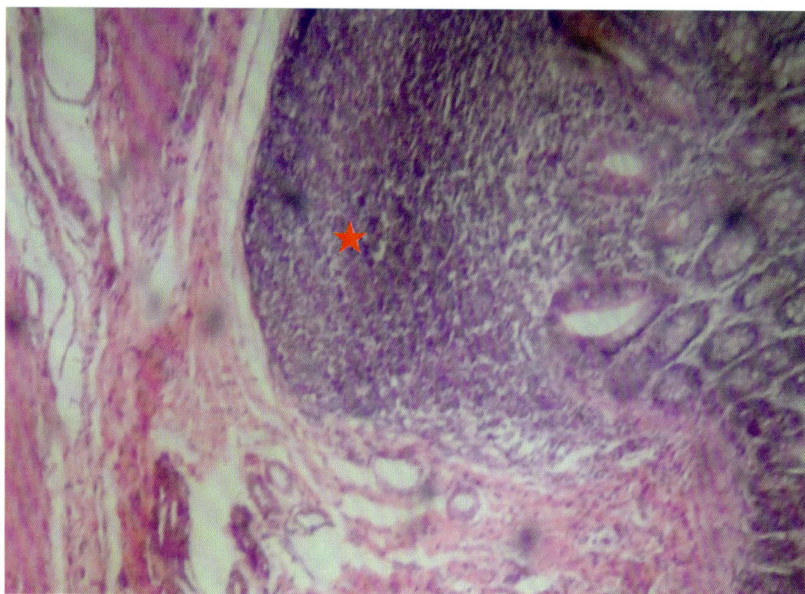

■ 图1-230　人结肠黏膜淋巴源干细胞演化（2）

苏木素–伊红染色　×100

★示突出的结肠黏膜淋巴小结向外推压黏膜肌。

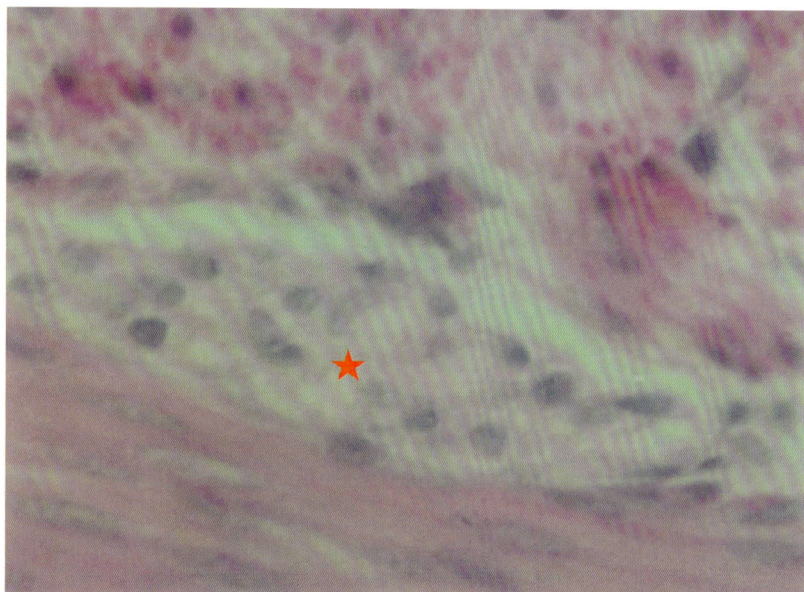

■ 图1-231　人结肠肌间神经束整体嬗变演化（1）

苏木素–伊红染色　×400

★示总体嬗变演化肌间神经束。

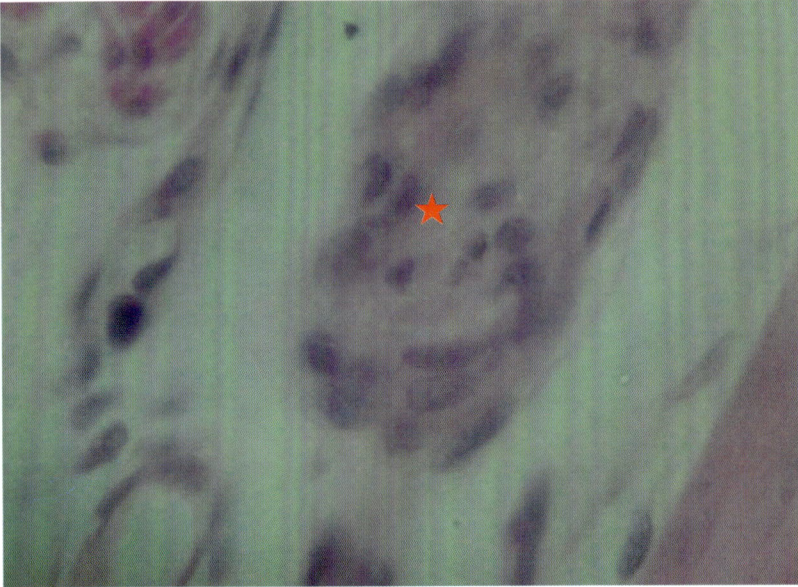

■ 图1-232　人结肠肌间神经束整体嬗变演化（2）
苏木素–伊红染色　×400
★ 示肌间神经束静息端。

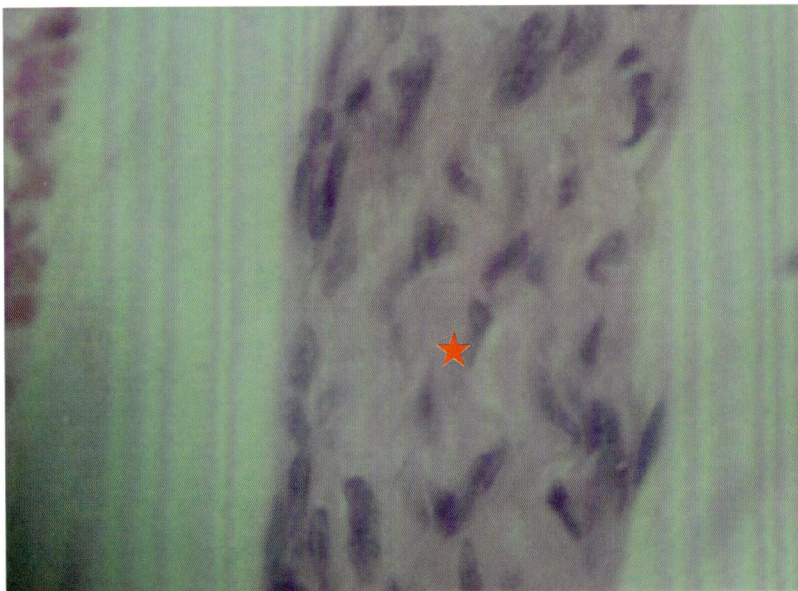

■ 图1-233　人结肠肌间神经束整体嬗变演化（3）
苏木素–伊红染色　×400
★ 示肌间神经束演化端。

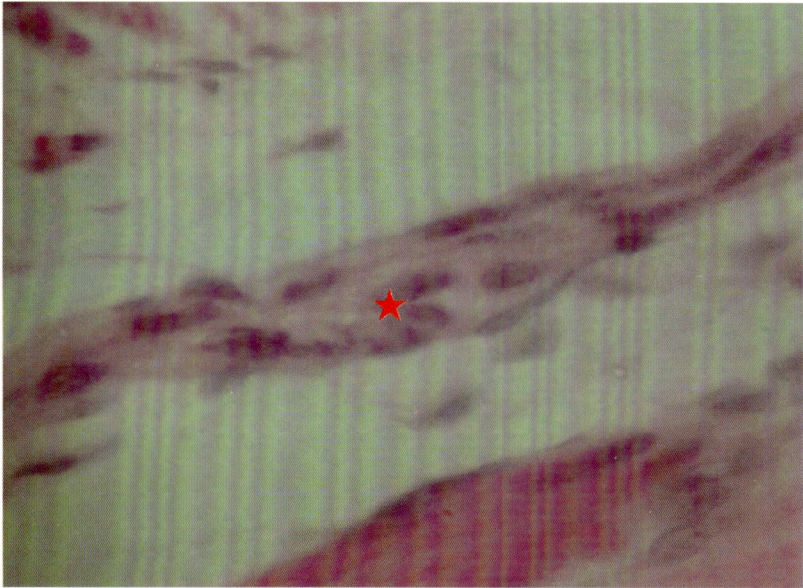

■ 图1-234   人结肠肌间神经束整体嬗变演化（4）

苏木素-伊红染色   ×400

★示总体嬗变演化肌间神经束。

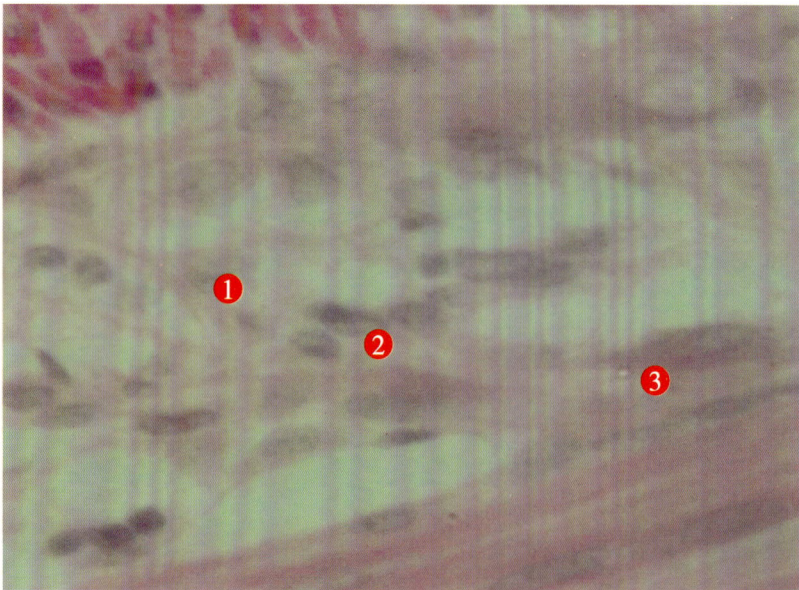

■ 图1-235   人结肠肌间神经束离散演化（1）

苏木素-伊红染色   ×400

❶示离散神经束细胞；❷示过渡性细胞；❸示平滑肌细胞。

144

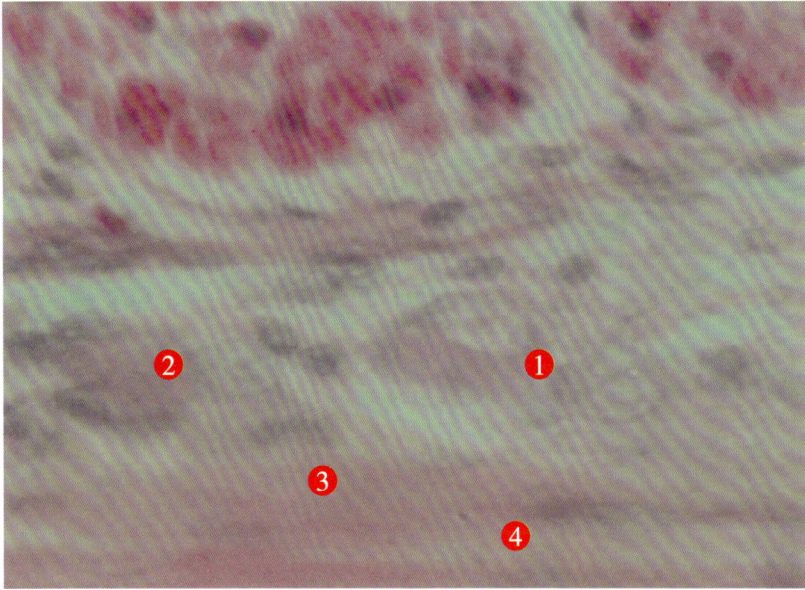

图1-236　人结肠肌间神经束离散演化（2）

苏木素-伊红染色　×400

❶示神经丛神经细胞；❷示离散神经束细胞；❸示过渡性细胞；❹示平滑肌细胞。

小　结

　　较厚的结肠黏膜肌是黏膜演化的主要干细胞来源，环形平滑肌细胞可翘起、倾斜，经过渡性细胞演化形成结肠腺细胞。也可见明显的黏膜肌锥演化为结肠腺细胞的演化序，向上迁移的平滑肌细胞可随时演化形成肠腺细胞，也可直至黏膜上层演化为间质干细胞，作为上部肠腺细胞更新的干细胞来源。结肠黏膜淋巴小结是结肠黏膜演化的另一干细胞来源。

　　结肠肌间神经束可以总体同步嬗变方式演化成为平滑肌束。肌间神经束细胞也可不同步演化，或受平滑肌细胞诱导而离散演化成为平滑肌细胞。

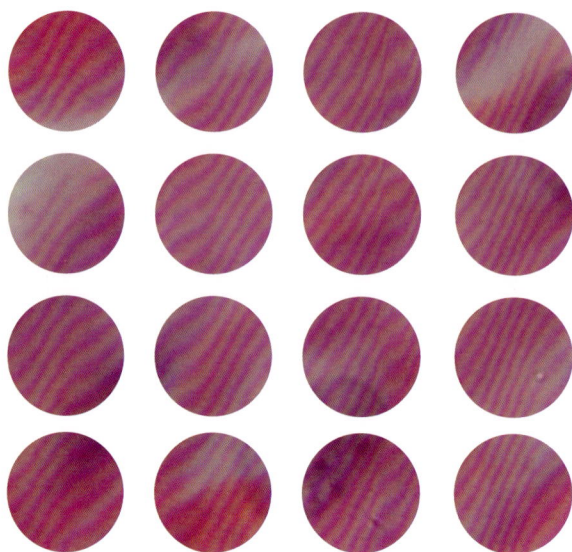

第二章
消化腺组织动力学

消化腺分泌消化液，对摄入的营养物质进行化学性消化。消化管外大消化腺主要包括唾液腺、肝和胰腺。本章重点描述肝和胰腺的组织动力学过程。

第一节 肝组织动力学

一、肝细胞动力学

肝组织动力学的基础是肝细胞动力学，包括肝细胞直接分裂和肝细胞衰亡。

（一）肝细胞直接分裂

哺乳类动物肝细胞平均寿命为200～300 d，正常肝的所有肝细胞约1年即被新生肝细胞全部替换一次。许多文献已明确，在体肝细胞分裂为直接分裂，我们发现肝细胞有横隔式、侧凹型和"8"字型等直接分裂方式。

1．肝细胞横隔式直接分裂　横隔式直接分裂是肝细胞的常见分裂方式。细胞核赤道部出现横隔膜（图2-1），横隔膜增厚（图2-2、图2-3），而后横隔膜分开成两层（图2-4），分隔的两部分逐渐分离（图2-5），成为两个子细胞核（图2-6）。

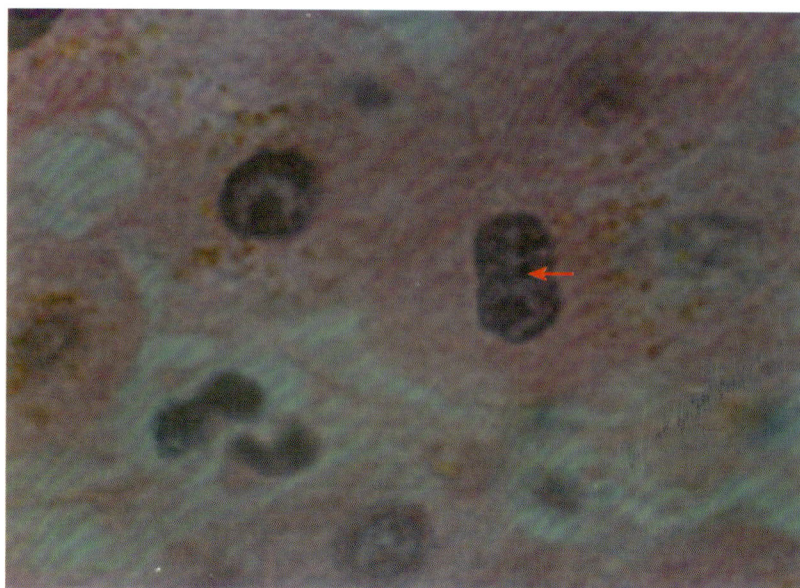

■ 图2-1 人肝细胞横隔式直接分裂（1）

苏木素-伊红染色 ×1 000

← 示肝细胞核赤道部横隔膜。

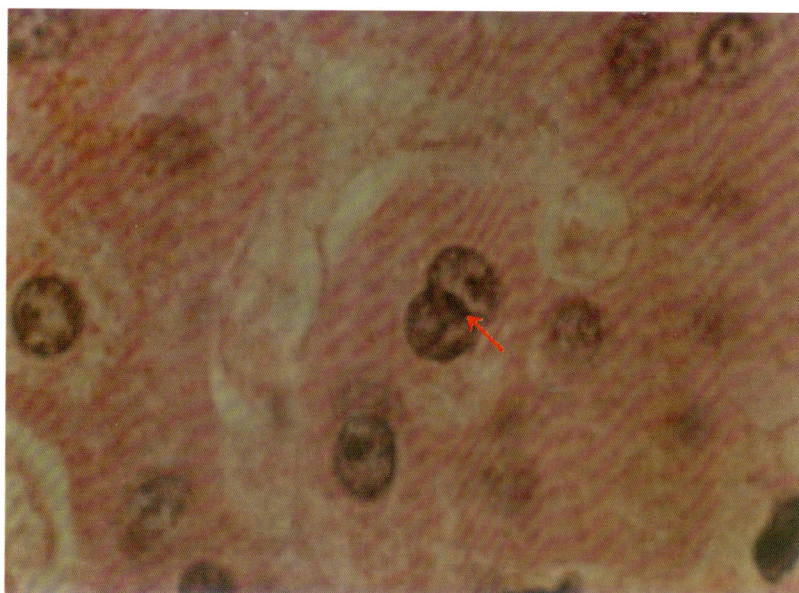

■ 图2-2 人肝细胞横隔式直接分裂（2）

苏木素-伊红染色 ×1 000

示肝细胞核横隔膜增厚。

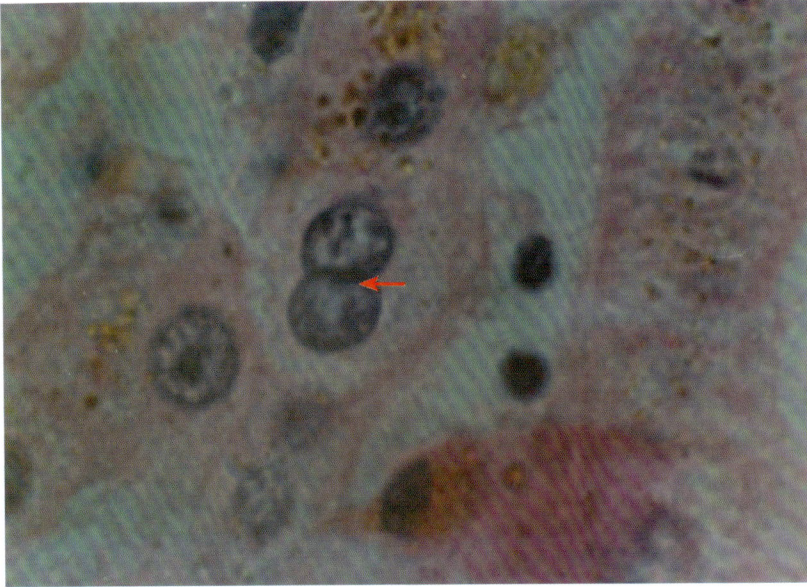

■ 图2-3　人肝细胞横隔式直接分裂（3）
苏木素–伊红染色　×1 000
← 示肝细胞核横隔膜增厚。

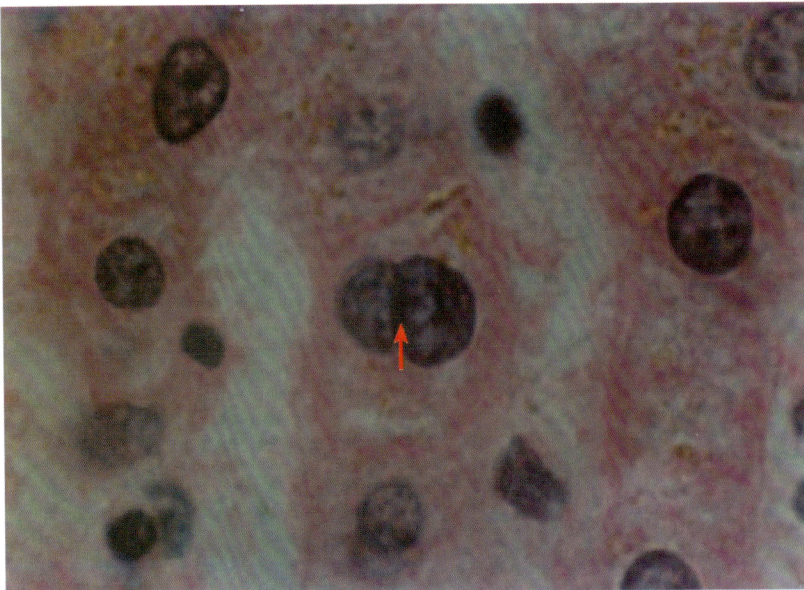

■ 图2-4　人肝细胞横隔式直接分裂（4）
苏木素–伊红染色　×1 000
↑ 示肝细胞核横隔膜分成两层。

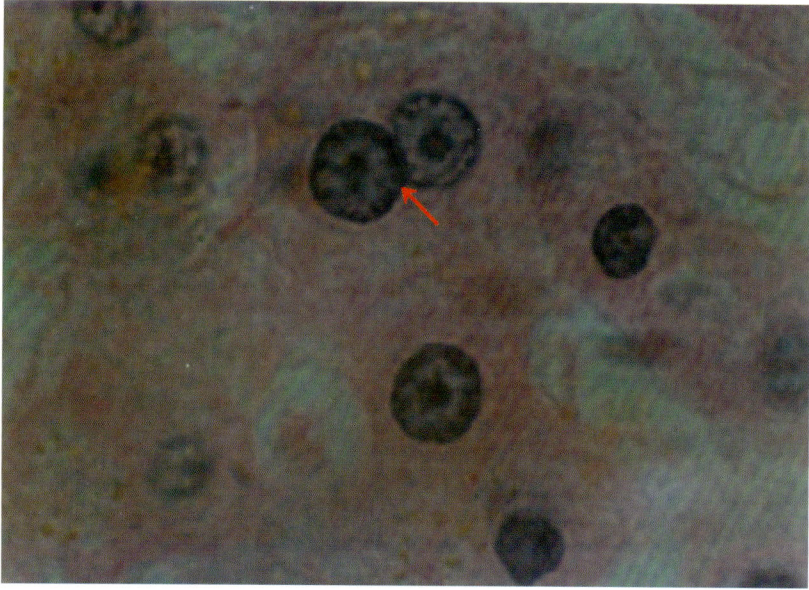

图2-5 人肝细胞横隔式直接分裂（5）

苏木素-伊红染色 ×1 000

示肝细胞核横隔膜分开，两层间隙增宽。

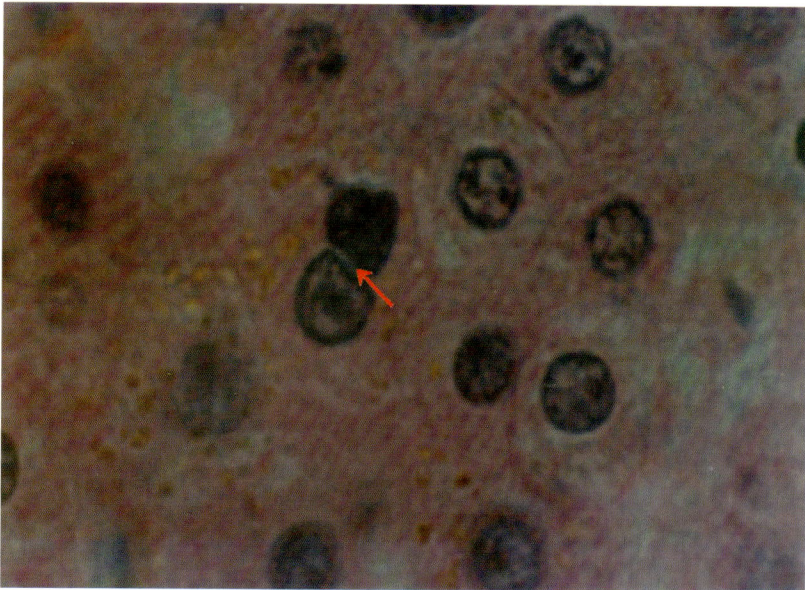

图2-6 人肝细胞横隔式直接分裂（6）

苏木素-伊红染色 ×1 000

示分成两个子细胞核。

2．肝细胞侧凹型直接分裂　肝细胞侧凹型直接分裂见一侧核膜内陷，内陷加深，最终完全断离成两个子细胞核（图2-7、图2-8）。

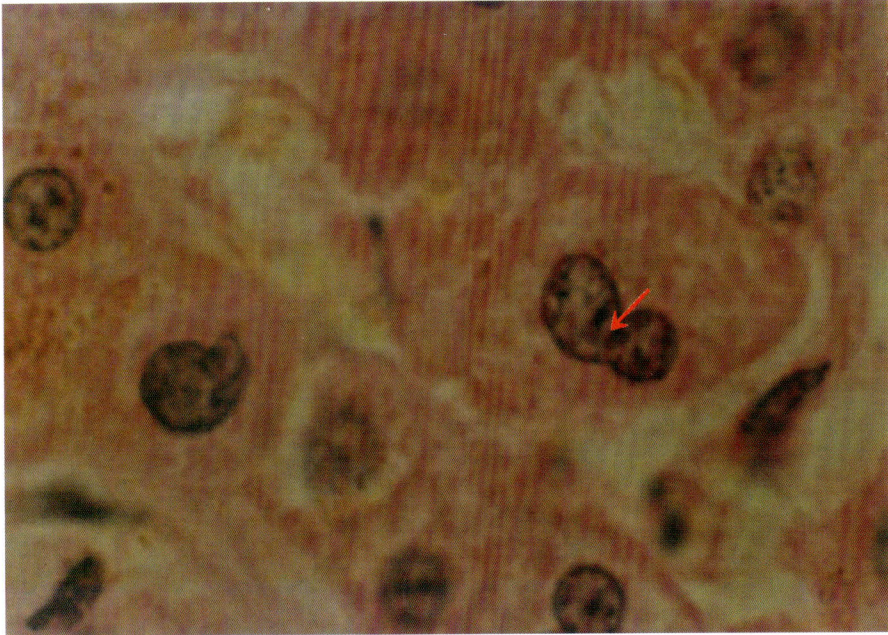

■ **图2-7　人肝细胞侧凹型直接分裂（1）**
苏木素-伊红染色　×1 000
↙ 示核膜内陷加深。

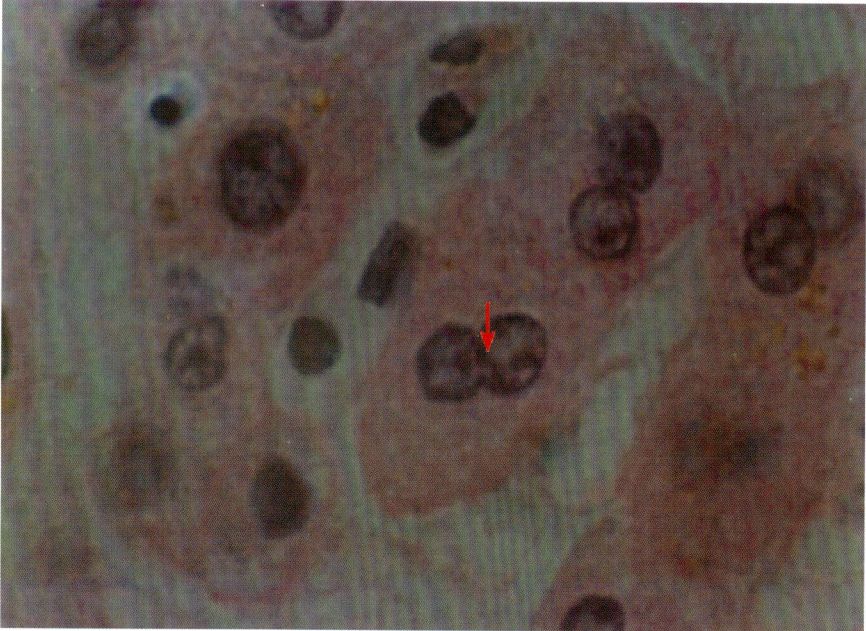

■ 图2-8 人肝细胞侧凹型直接分裂（2）

苏木素-伊红染色 ×1 000

↓ 示将完全离断成两个子细胞核。

3．肝细胞"8"字型直接分裂 "8"字型直接分裂是肝细胞特有的核分裂方式。首先见胶囊形细胞核出现两个对称的核仁（图2-9、图2-10），而后两端像拧麻花一样向相反方向扭转（图2-11、图2-12），扭结处断裂（图2-13、图2-14），最后形成两个子细胞核。

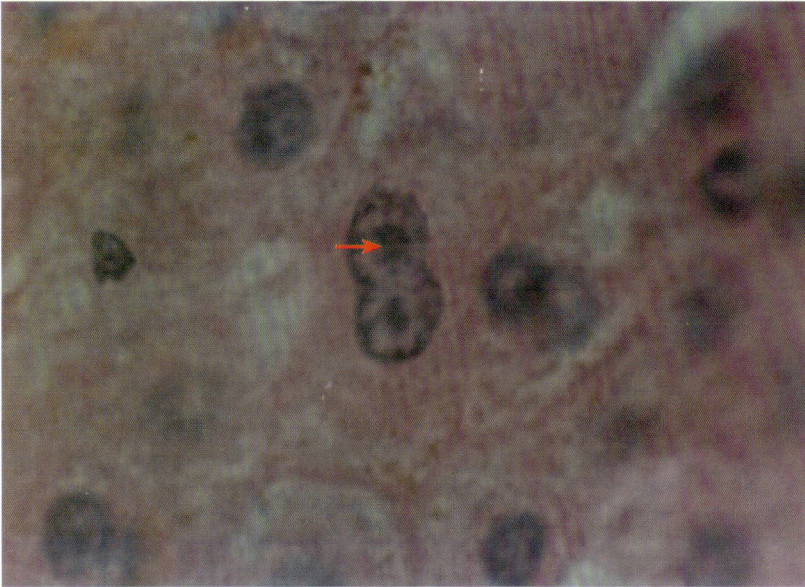

■ 图2-9　人肝细胞"8"字型直接分裂（1）
苏木素–伊红染色　×1 000
→ 示核两端对称出现两个核仁。

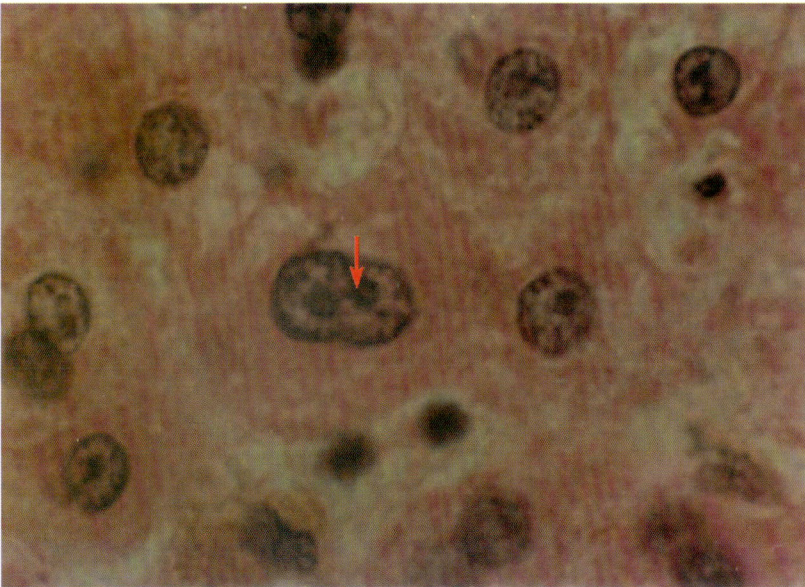

■ 图2-10　人肝细胞"8"字型直接分裂（2）
苏木素–伊红染色　×1 000
↓ 示核两端对称出现两个核仁。

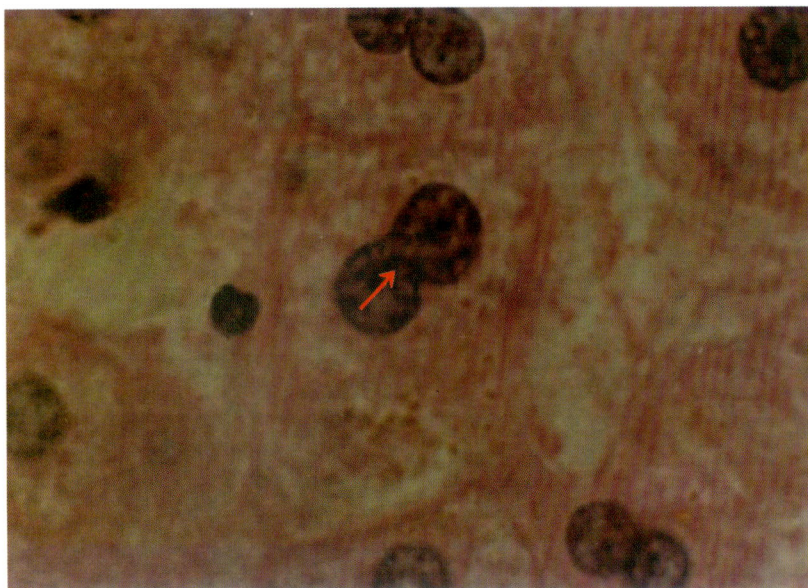

■ 图2-11　人肝细胞"8"字型直接分裂（3）
　　苏木素-伊红染色　×1 000
　　↗示核两端向相反方向扭转。

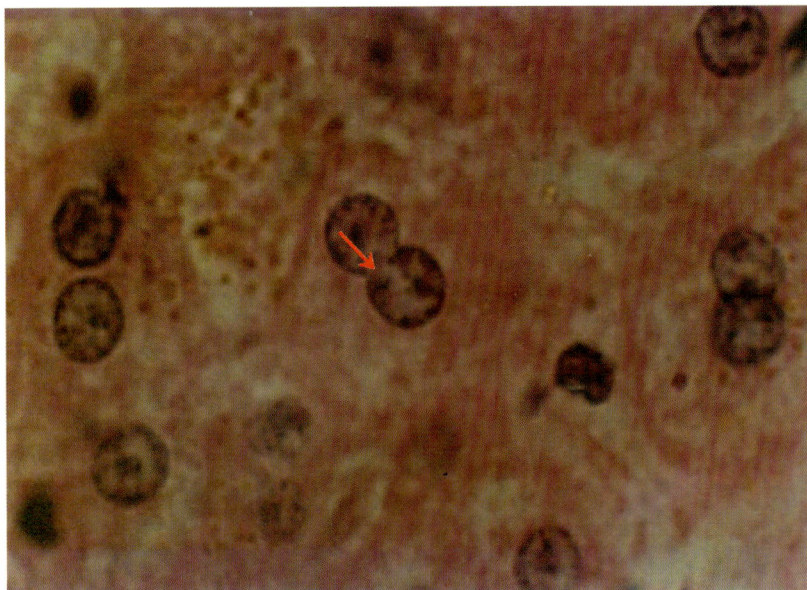

■ 图2-12　人肝细胞"8"字型直接分裂（4）
　　苏木素-伊红染色　×1 000
　　↘示核两端向相反方向扭转。

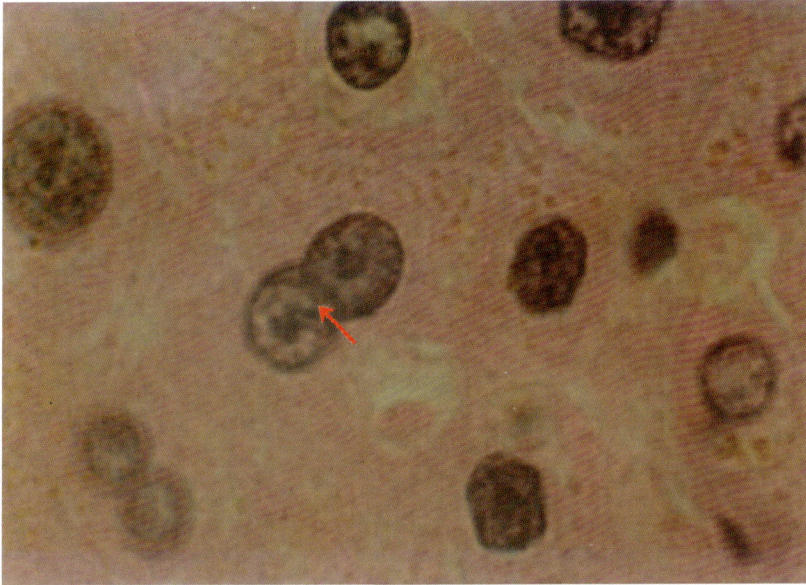

■ 图2-13 人肝细胞"8"字型直接分裂（5）

苏木素–伊红染色 ×1 000

↖ 示从核两部分扭结处断裂。

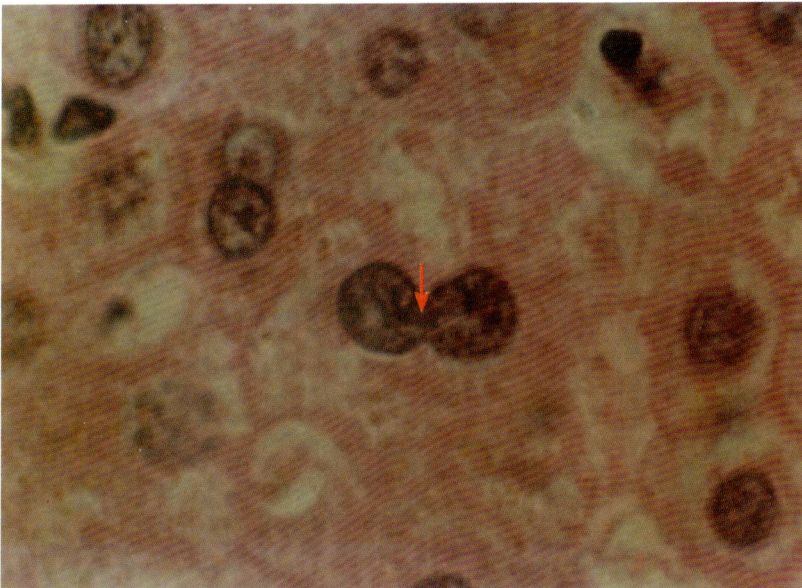

■ 图2-14 人肝细胞"8"字型直接分裂（6）

苏木素–伊红染色 ×1 000

↓ 示从核两部分扭结处断裂。

4．肝细胞不对称性直接分裂　肝细胞有时呈现不对称核分裂，主要是演化程度的不对称（图2-15、图2-16），借以使干细胞群延长旺盛生命期。

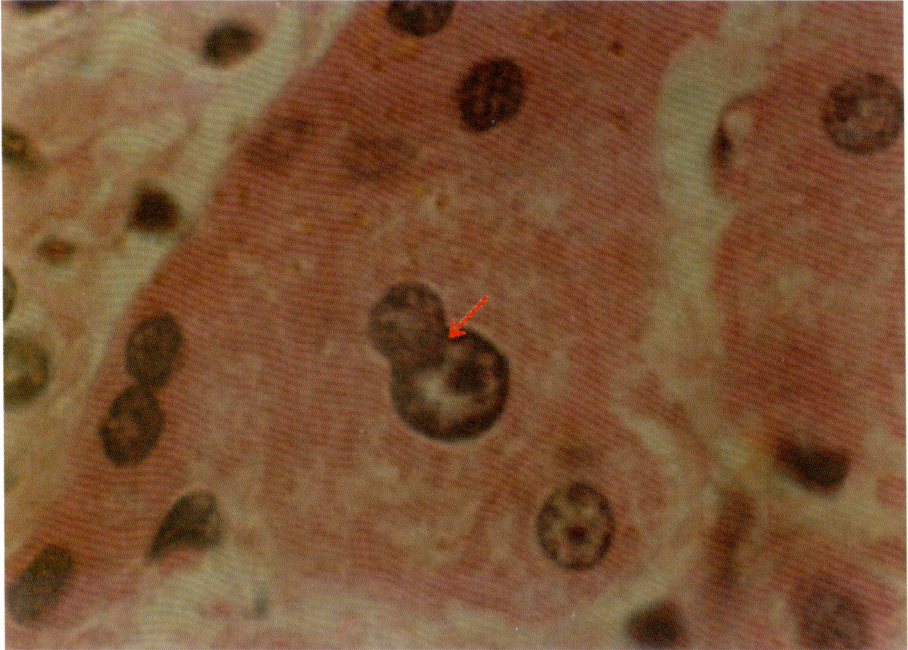

■ **图2-15　人肝细胞不对称性直接分裂（1）**
苏木素-伊红染色　×1 000
示演化程度不对称性核分裂。

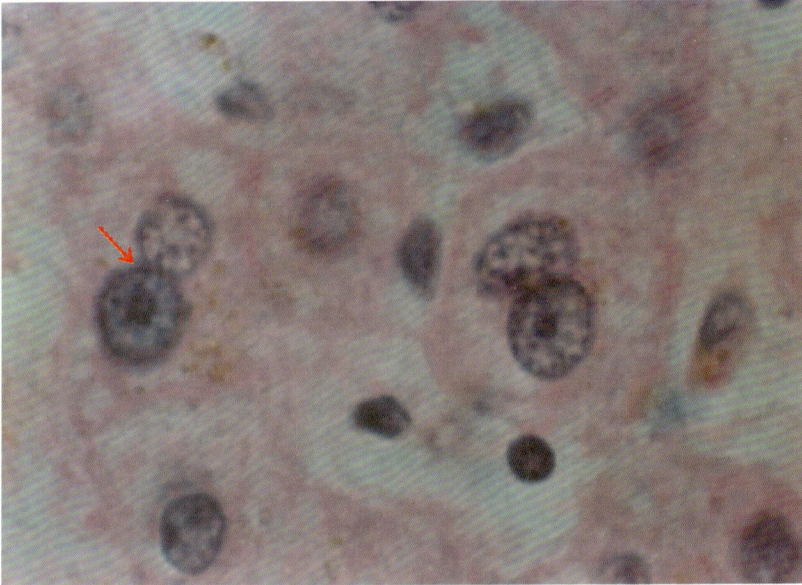

■ 图2-16　人肝细胞不对称性直接分裂（2）

苏木素–伊红染色　×1 000

示演化程度不对称性核分裂。

5．肝细胞核多裂　一个肝细胞核还可以多裂类型直接分裂形成三个子细胞核（图2-17、图2-18）或四个子细胞核（图2-19、图2-20）。

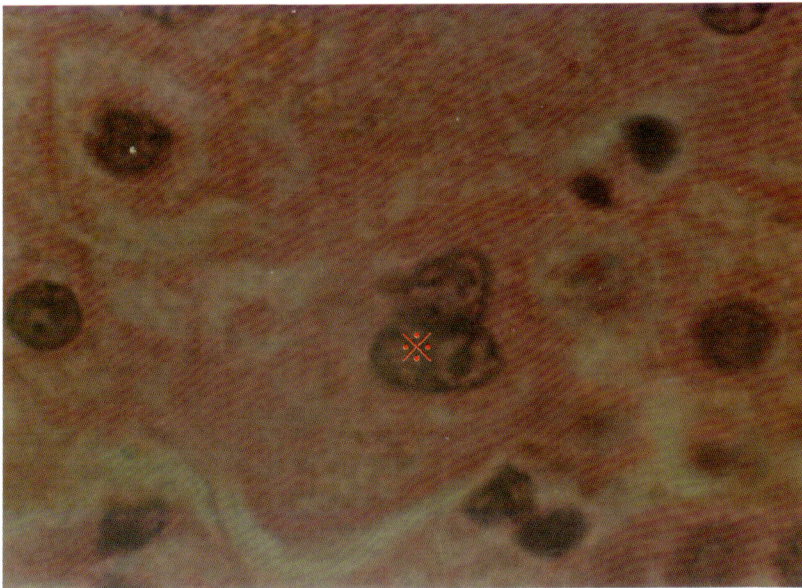

■ 图2-17　人肝细胞核三裂类直接分裂（1）

苏木素–伊红染色　×1 000

※示肝细胞核三裂类直接分裂。

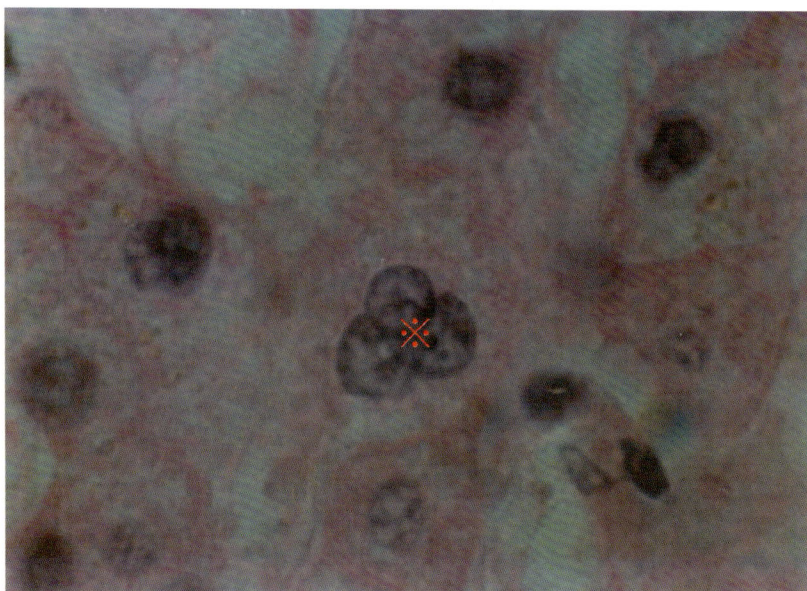

■ 图2-18 人肝细胞核三裂类直接分裂（2）

苏木素-伊红染色 ×1 000

※示肝细胞核三裂类直接分裂。

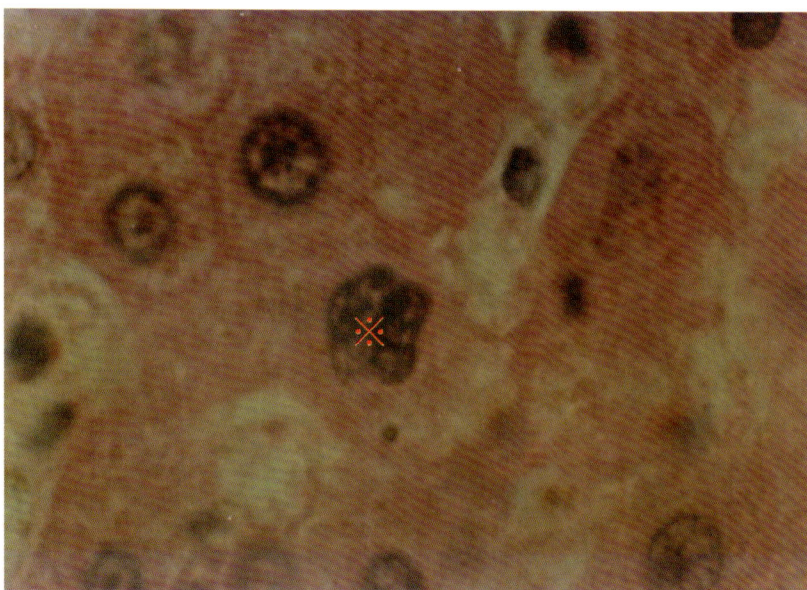

■ 图2-19 人肝细胞核四裂类直接分裂（1）

苏木素-伊红染色 ×1 000

※示肝细胞核四裂类直接分裂。

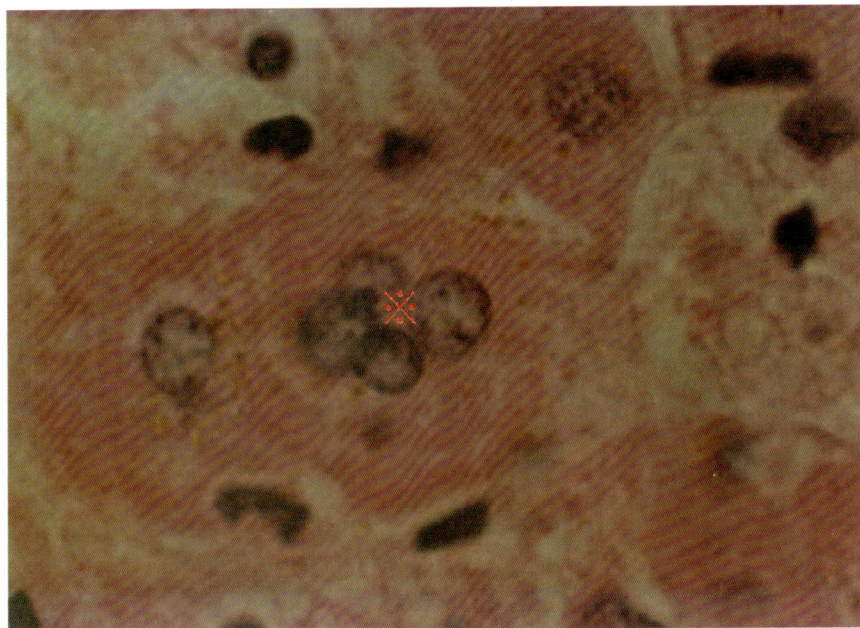

■ 图2-20　人肝细胞核四裂类直接分裂（2）

苏木素-伊红染色　×1 000

※ 示肝细胞核四裂类直接分裂。

（二）肝细胞衰亡

成体肝细胞不断新生和衰亡，保持细胞总量动态平衡。肝细胞除具有核固缩、核溶解与核碎裂等一般衰亡特征外，还有核空泡和核包含物等。

1．肝细胞一般衰亡特征　观察常规染色肝组织标本，可见肝细胞核固缩和核脱色等衰老细胞的一般特征（图2-21、图2-22）。

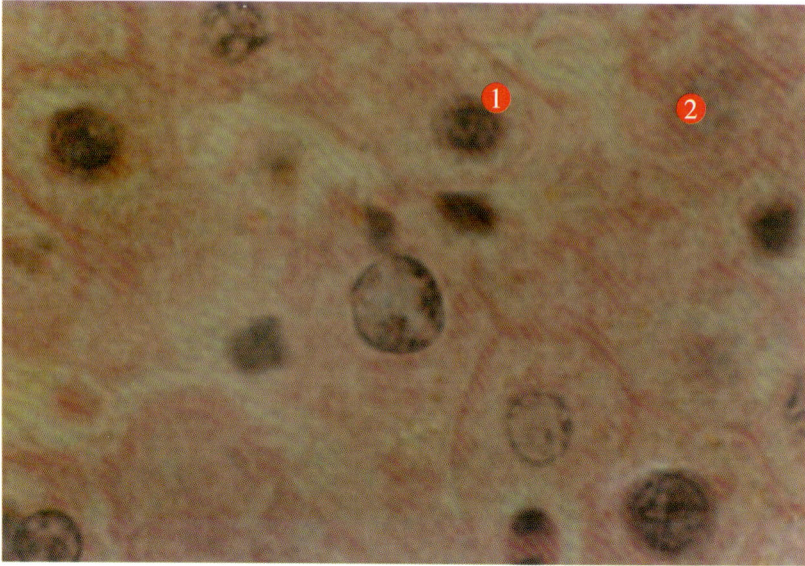

■ 图2-21　人肝细胞一般衰亡特征（1）

苏木素-伊红染色　×1 000

❶示核固缩；❷示核脱色。

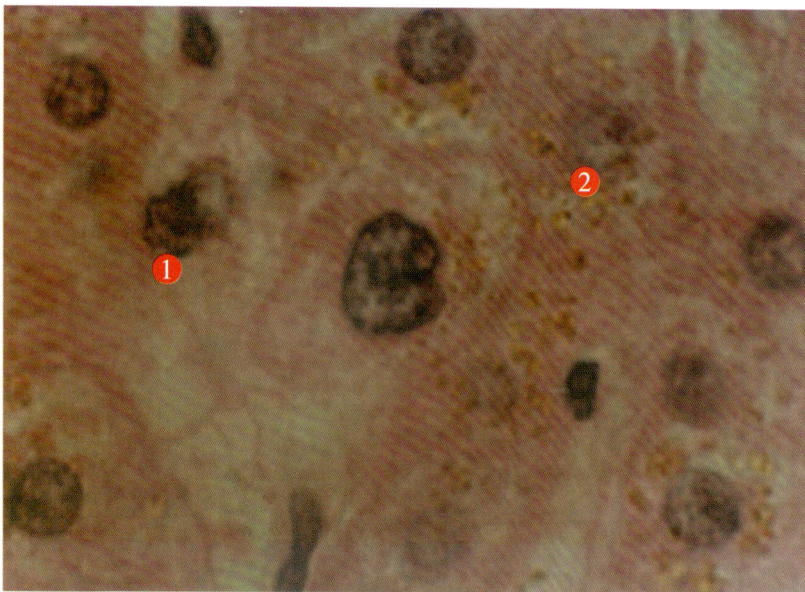

■ 图2-22　人肝细胞一般衰亡特征（2）

苏木素-伊红染色　×1 000

❶示核固缩；❷示核脱色。

　　2. 核空泡　衰老肝细胞可见大小不等的核空泡（图2-23、图2-24）。

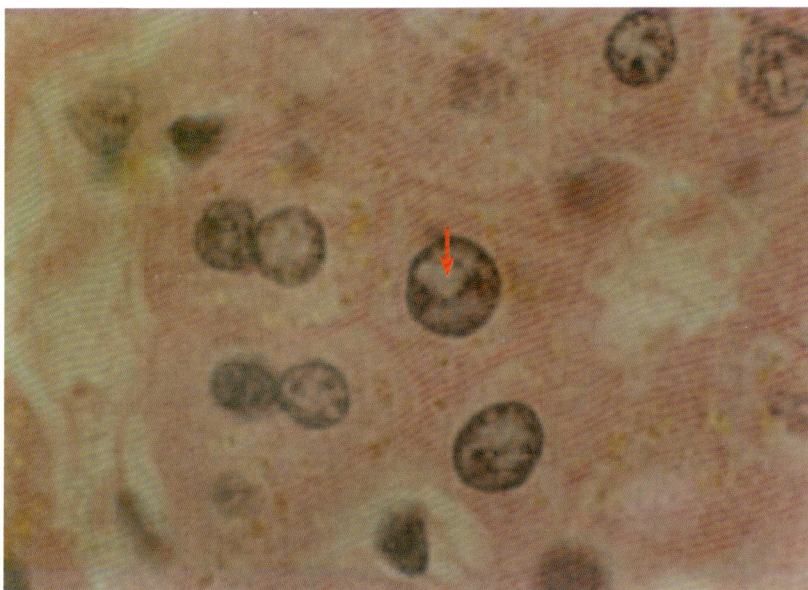

■ 图2-23　人肝细胞核空泡（1）

苏木素-伊红染色　×1 000

↓ 示衰老肝细胞核内空泡。

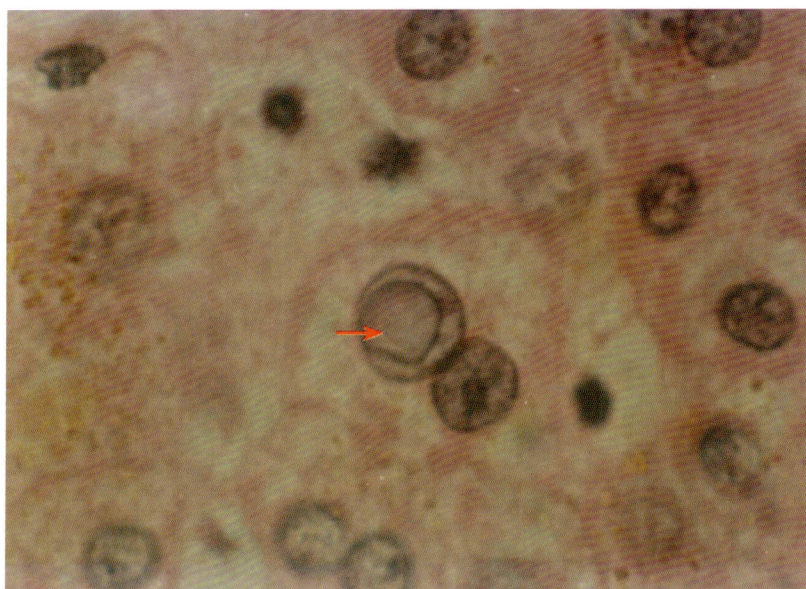

■ 图2-24　人肝细胞核空泡（2）

苏木素-伊红染色　×1 000

→ 示衰老肝细胞核内大空泡。

3. 肝细胞核色素包含物　脂褐素是一种重要的标志细胞衰老的色素。肝细胞内脂褐素是核源性色素，其存在方式极其复杂，大小、数目与位置多样（图2-25～图2-27），出核方式及对核的影响也不同。核内色素包含物的出核方式可分为集装出核和分散出核两种方式。集装出核即肝细胞核内色素包含物像集装箱一样一起排出核外（图2-28、图2-29）。巨大色素包含物被舍弃，则更像不对称核分裂过程（图2-30）。肝细胞核内色素包含物也可分散出核落到核外胞质内，即脂褐素颗粒（图2-31、图2-32）。

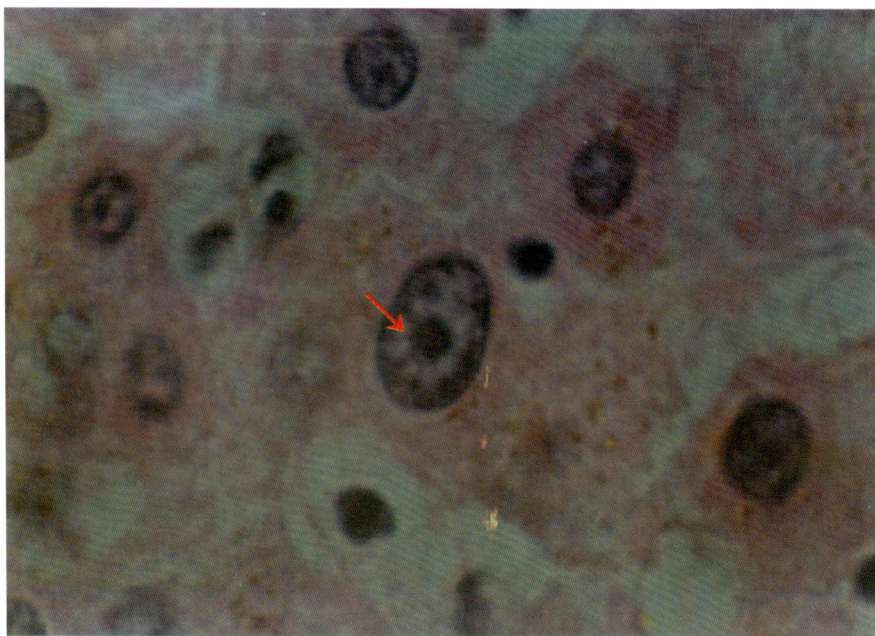

■ **图2-25　人肝细胞核内色素包含物（1）**
苏木素-伊红染色　×1 000
示肝细胞核中心较小色素包含物。

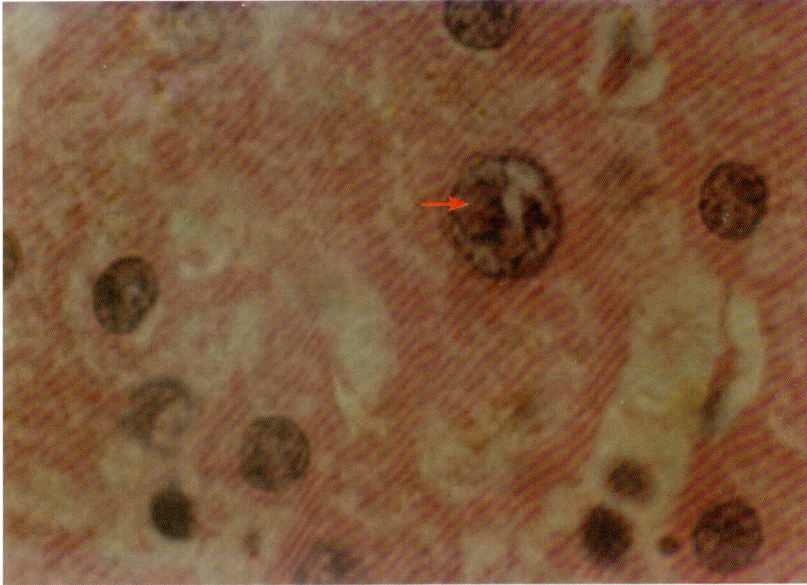

■ 图2-26　人肝细胞核内色素包含物（2）
苏木素–伊红染色　×1 000
→ 示肝细胞核内偏位较大色素包含物。

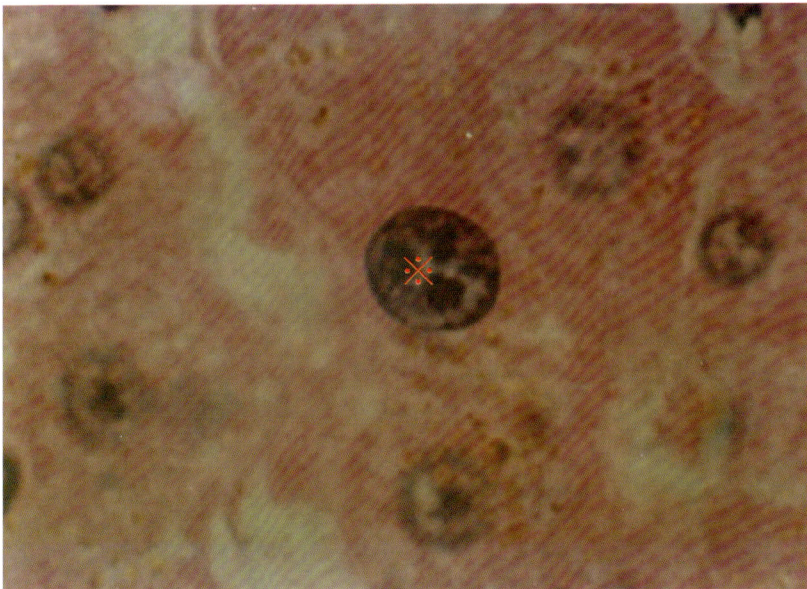

■ 图2-27　人肝细胞核内色素包含物（3）
苏木素–伊红染色　×1 000
※ 示肝细胞核内四个较小色素包含物。

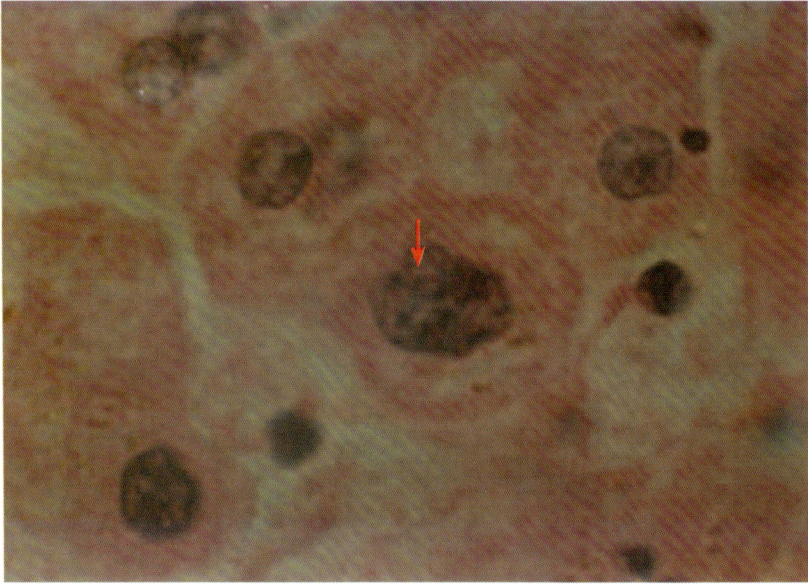

■ 图2-28　人肝细胞核内色素包含物（4）

苏木素–伊红染色　×1 000

↓ 示位于边缘将被排出核外的较大色素泡。

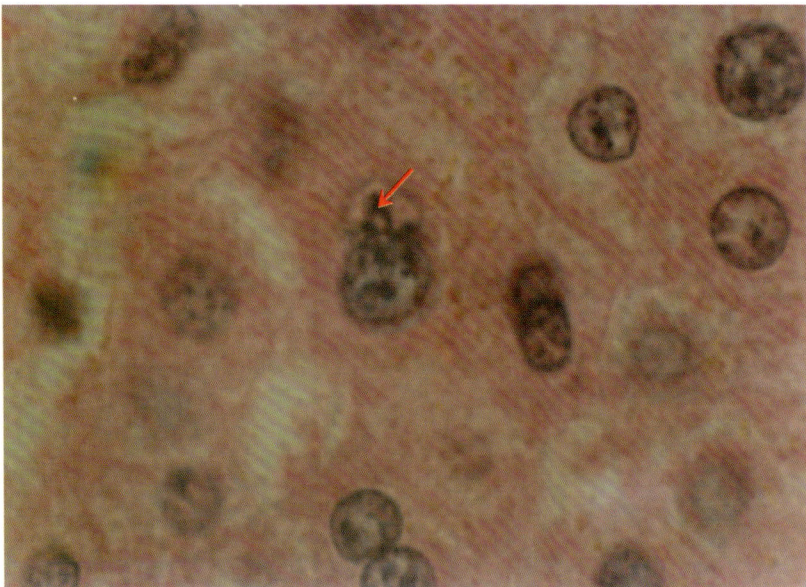

■ 图2-29　人肝细胞核内色素包含物（5）

苏木素–伊红染色　×1 000

↙ 示被排出核外的较大色素"垃圾包"。

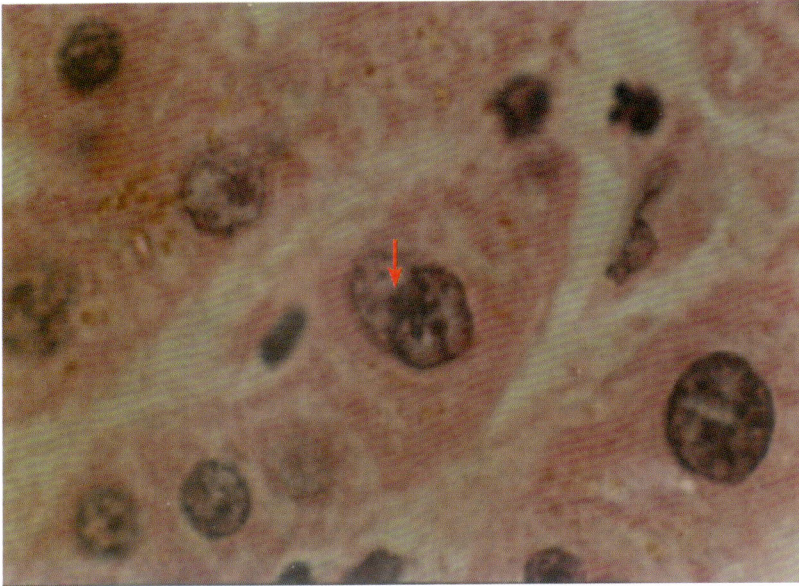

■ 图2-30　人肝细胞核内色素包含物（6）
苏木素–伊红染色　×1 000
↓ 示以不对称核分裂形式被舍弃的含色素核块。

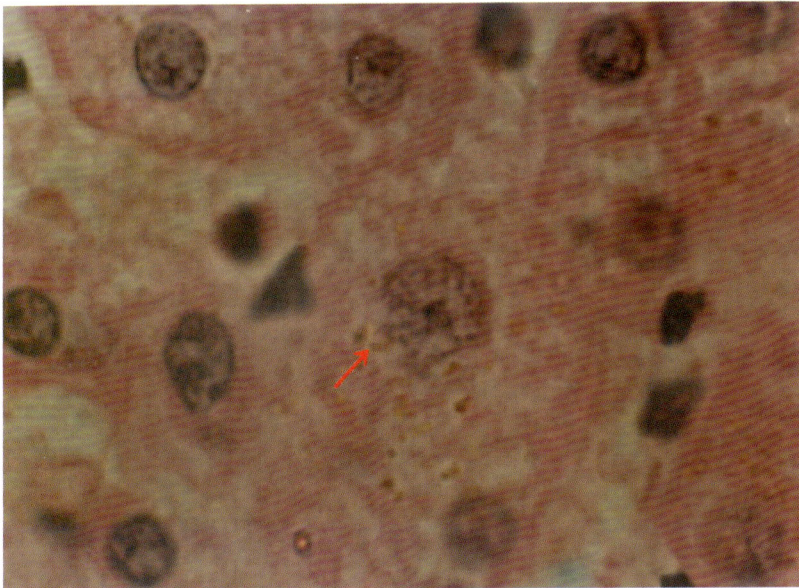

■ 图2-31　人肝细胞核内色素包含物（7）
苏木素–伊红染色　×1 000
↗ 示细胞核严重破损，脂褐素颗粒散落核外。

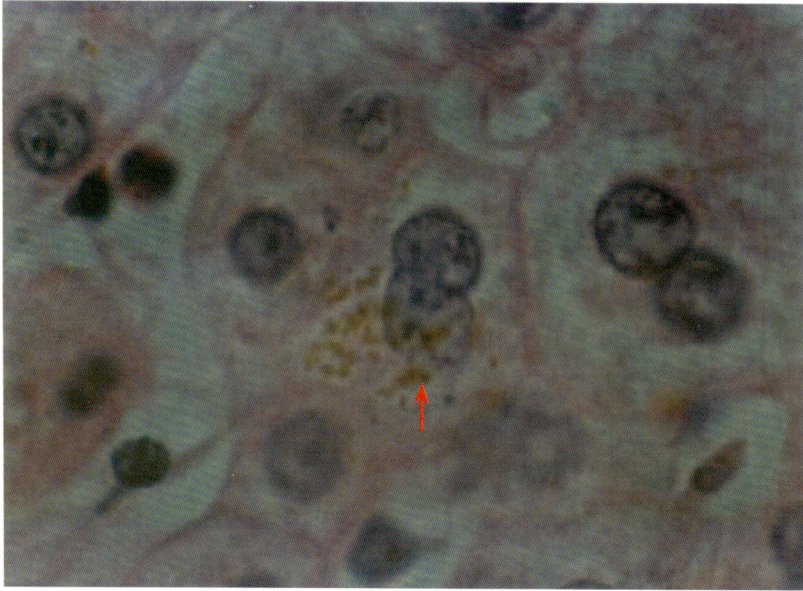

■ 图2-32　人肝细胞核内色素包含物（8）

苏木素-伊红染色　×1 000

↑ 示脂褐素颗粒经核膜小破口散落核外。

二、肝小叶结构动力学

（一）猪肝小叶结构动力学

　　猪肝小叶周围有较完整的门管束包围，轮廓清晰。每个肝小叶就是一个肝微组织场，中央静脉就是肝小叶组织场的中心。中央静脉可发源于多条分支或血窦汇聚处（图2-33）。根据中央静脉结构及其与周围肝细胞板的关系可将中央静脉分为上、中、下游三段（图2-34）。中央静脉上游段无独立管壁结构，血窦开口较多，衬覆内皮较少，周围肝细胞多为新生肝细胞（图2-35、图2-36）；中央静脉中游段血窦开口逐渐减少，衬覆内皮逐渐增多，周围肝细胞逐渐成熟（图2-37）；中央静脉下游段管壁基本完整，血窦开口很少，周围肝细胞成熟（图2-38），延续为小叶下静脉，周围有结缔组织围绕（图2-39），周围肝细胞形成界板（图2-40）。原肝小叶常被多条裂隙分隔（图2-41），分割的肝组织形成新肝小叶或改归邻近肝小叶流域（图2-42）。

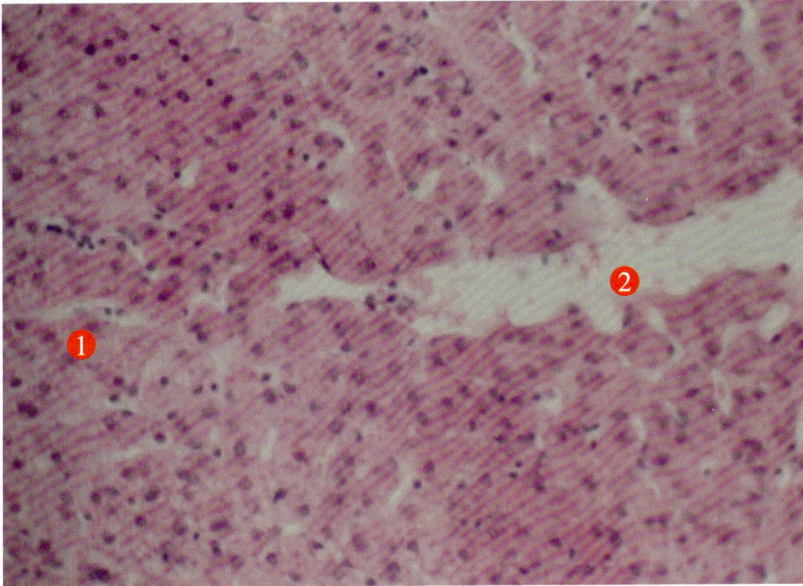

■ 图2-33　猪肝小叶结构演化（1）

苏木素–伊红染色　×200

❶示中央静脉发源支流；❷示中央静脉上游段。

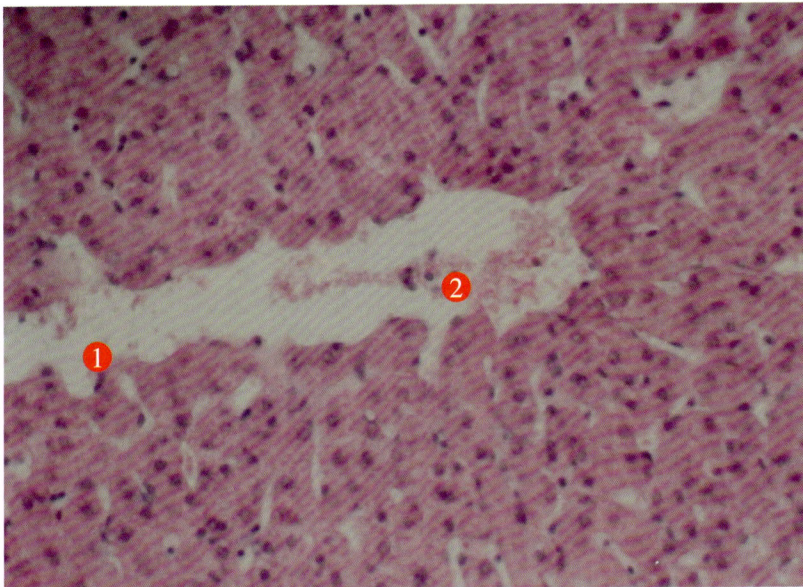

■ 图2-34　猪肝小叶结构演化（2）

苏木素–伊红染色　×200

❶示中央静脉上游段；❷示中央静脉中游段。

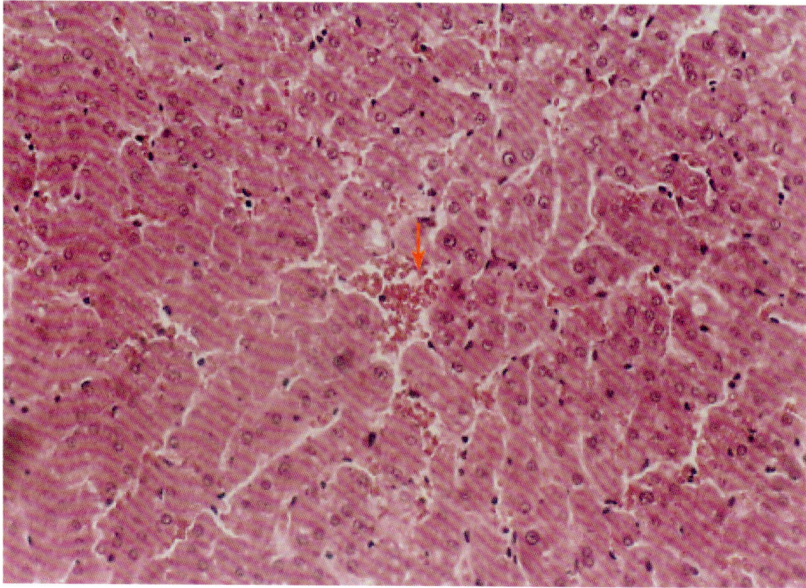

■ 图2-35 猪肝小叶结构演化（3）

苏木素–伊红染色   ×100

↓ 示新生中央静脉，很少有内皮衬覆。

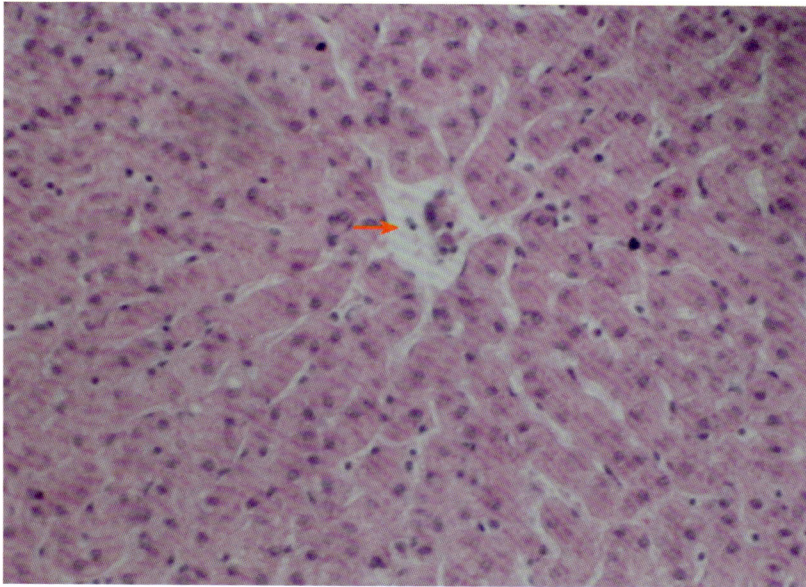

■ 图2-36 猪肝小叶结构演化（4）

苏木素–伊红染色   ×100

→ 示中央静脉上游段。

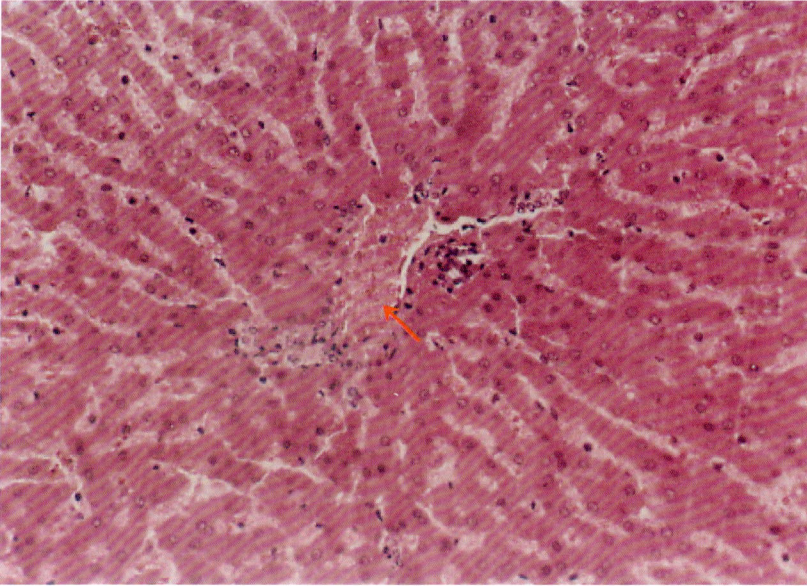

■ 图2-37　猪肝小叶结构演化（5）
苏木素-伊红染色　×100
↗ 示中央静脉中游段。

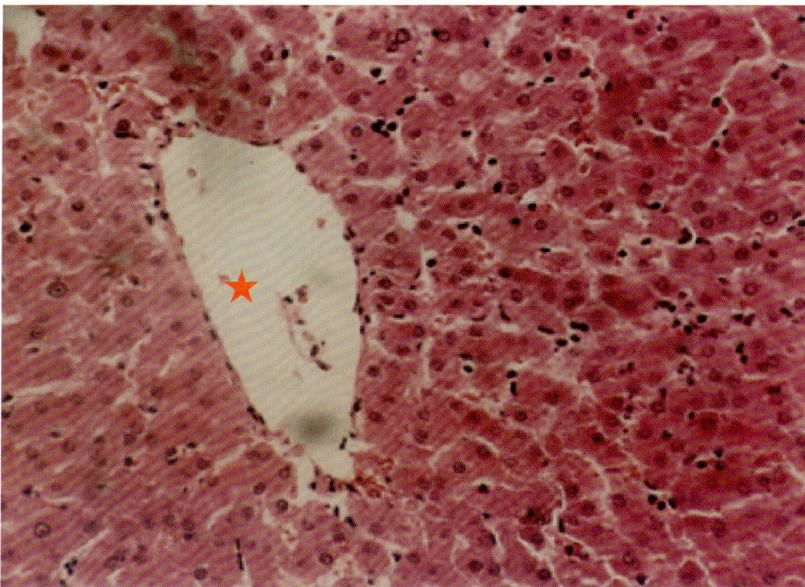

■ 图2-38　猪肝小叶结构演化（6）
苏木素-伊红染色　×100
★ 示中央静脉下游段。

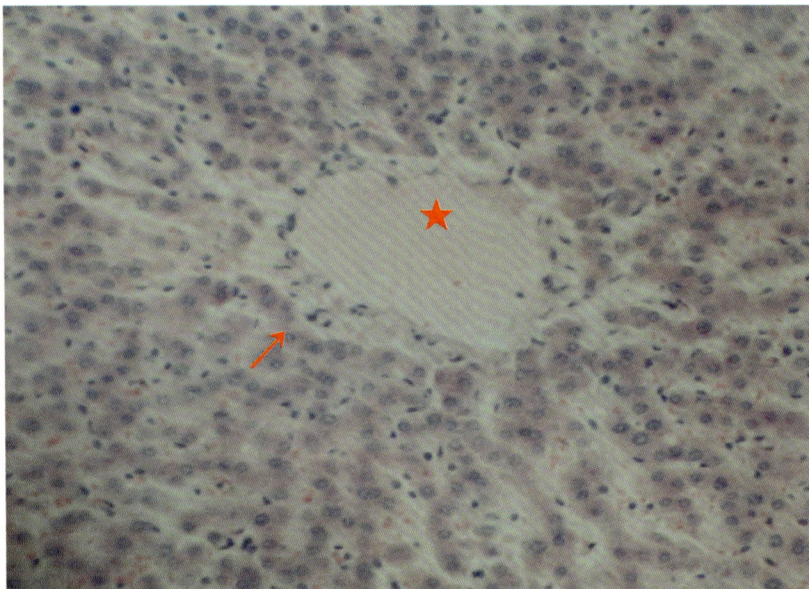

■ 图2-39　猪肝小叶结构演化（7）

苏木素-伊红染色　×100

★示小叶下静脉。↗示新肝小叶界板。

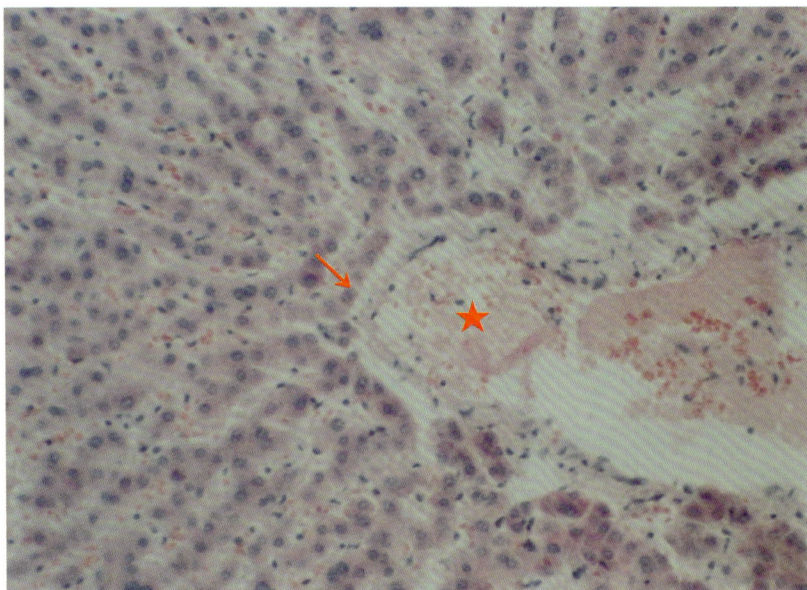

■ 图2-40　猪肝小叶结构演化（8）

苏木素-伊红染色　×100

★示小叶下静脉。↘示新肝小叶界板。

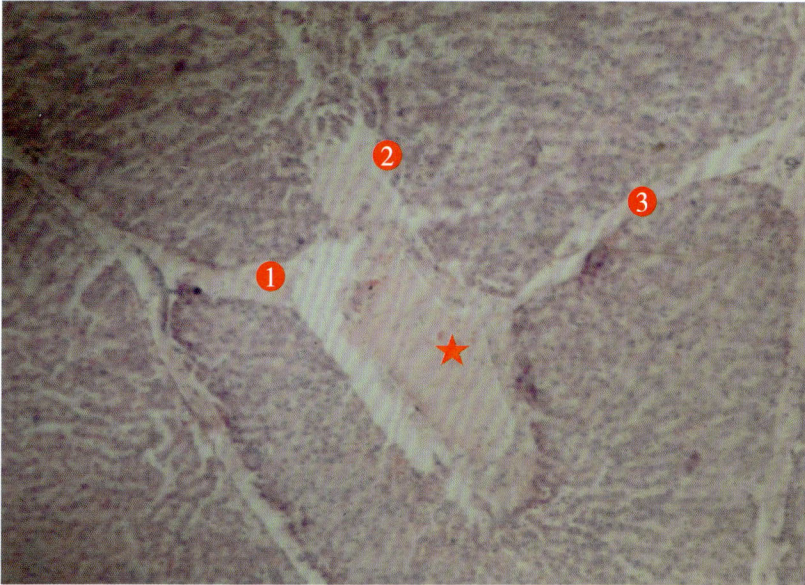

■ 图2-41　猪肝小叶结构演化（9）

苏木素–伊红染色　×50

★ 示小叶下静脉。❶、❷和❸示肝小叶裂隙。

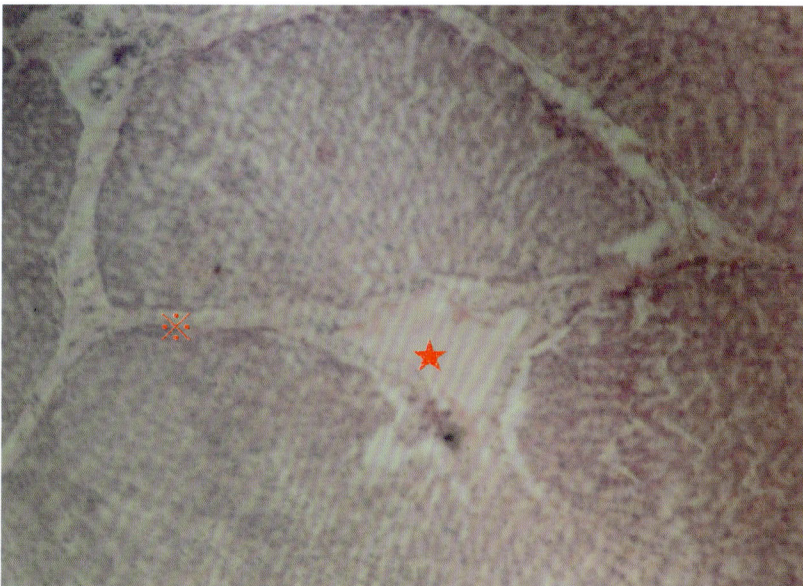

■ 图2-42　猪肝小叶结构演化（10）

苏木素–伊红染色　×50

★ 示小叶下静脉。※ 示分割形成的新的肝小叶。

（二）人肝小叶结构动力学

人肝小叶周围门管束包围不完全，肝小叶分界不很明确。中央静脉仍是人肝小叶的自组织中心。人肝小叶中央静脉可由肝血窦汇聚起源（图2-43），也可起源于肝小叶角缘处的细胞密集区。该区肝细胞密集，细胞间隙很小，不见肝血窦（图2-44）。肝小叶中央静脉源于胚胎卵黄静脉，特点是其内皮穿凿能力强，邻近的中央静脉内皮受密集区细胞衰亡产物诱导，向密集区穿凿移动，与增生肝细胞一起将密集区逐渐改造成肝板与血窦相间的肝组织（图2-45）。人肝小叶中央静脉也有上游、中游和下游之分（图2-46）。中央静脉上游衬覆内皮少，血窦开口多（图2-47）；中游衬覆内皮逐渐增多，血窦开口逐渐减少（图2-48）；下游中央静脉逐渐具有完整的管壁，血窦开口更少（图2-49、图2-50），移行为有完整较厚管壁的小叶下静脉，周围肝细胞形成界板，分别归流于邻近肝小叶（图2-51）。小叶下静脉周围偶见肝细胞局部衰退区（图2-52），断绝血流来源的中央静脉也可机化闭塞（图2-53）。失去中央静脉引流的肝组织可代偿通过连通血窦，成为相邻肝小叶中央静脉的流域（图2-54）。

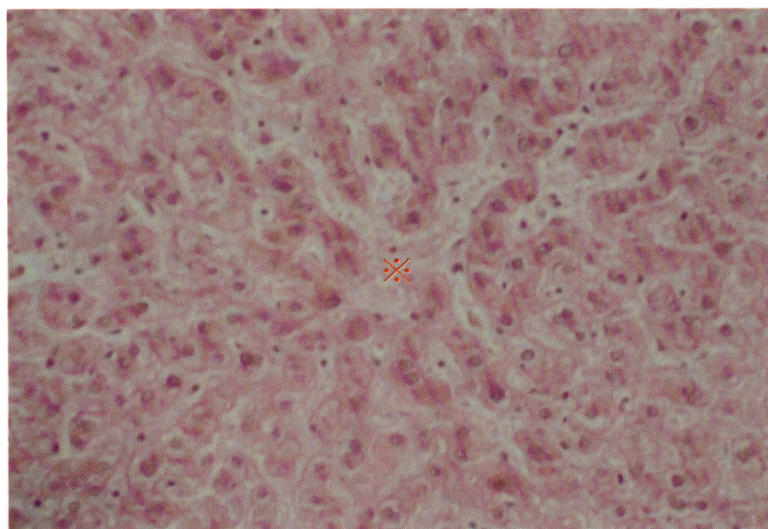

■ **图2-43　人肝小叶结构演化（1）**

苏木素–伊红染色　×100

※示肝小叶中央静脉源于肝血窦汇聚处。

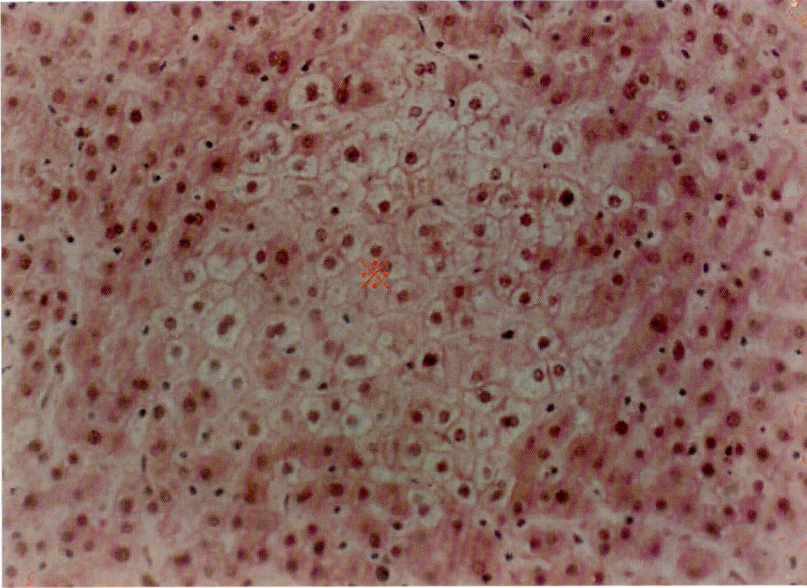

■ 图2-44 人肝小叶结构演化（2）

苏木素–伊红染色 ×100

※ 示肝细胞密集区。

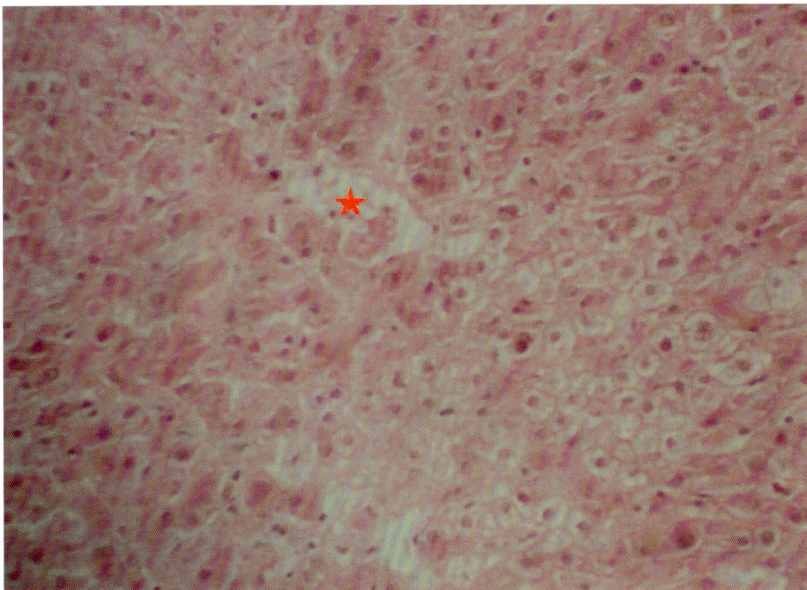

■ 图2-45 人肝小叶结构演化（3）

苏木素–伊红染色 ×100

★ 示肝细胞密集区中心的中央静脉。

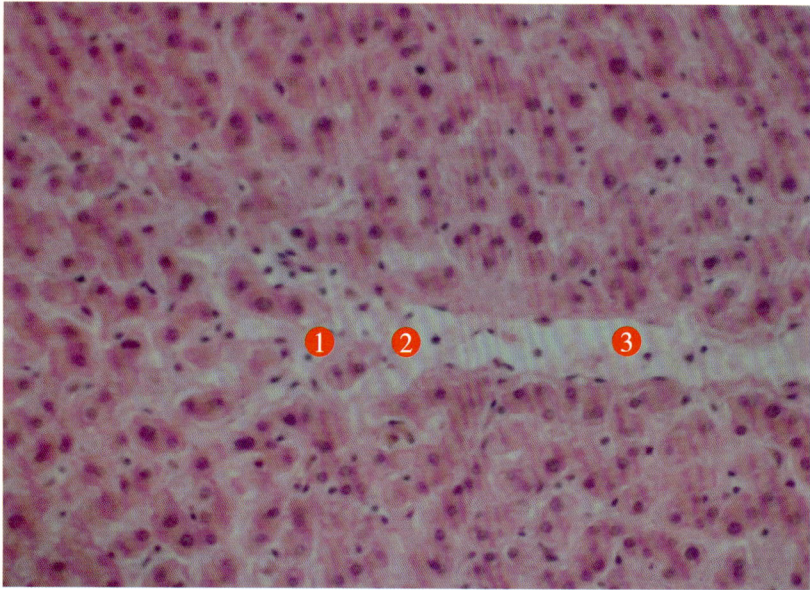

■ 图2-46　人肝小叶结构演化（4）

苏木素–伊红染色　×100

❶示中央静脉源头分支；❷示中央静脉上游段；❸示中央静脉
中游段。

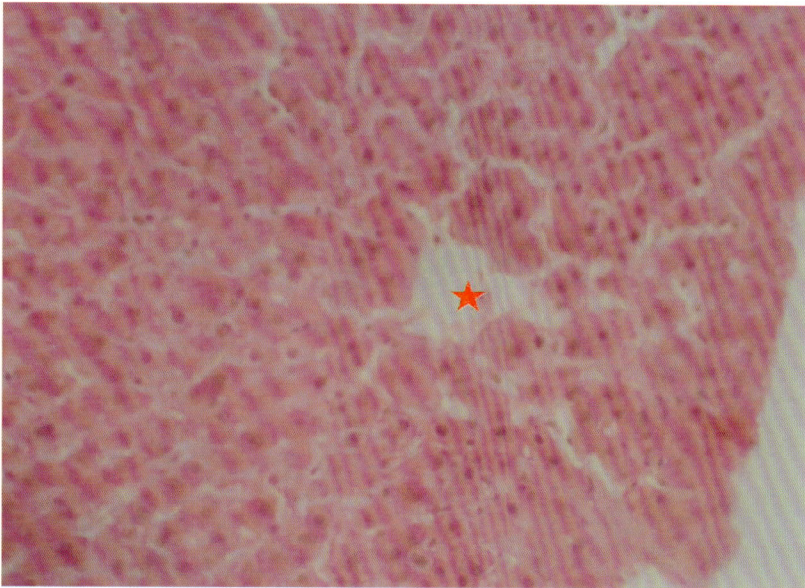

■ 图2-47　人肝小叶结构演化（5）

苏木素–伊红染色　×100

★示中央静脉上游段。

174

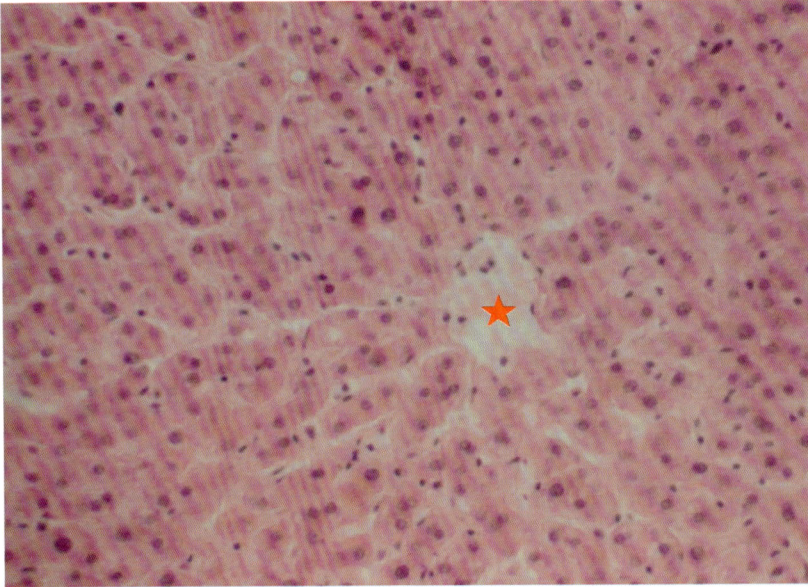

■ 图2-48　人肝小叶结构演化（6）

苏木素–伊红染色　×100

★ 示中央静脉中游段。

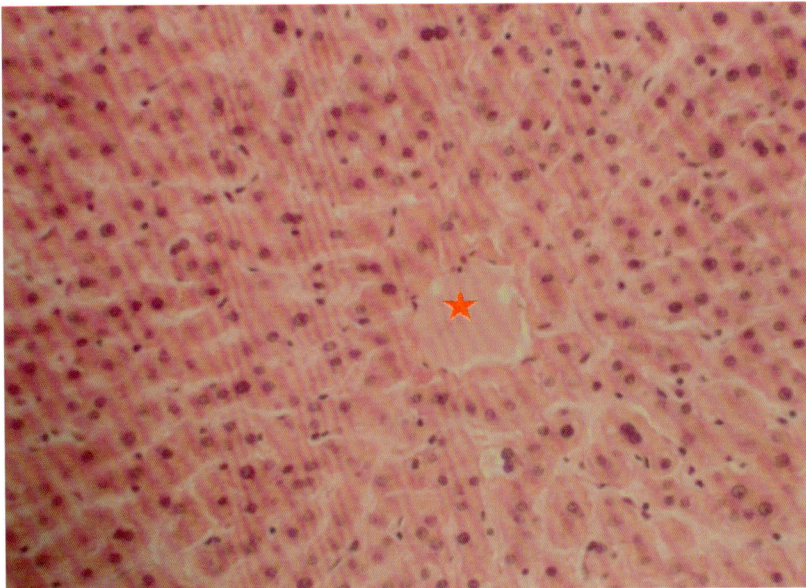

■ 图2-49　人肝小叶结构演化（7）

苏木素–伊红染色　×100

★ 示中央静脉下游段。

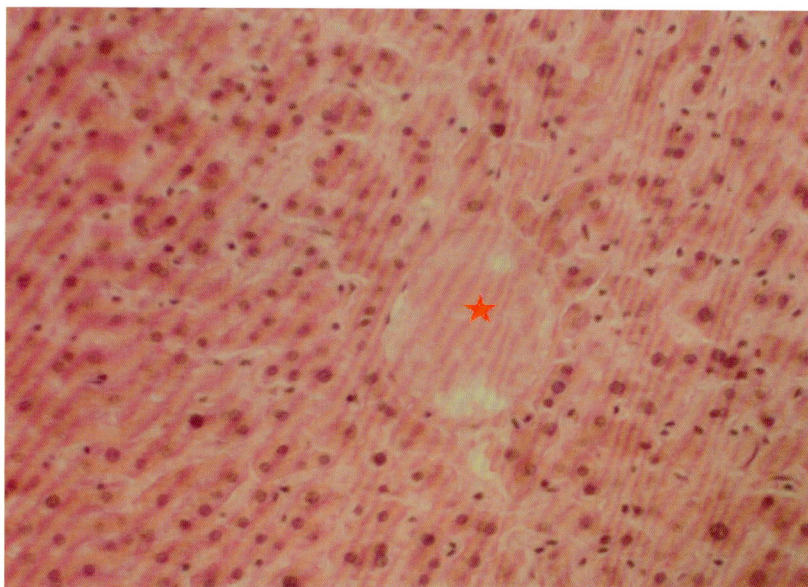

■ 图2-50　人肝小叶结构演化（8）

苏木素-伊红染色　×100

★示中央静脉下游段。

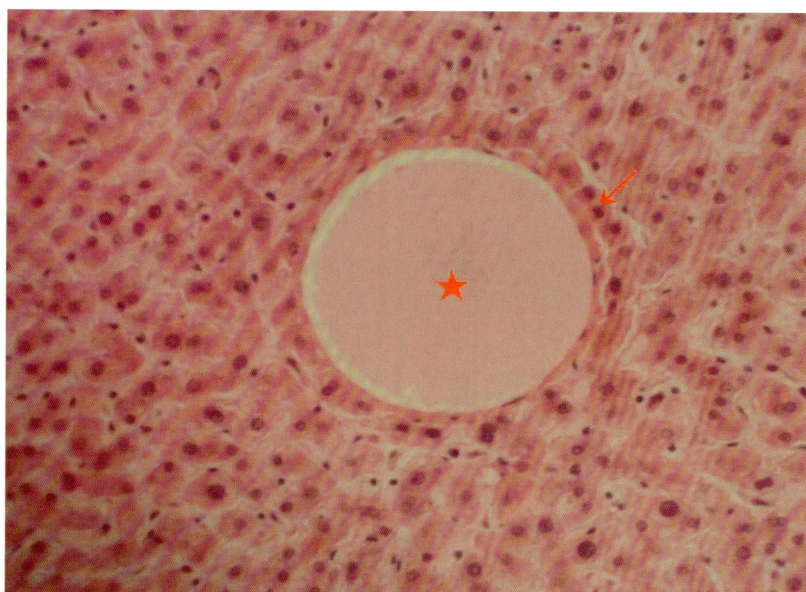

■ 图2-51　人肝小叶结构演化（9）

苏木素-伊红染色　×100

★示小叶下静脉。　↙示界板。

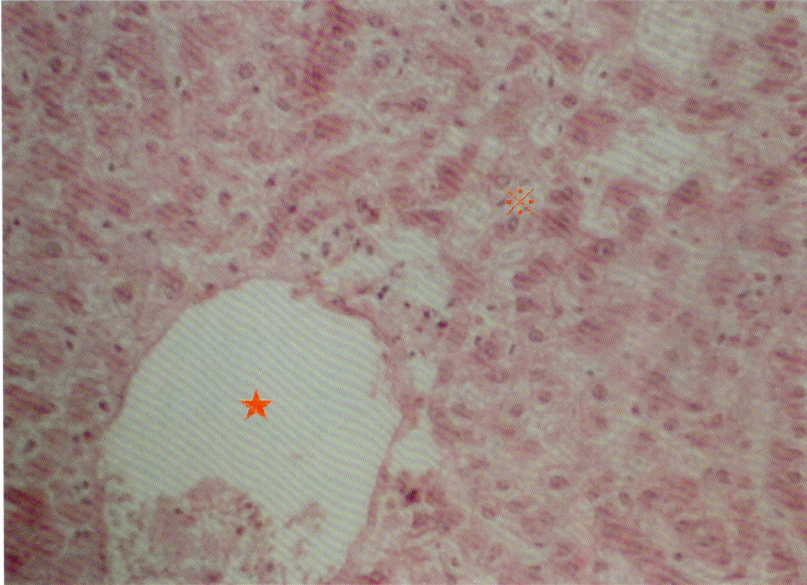

■ 图2-52　人肝小叶结构演化（10）

苏木素-伊红染色　×100

★示小叶下静脉。※示毗邻小叶下静脉的肝细胞衰退区。

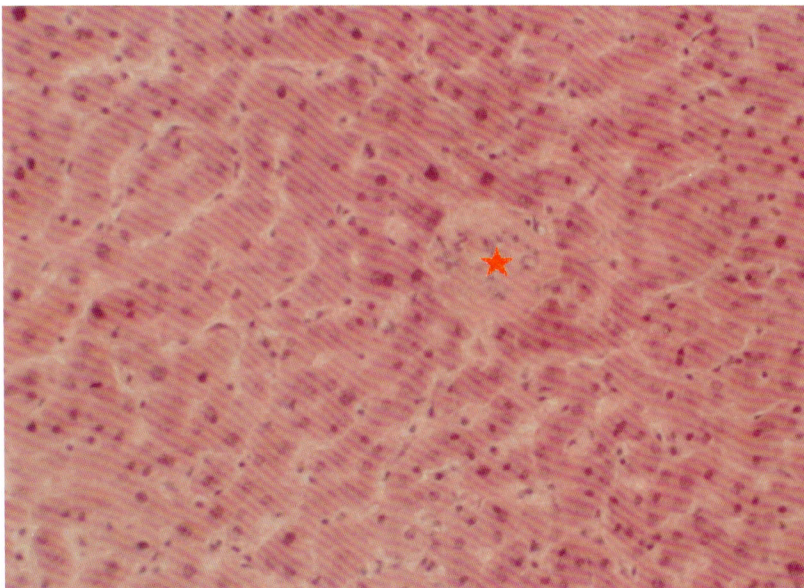

■ 图2-53　人肝小叶结构演化（11）

苏木素-伊红染色　×100

★示中央静脉闭塞后机化。

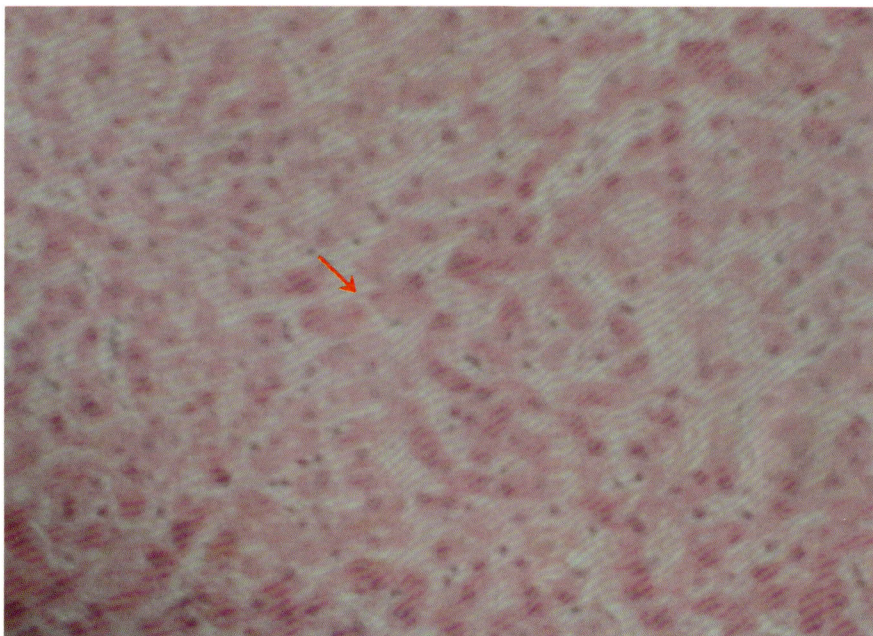

图2-54　人肝小叶结构演化（12）

苏木素-伊红染色　×100

示相邻肝小叶交界肝血窦相通。

三、肝干细胞演化途径

肝细胞是肝的主质细胞。正常成体肝细胞约1年即被新生肝细胞全部替换一次。新生肝细胞的干细胞有胆管源、干细胞巢源、间质源、血源和神经源等多种来源，其演化途径也各不相同。

（一）胆管源干细胞-肝细胞演化系

胆小管和闰管是最接近肝细胞的肝内胆管部分（图2-55、图2-56）。胆管细胞可外迁成为胆管源肝干细胞（图2-57），经卵圆细胞演化形成肝细胞（图2-58、图2-59），肝干细胞可经过渡性细胞演化成为肝细胞（图2-60、图2-61）。

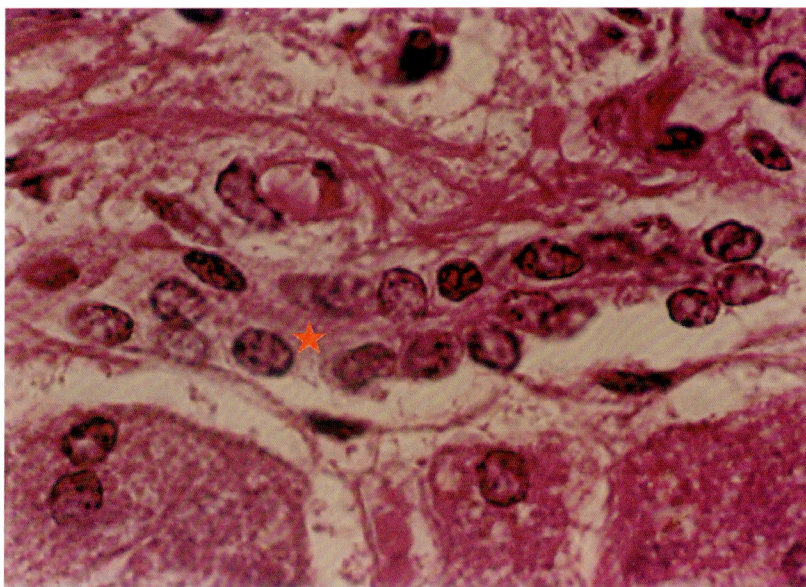

■ 图2-55　人肝胆小管
苏木素–伊红染色　×1 000
★ 示胆小管。

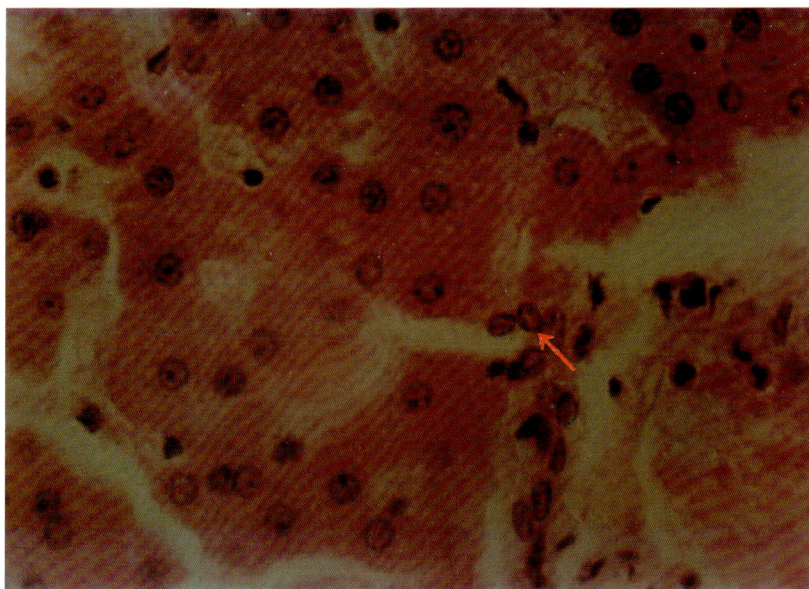

■ 图2-56　人肝闰管
苏木素–伊红染色　×400
↗ 示闰管。

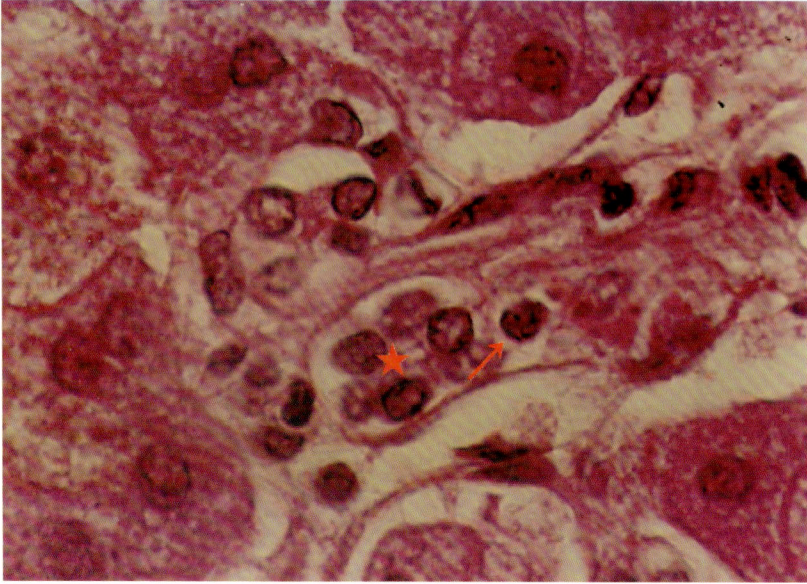

■ 图2-57　人肝胆管源干细胞–肝细胞演化（1）

苏木素–伊红染色　×1 000

★示胆小管。➚示外迁胆管细胞。

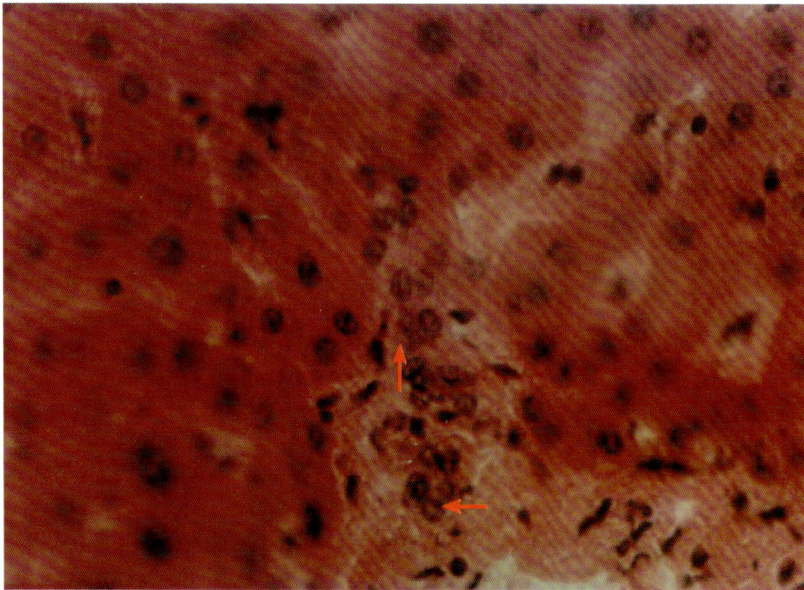

■ 图2-58　人肝胆管源干细胞–肝细胞演化（2）

苏木素–伊红染色　×400

← 示胆小管。↑ 示外迁胆管细胞形成的卵圆细胞。

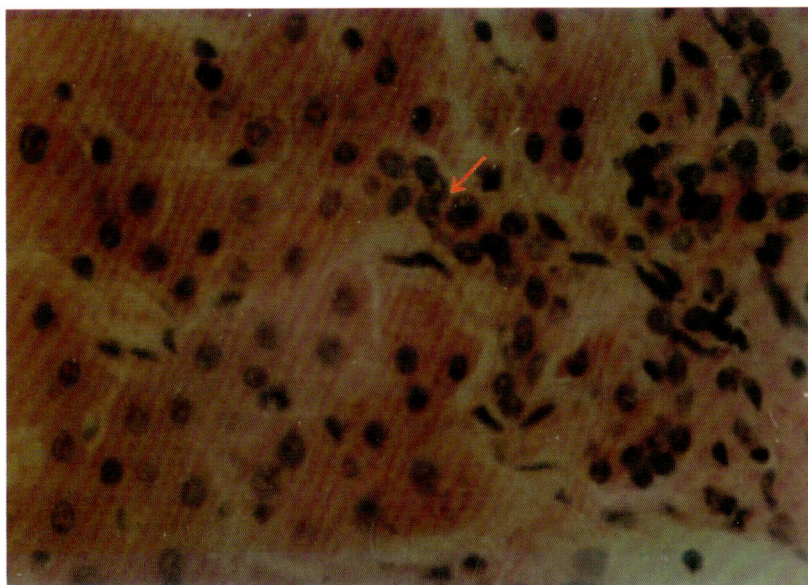

■ 图2-59　人肝胆管源干细胞–肝细胞演化（3）

苏木素–伊红染色　×400

↖ 示源自闰管的卵圆细胞演化形成肝细胞。

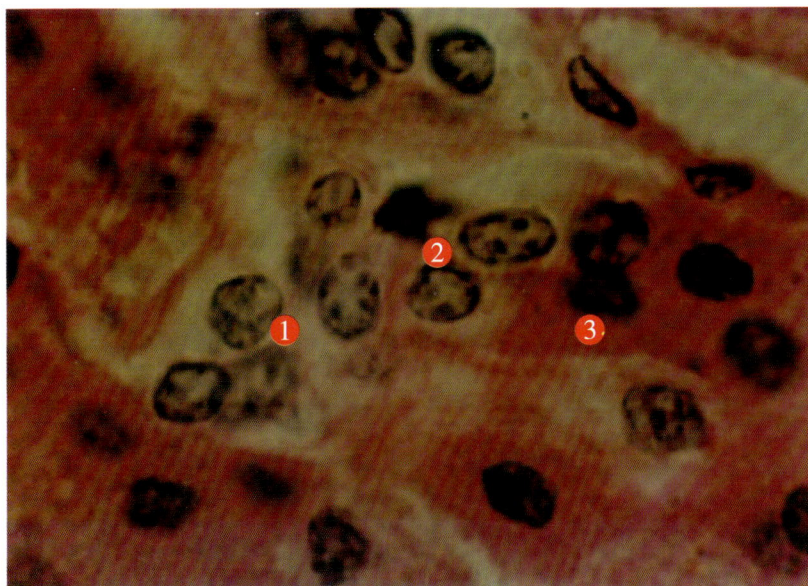

■ 图2-60　人肝胆管源干细胞–肝细胞演化（4）

苏木素–伊红染色　×1 000

❶示卵圆细胞；❷示过渡性细胞；❸示肝细胞。

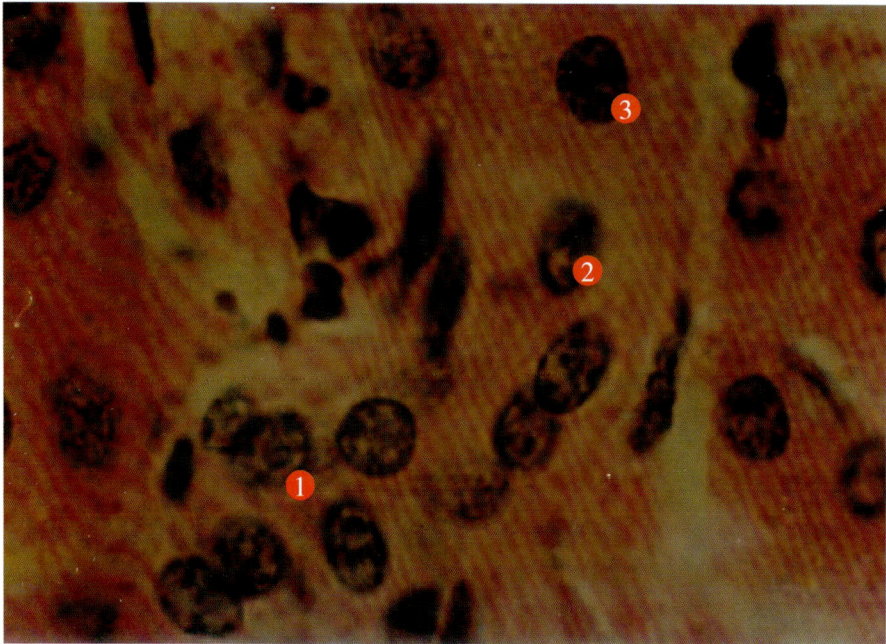

■ 图2-61　人肝胆管源干细胞-肝细胞演化（5）

苏木素-伊红染色　×1 000

❶示卵圆细胞；❷示过渡性细胞；❸示肝细胞。

（二）干细胞巢-肝细胞演化系

　　肝干细胞巢多见于门管区（图2-62、图2-63），少数也可见于肝小叶内（图2-64）。干细胞巢细胞呈明显异质性，可见处于向肝细胞不同阶段演化的过渡性细胞（图2-65）。常规苏木素-伊红染色标本可观察到干细胞经过渡性细胞，演化形成肝细胞的演化序（图2-66～图2-68）。在Mallory 染色标本上可见门管区干细胞巢伴随分支深入小叶之间（2-69、图2-70），其间也见干细胞-过渡性细胞-肝细胞演化序（图2-71、图2-72），

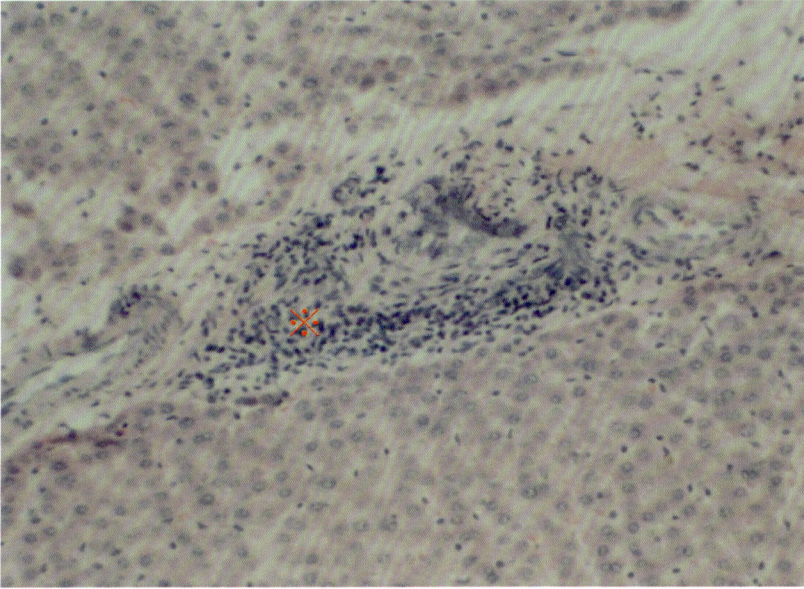

■ 图2-62　人肝干细胞巢（1）

苏木素-伊红染色　×100

※示门管区干细胞巢。

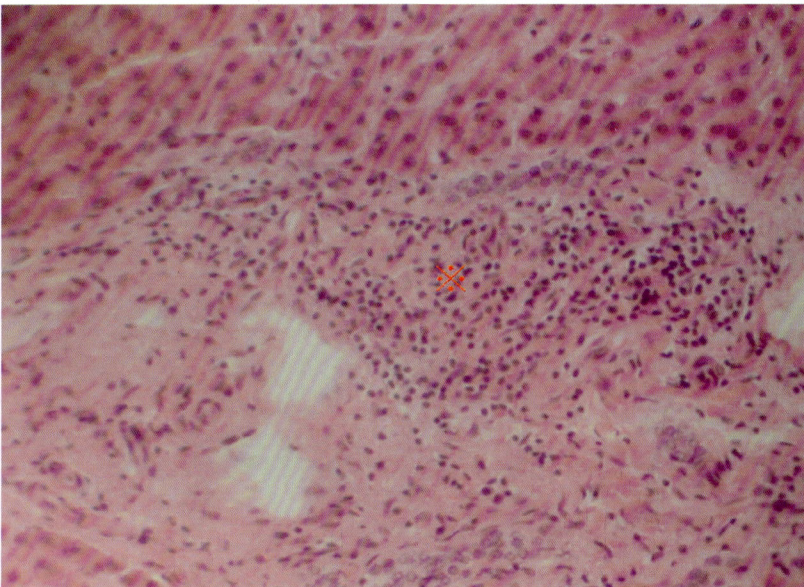

■ 图2-63　人肝干细胞巢（2）

苏木素-伊红染色　×100

※示门管区干细胞巢。

183

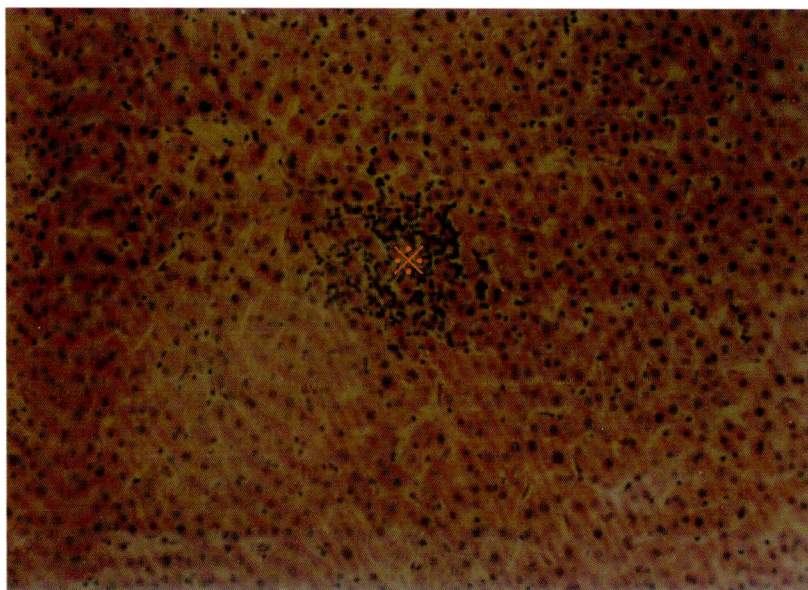

■ 图2-64　人肝干细胞巢（3）

苏木素–伊红染色　×100

※示肝小叶内干细胞巢。

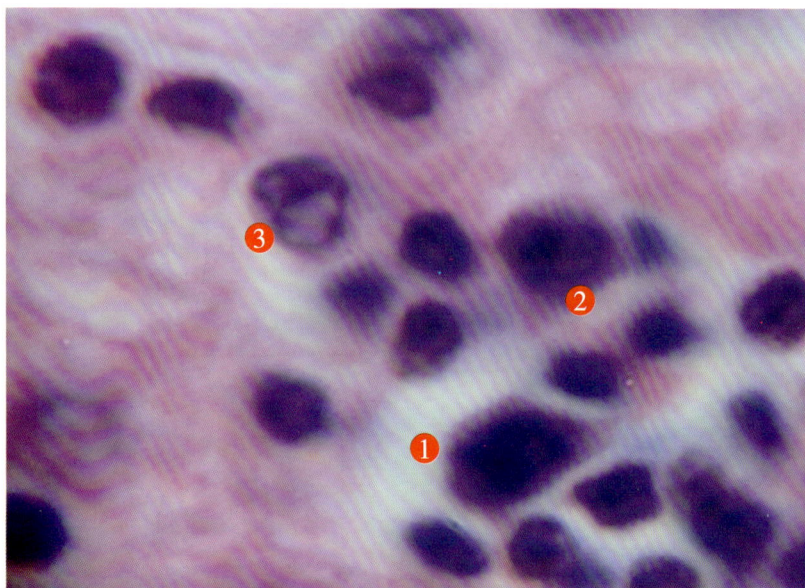

■ 图2-65　人肝干细胞巢–肝细胞演化（1）

苏木素–伊红染色　×1 000

❶、❷和❸示向肝细胞演化进程不同的干细胞巢细胞。

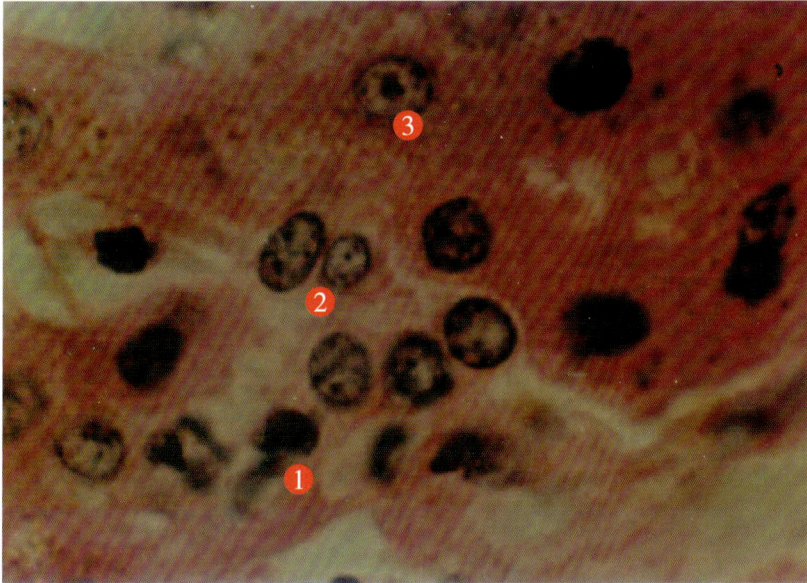

■ 图2-66　人肝干细胞巢-肝细胞演化（2）

苏木素-伊红染色　×1 000

❶示干细胞；❷示过渡性细胞；❸示肝细胞。

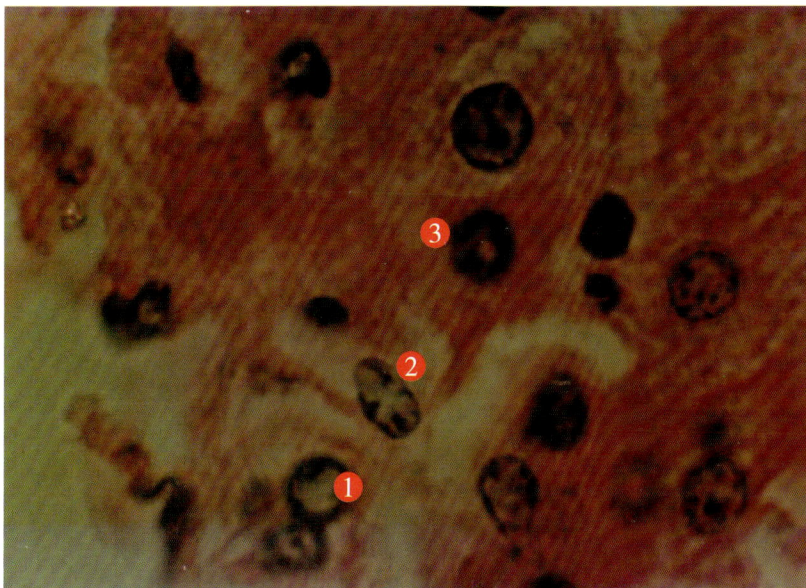

■ 图2-67　人肝干细胞巢-肝细胞演化（3）

苏木素-伊红染色　×1 000

❶示干细胞；❷示过渡性细胞；❸示肝细胞。

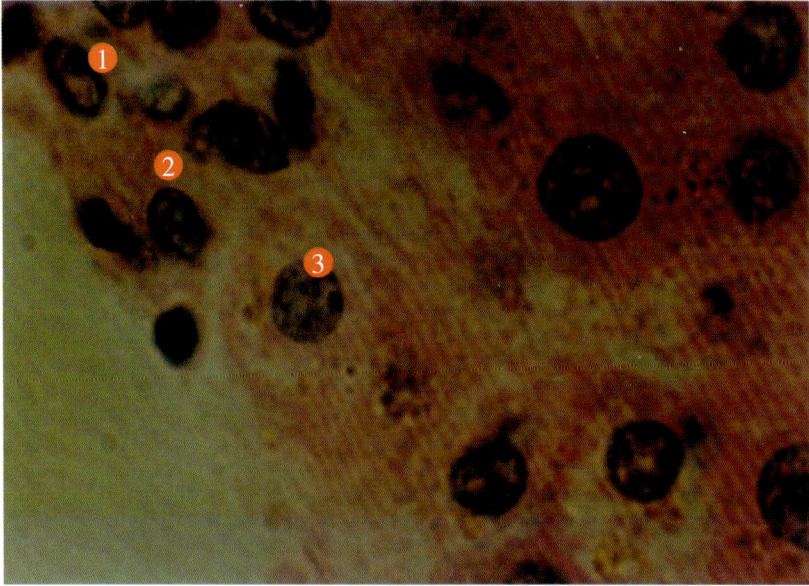

■ 图2-68　人肝干细胞巢-肝细胞演化（4）
苏木素-伊红染色　×1 000
❶示干细胞；❷示过渡性细胞；❸示肝细胞。

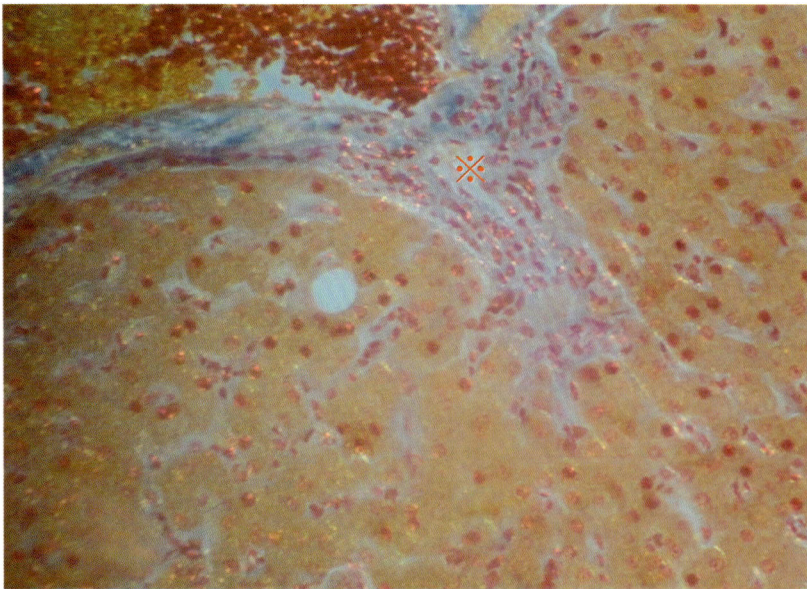

■ 图2-69　人肝干细胞巢-肝细胞演化（5）
Mallory染色　×100
※示门管区分支门管束中的干细胞巢。

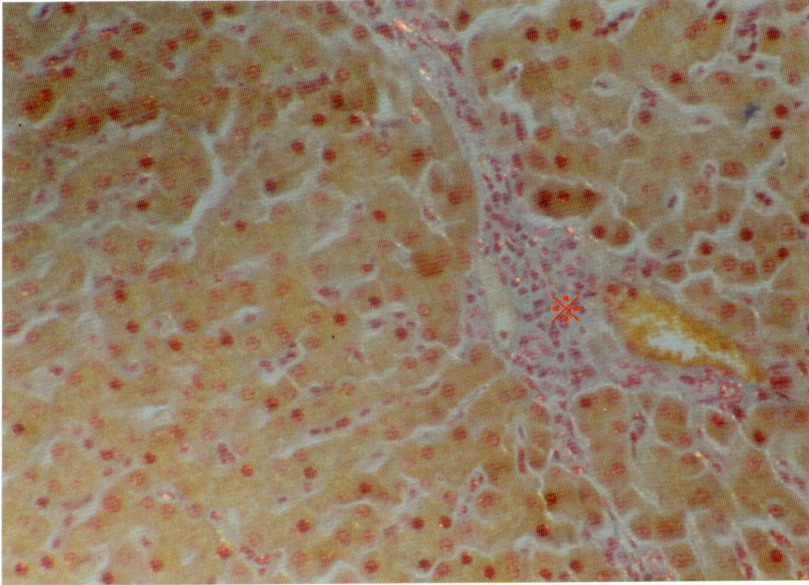

■ 图2-70　人肝干细胞巢-肝细胞演化（6）

Mallory染色　×100

※示门管区分支门管束中的干细胞巢。

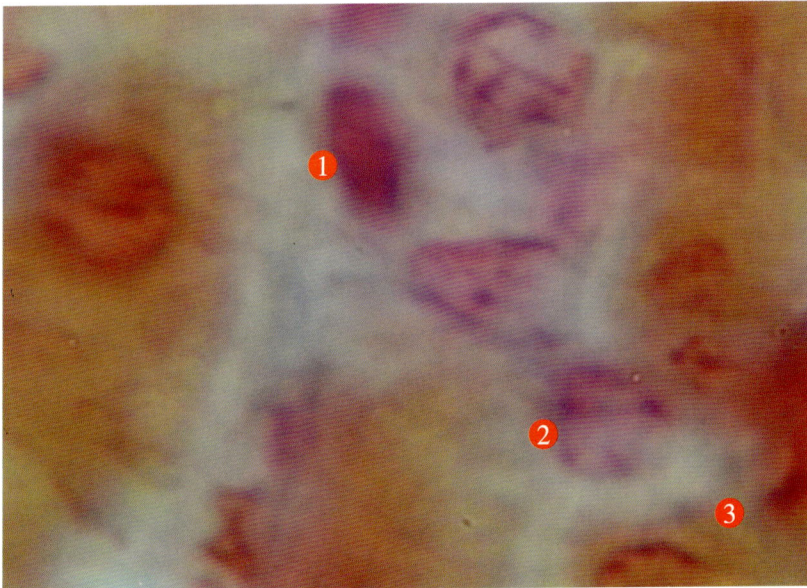

■ 图2-71　人肝干细胞巢-肝细胞演化（7）

Mallory染色　×1 000

❶示干细胞；❷示过渡性细胞；❸示肝细胞。

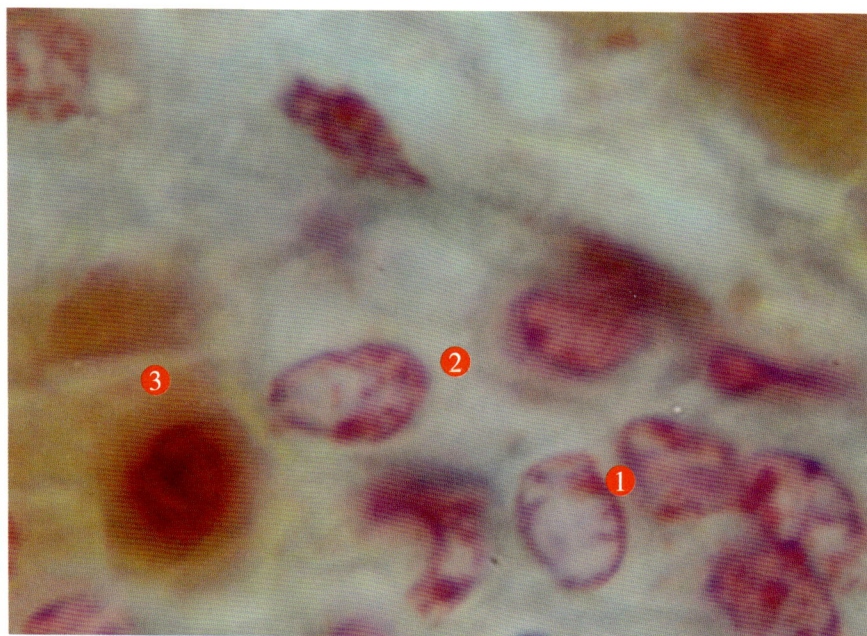

■ 图2-72 人肝干细胞巢-肝细胞演化（8）

Mallory染色 ×1 000

❶示干细胞；❷示过渡性细胞；❸示肝细胞。

（三）间质源干细胞-肝细胞演化系

门管区间质干细胞和肝被膜间质干细胞均可演化形成肝细胞。

1. 门管区间质干细胞-肝细胞演化 门管区可见由内向外间质干细胞-肝细胞演化序（图2-73），干细胞与肝细胞之间有一系列过渡性细胞（图2-74、图2-75）。

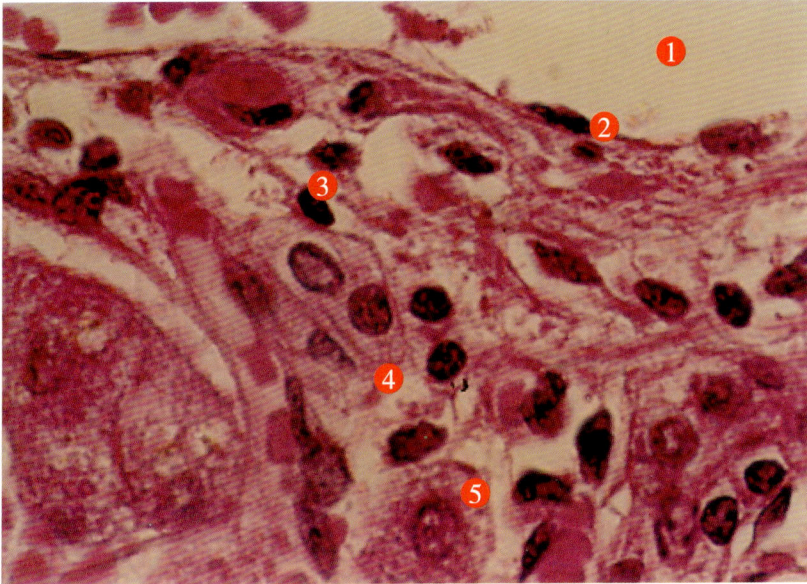

■ 图2-73　人门管区间质干细胞–肝细胞演化（1）

苏木素–伊红染色　×400

❶示门静脉分支；❷示内皮细胞；❸示间质干细胞；❹示过渡性细胞；❺肝细胞。

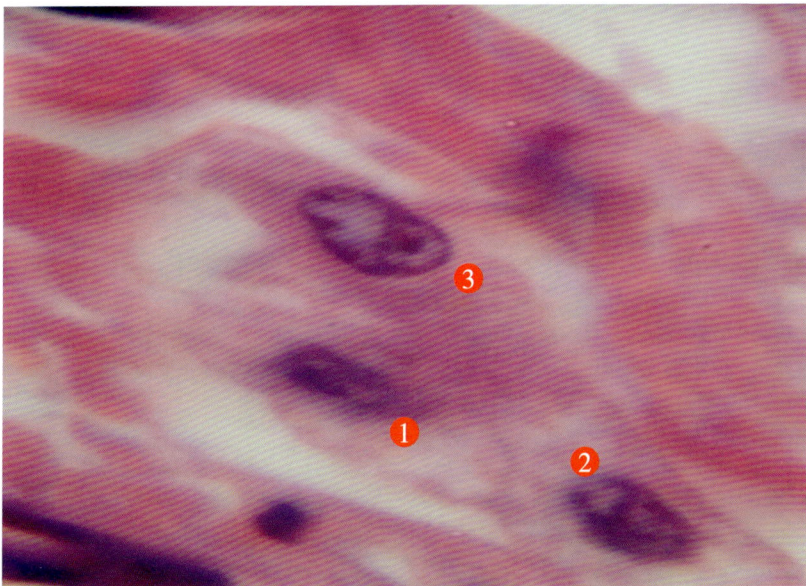

■ 图2-74　人门管区间质干细胞–肝细胞演化（2）

苏木素–伊红染色　×1 000

❶、❷和❸示间质干细胞与肝细胞之间的早期过渡性细胞。

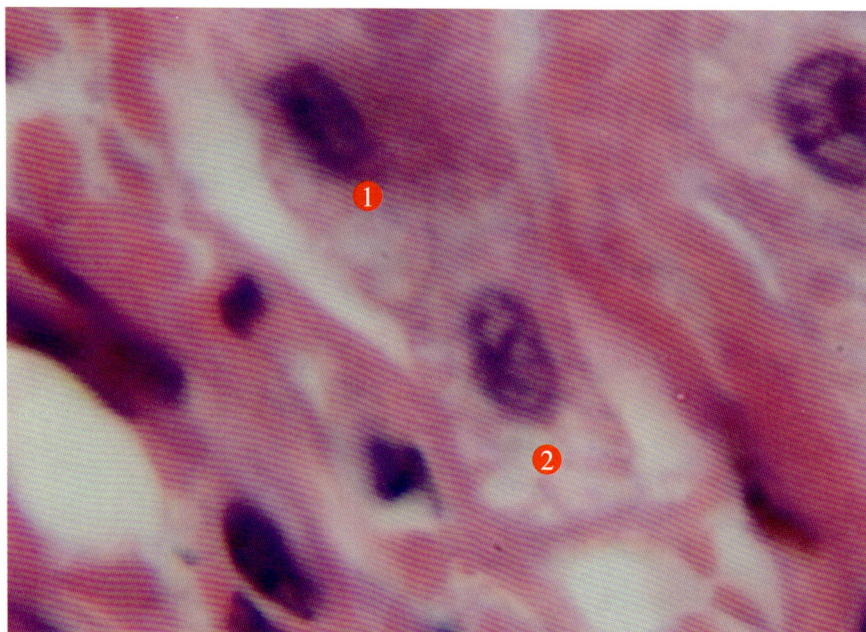

■ 图2-75　人门管区间质干细胞–肝细胞演化（3）
苏木素–伊红染色　×1 000
❶和❷示间质干细胞与肝细胞之间的晚期过渡性细胞。

　　2. 肝被膜间质干细胞–肝细胞演化　在肝被膜增生区可见静息被膜细胞–激发被膜细胞–间质源干细胞–过渡性细胞–幼稚肝细胞–成熟肝细胞的演化过程（图2-76），高分辨率显微镜下可观察到被膜间质干细胞激发，间质源干细胞经过渡性细胞演化形成肝细胞（图2-77、图2-78）。不时可见肝被膜间质向肝实质内延伸，随之带入大量间质源干细胞（图2-79），演化形成丰富的过渡性细胞克隆（图2-80），故有"肝窗"之谓。

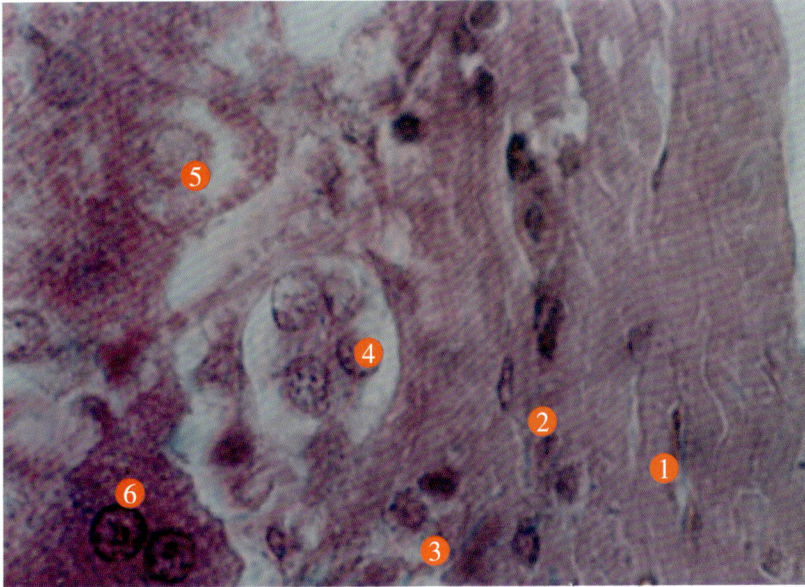

■ 图2-76　人肝被膜细胞-肝细胞演化（1）

苏木素-伊红染色　×400

❶示肝被膜静息层；❷示肝被膜激发层；❸示间质源干细胞；
❹示过渡性细胞克隆；❺示幼稚肝细胞；❻示成熟肝细胞。

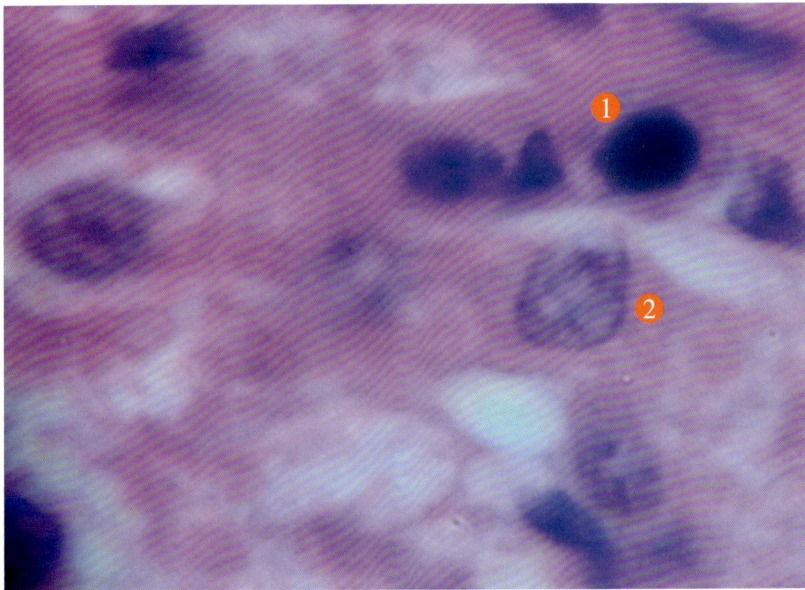

■ 图2-77　人肝被膜细胞-肝细胞演化（2）

苏木素-伊红染色　×1 000

❶示被膜间质源干细胞；❷示过渡性细胞。

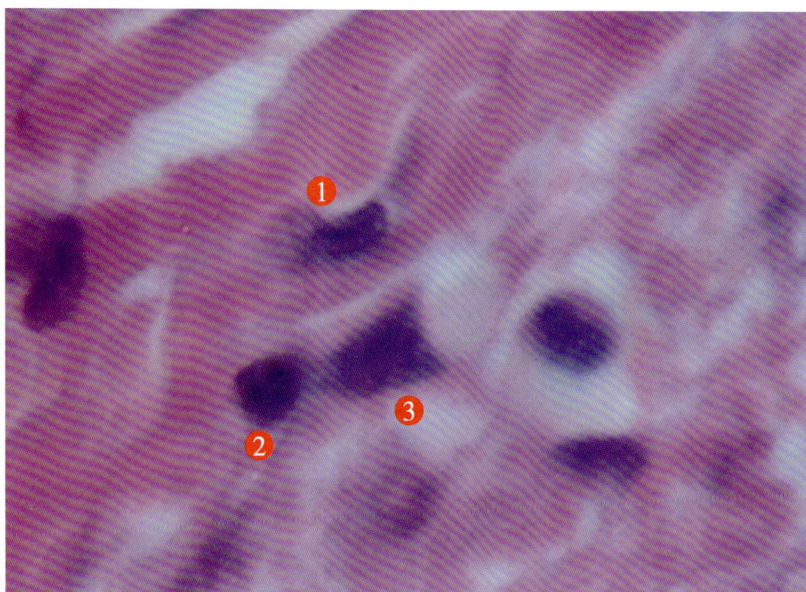

■ 图2-78 人肝被膜细胞-肝细胞演化（3）

苏木素-伊红染色 ×1 000

❶示激发间质细胞；❷示间质源干细胞；❸示过渡性细胞。

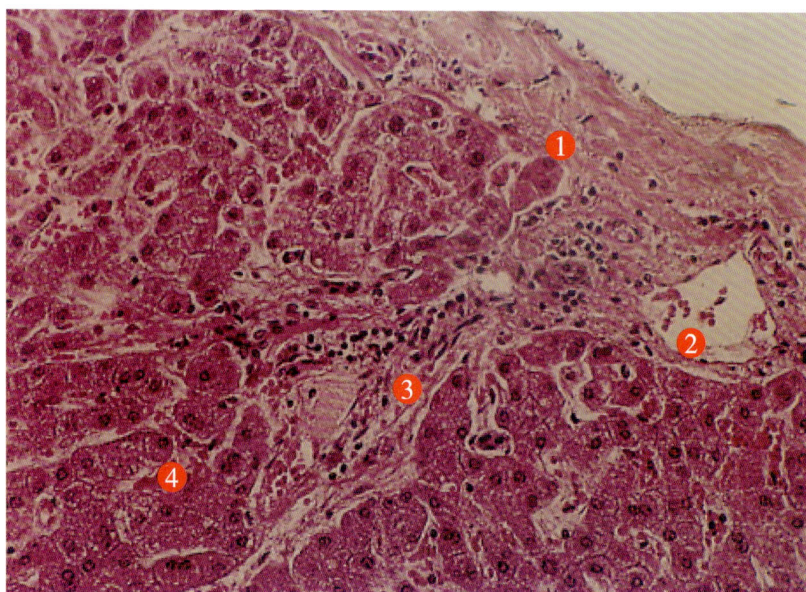

■ 图2-79 人肝被膜细胞-肝细胞演化（4）

苏木素-伊红染色 ×100

❶示肝被膜；❷示被膜血管；❸示被膜间质源干细胞流；❹示肝实质。

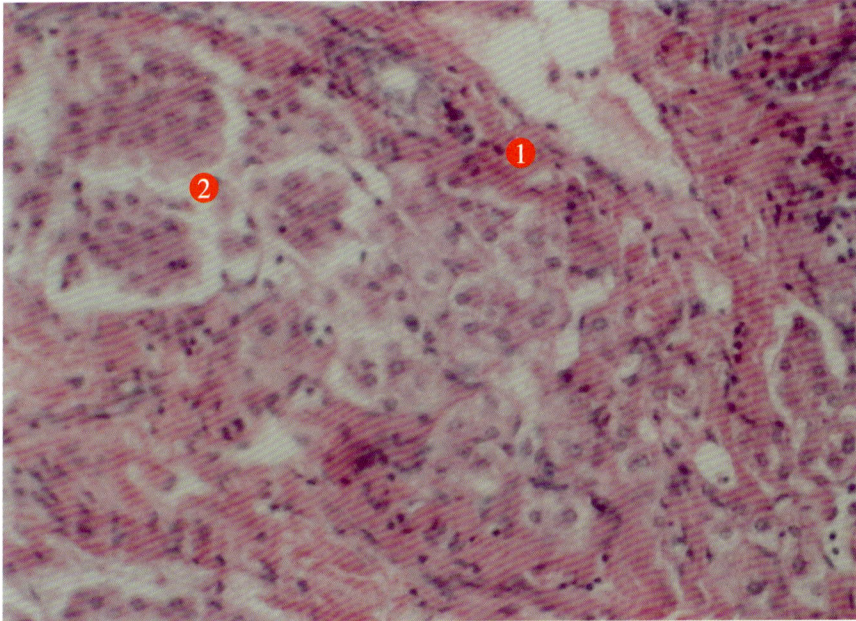

■ 图2-80　人肝被膜细胞-肝细胞演化（5）

苏木素-伊红染色　×200

❶示肝被膜向内延伸的间质束；❷示过渡性细胞克隆。

3．近肝被膜肝细胞退行性演化　被膜增生区只占肝被膜的少部分，大部分肝被膜是退化区（图2-81）。邻近肝被膜退化区或门管毗邻区的肝细胞除核固缩、核脱色等常见衰亡方式外，还可见肝细胞退行性演化过程（图2-82、图2-83）。

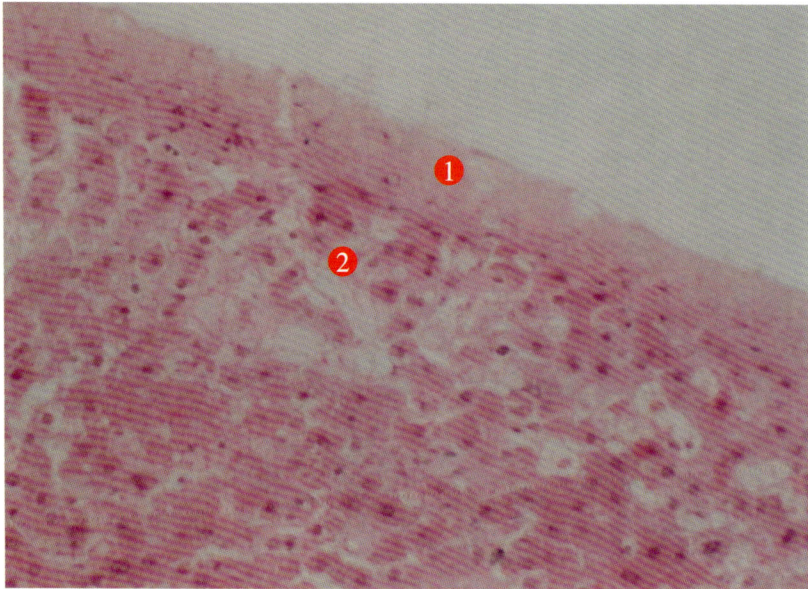

■ 图2-81　人肝被膜与肝细胞退行性演化（1）

苏木素–伊红染色　×100

❶示肝被膜；❷示肝细胞衰退区。

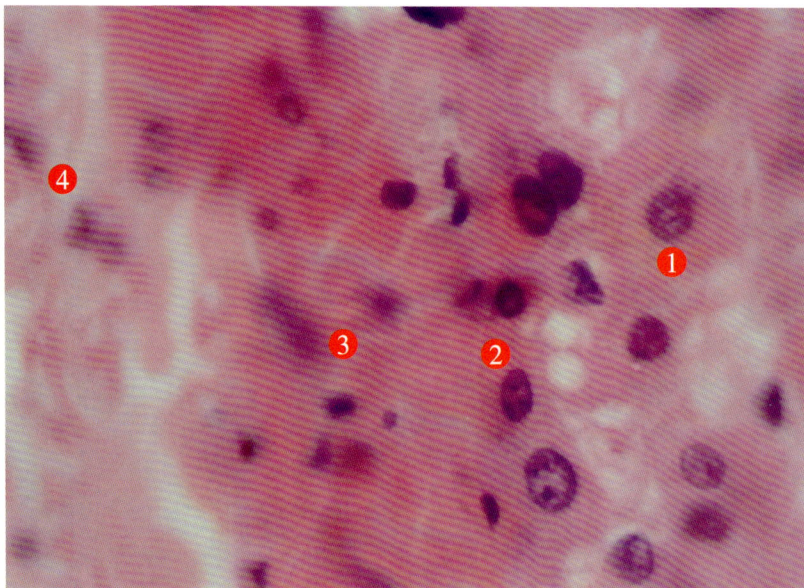

■ 图2-82　人肝被膜与肝细胞退行性演化（2）

苏木素–伊红染色　×400

❶示正常肝细胞；❷示衰退肝细胞；❸示过渡带；❹示肝被膜。

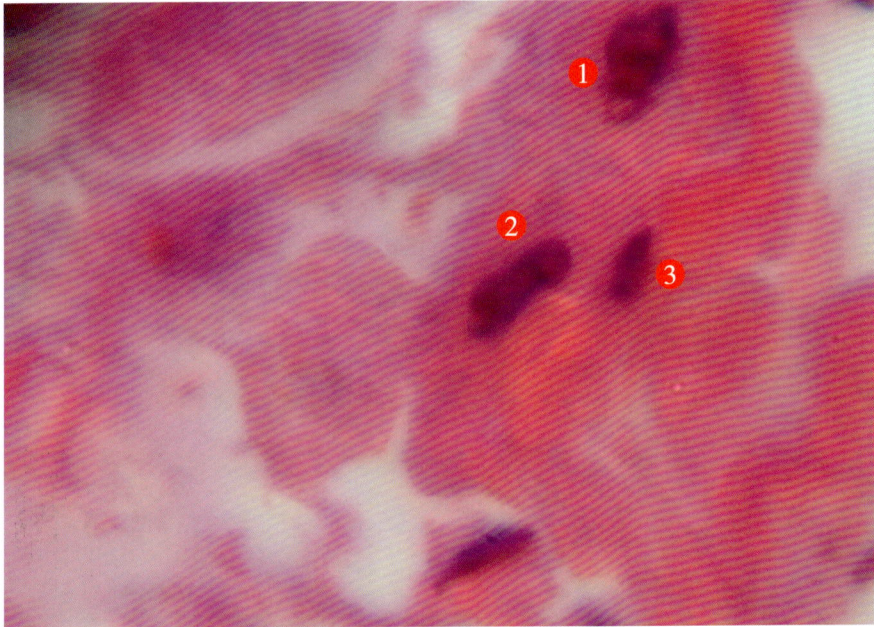

■ 图2-83　人肝被膜与肝细胞退行性演化（3）

苏木素－伊红染色　×1 000

❶示纤维肝细胞；❷示肝纤维细胞；❸示纤维细胞。

（四）血源干细胞－肝细胞演化系

血源干细胞存在于肝血窦内单个核血细胞群内，其形态多种多样（图2-84）。在 Mallory 染色标本上可观察到血源干细胞逐渐贴附肝板演化形成肝细胞（图2-85、图2-86），可见血源干细胞嵌入肝板干细胞之间（图2-87），也可见经过渡性细胞形成肝细胞的演化序（图2-88）。苏木素－伊红染色标本上也可见干细胞经过渡性细胞演化为肝细胞的演化序（图2-89），但较易发现过渡性细胞透明化（图2-90、图2-91）。

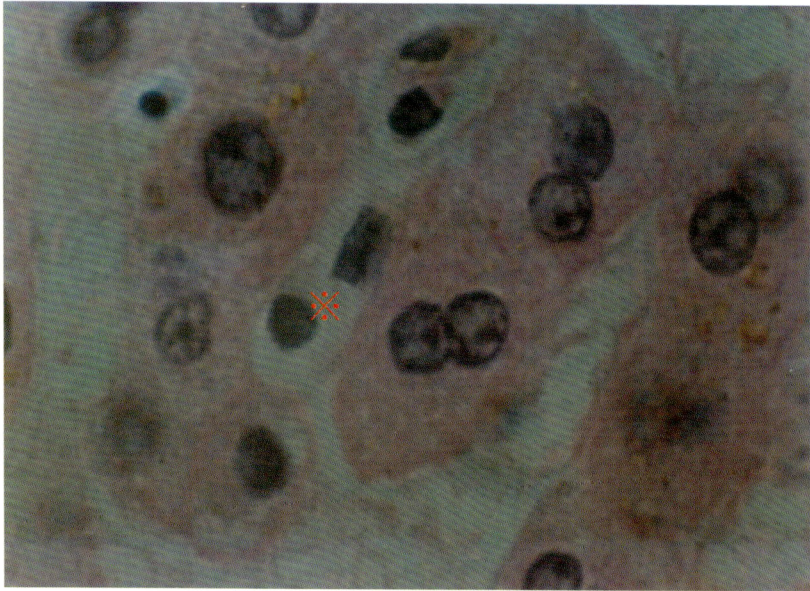

图2-84　人血源干细胞-肝细胞演化（1）
苏木素-伊红染色　×1 000
※示肝血窦内单个核血细胞多样性。

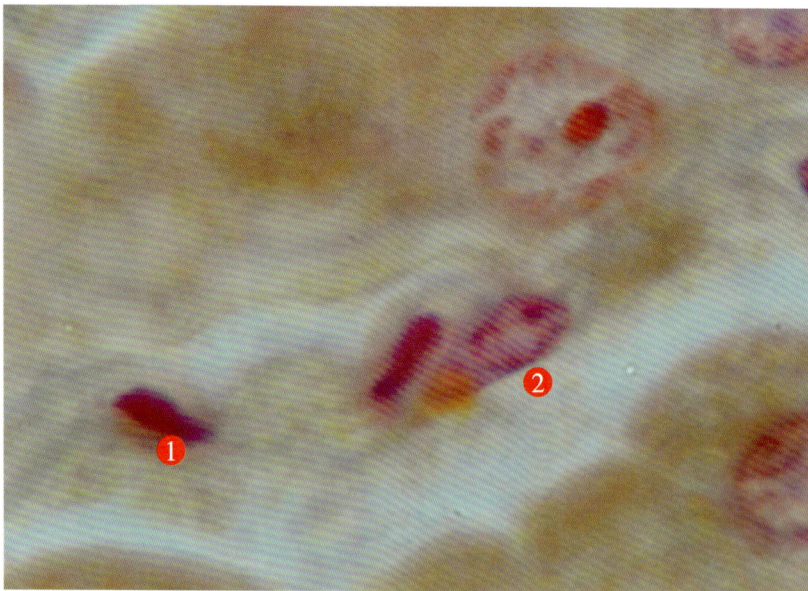

图2-85　人血源干细胞-肝细胞演化（2）
Mallory染色　×1 000
❶示血源干细胞；❷示血源干细胞演化早期。

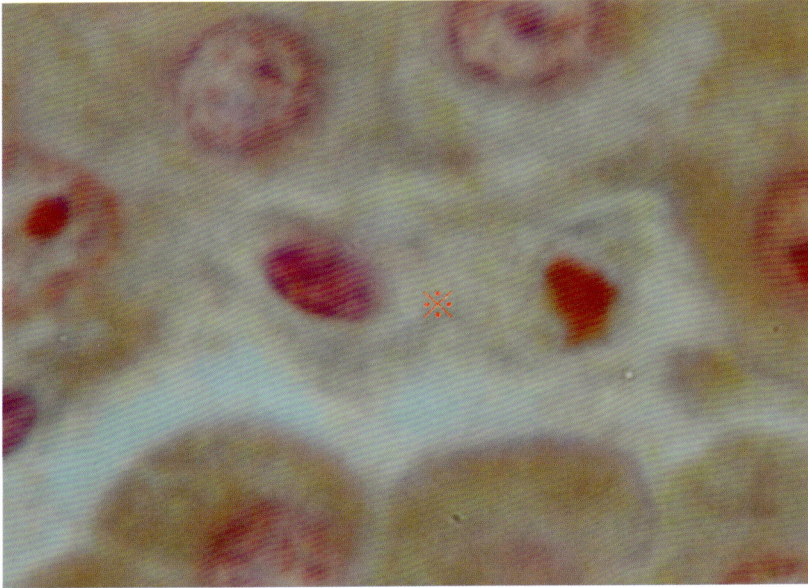

■ 图2-86　人血源干细胞-肝细胞演化（3）

Mallory染色　×1 000

※示血源干细胞演化晚期。

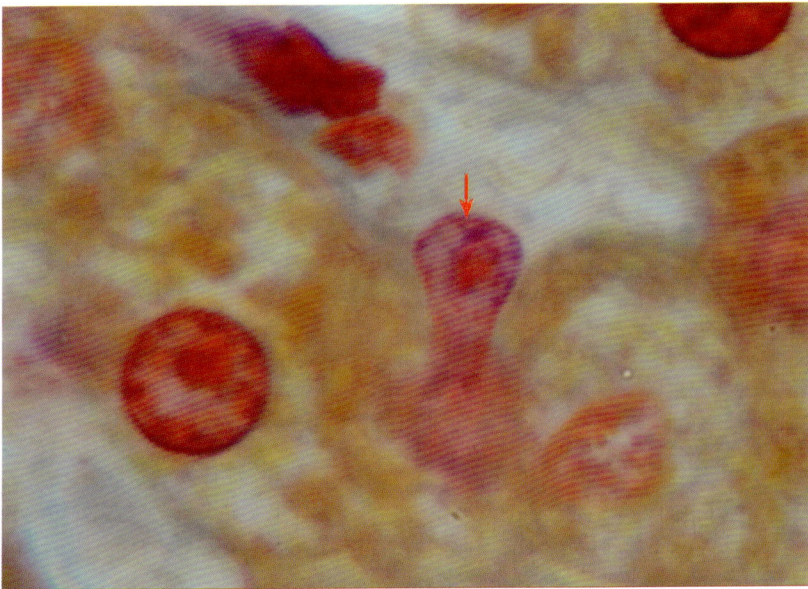

■ 图2-87　人血源干细胞-肝细胞演化（4）

Mallory染色　×1 000

↓示血源干细胞嵌入肝板。

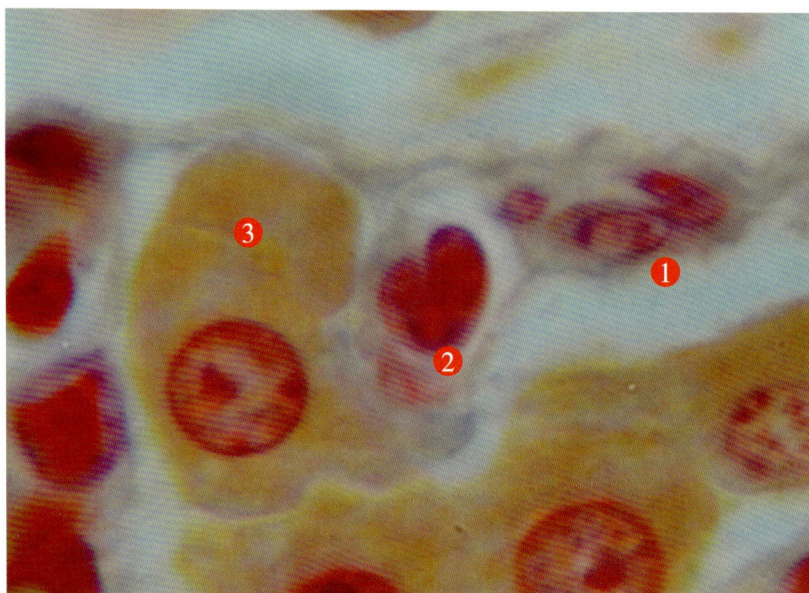

■ 图2-88 人血源干细胞–肝细胞演化（5）

Mallory染色 ×1 000

❶示演化早期干细胞；❷示过渡性细胞；❸示肝细胞。

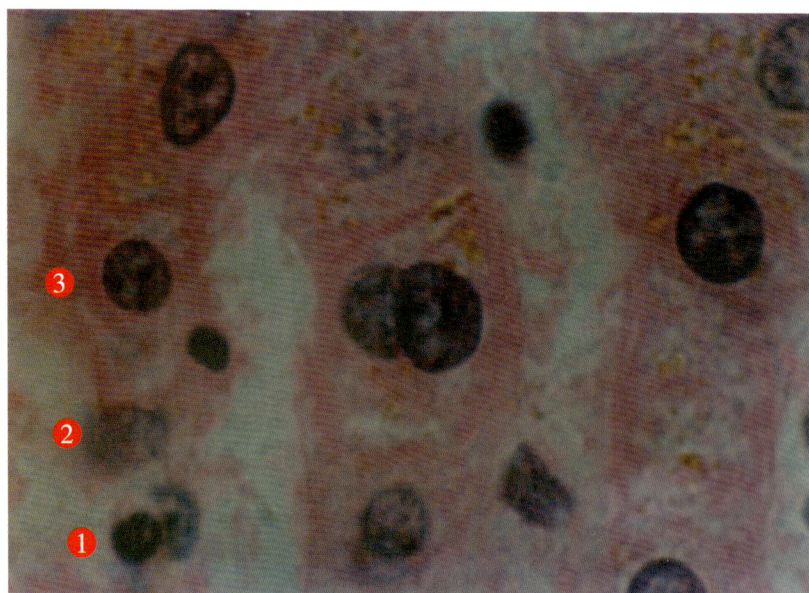

■ 图2-89 人血源干细胞–肝细胞演化（6）

苏木素–伊红染色 ×1 000

❶示演化早期干细胞；❷示过渡性细胞；❸示肝细胞。

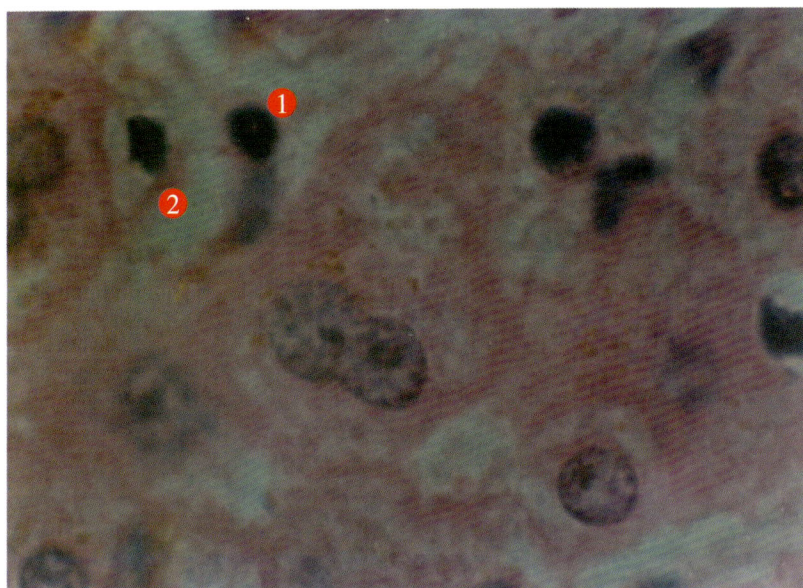

■ 图2-90　人血源干细胞-肝细胞演化（7）
苏木素-伊红染色　×1 000
❶示演化中的血源干细胞；❷示贴附细胞透明化。

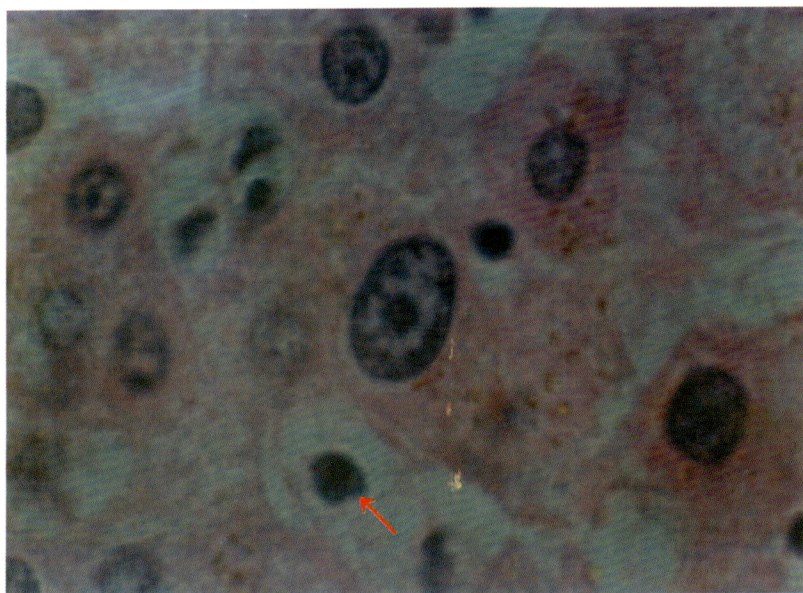

■ 图2-91　人血源干细胞-肝细胞演化（8）
苏木素-伊红染色　×1 000
↖示贴附细胞透明化。

（五）肝细胞其他演化途径

大量观察研究发现，肝细胞还有直接或间接的血管源、神经源等其他演化途径的线索。

1. 血管与肝细胞演化 血管腔内血源干细胞可穿越血管壁外迁，逐步演化形成肝细胞（图2-92、图2-93）。血管壁平滑肌细胞可经过渡性细胞演化形成肝细胞（图2-94），也可经间质细胞、过渡性细胞演化成为肝细胞（图2-95）。

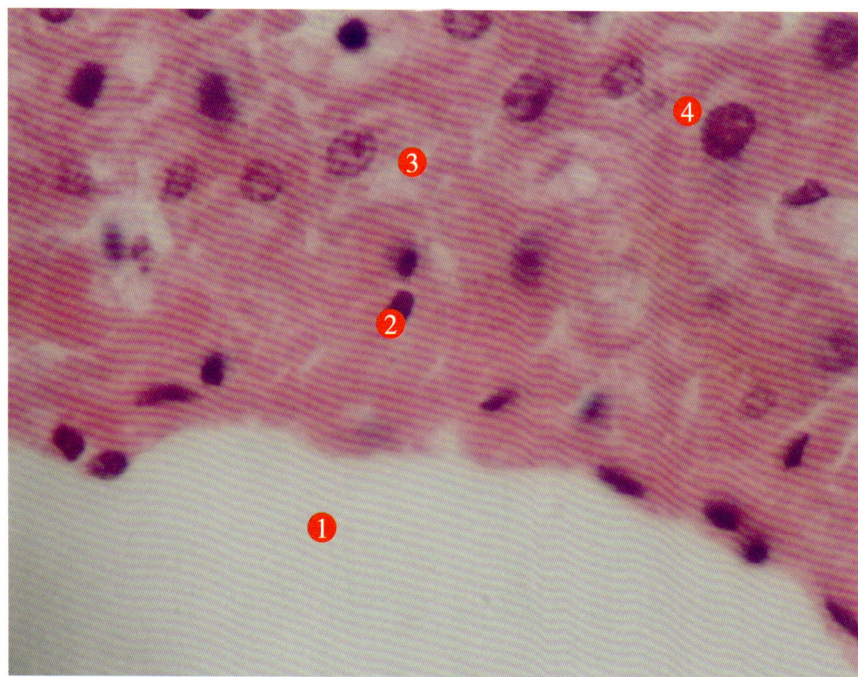

■ **图2-92 血管与人肝细胞演化（1）**
苏木素-伊红染色 ×400
❶示中央静脉；❷示外迁干细胞；❸示过渡性细胞；❹示肝细胞。

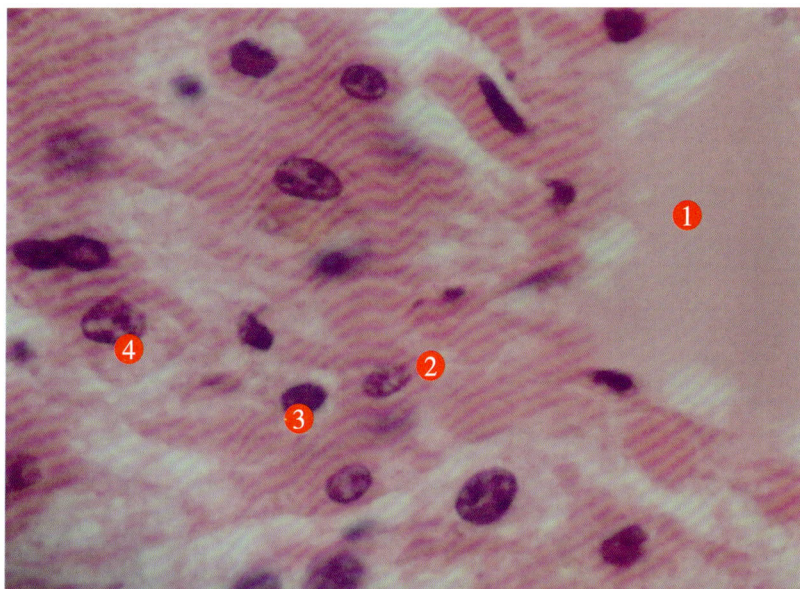

■ 图2-93 血管与人肝细胞演化（2）

苏木素–伊红染色 ×400

❶示中央静脉；❷示外迁干细胞；❸示过渡性细胞；❹示肝细胞。

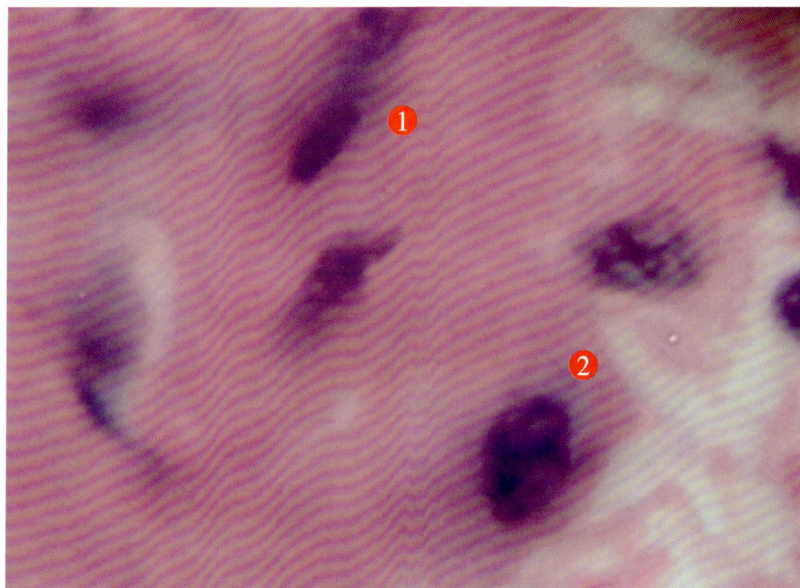

■ 图2-94 血管与人肝细胞演化（3）

苏木素–伊红染色 ×1 000

❶示血管壁平滑肌细胞；❷示向肝细胞演化的过渡性细胞。

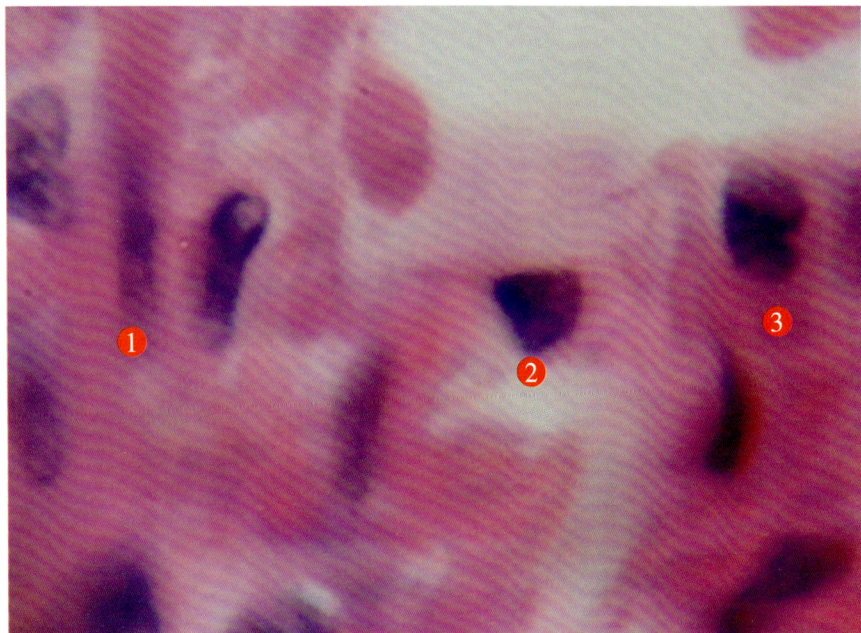

■ 图2-95　血管与人肝细胞演化（4）

苏木素-伊红染色　×1 000

❶示血管壁平滑肌细胞；❷示间质细胞；❸示向肝细胞演化的
过渡性细胞。

　　2. 神经束与肝细胞演化　门管区内可见小神经束（图2-96），一端
神经束细胞可直接演化形成肝细胞（图2-97），也可以整体嬗变方式演化
形成肝细胞小聚集区（图2-98、图2-99）。还可以周边诱导方式形成间质
细胞（图2-100、图2-101），再演化成肝干细胞。

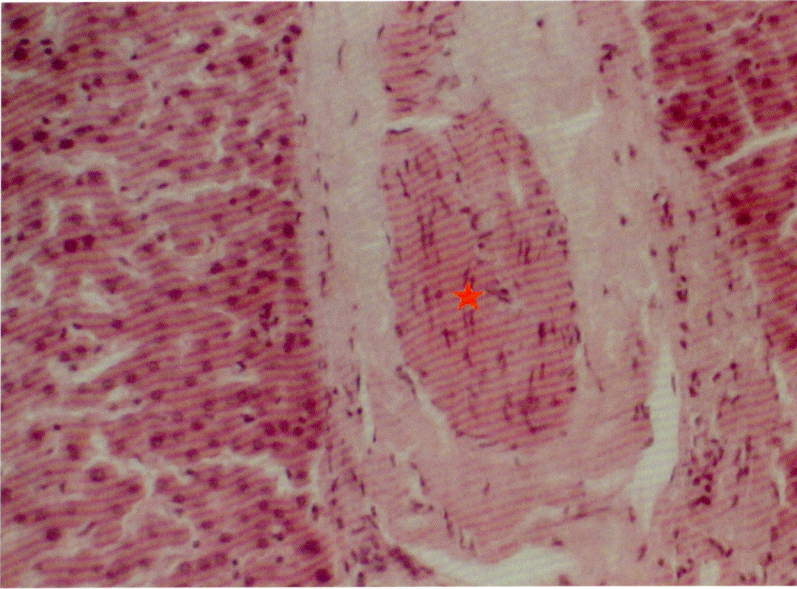

■ 图2-96　神经束与人肝细胞演化（1）
苏木素-伊红染色　×200
★示门管区内小神经束。

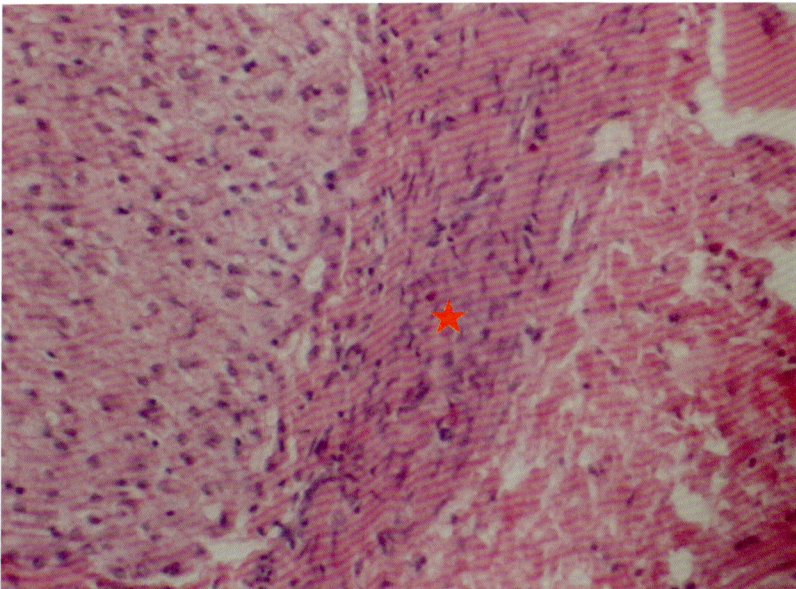

■ 图2-97　神经束与人肝细胞演化（2）
苏木素-伊红染色　×200
★示嬗变中的小神经束。

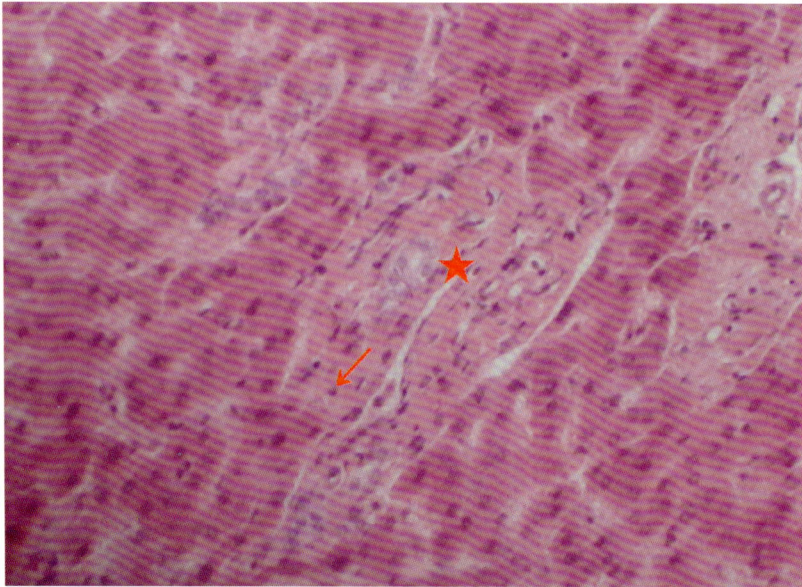

■ 图2-98　神经束与人肝细胞演化（3）

苏木素-伊红染色　×200

★示嬗变中的小神经束。↙示小神经束一端神经束细胞移行为肝细胞。

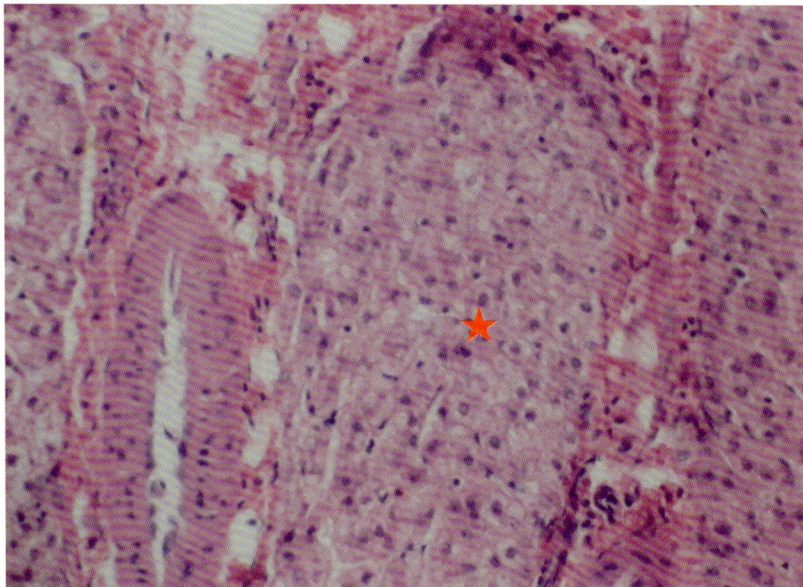

■ 图2-99　神经束与人肝细胞演化（4）

苏木素-伊红染色　×200

★示小神经束嬗变为肝细胞聚集区。

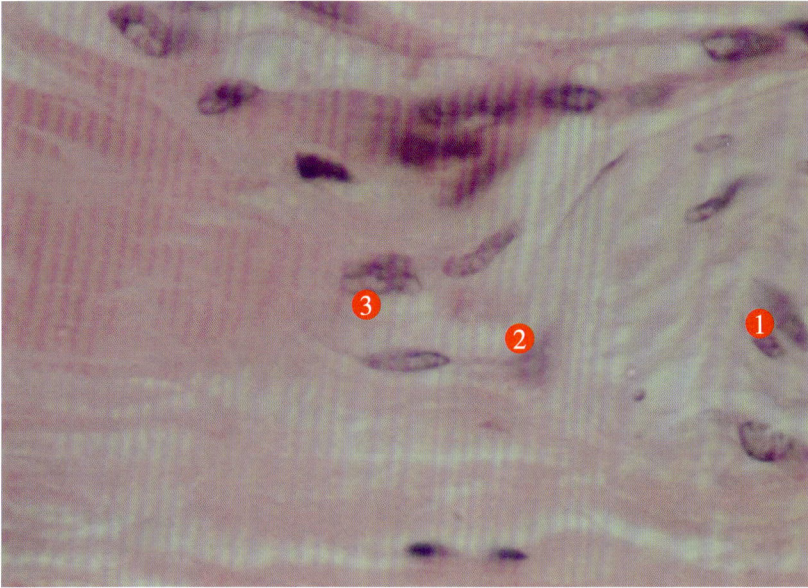

■ 图2-100　神经束与人肝细胞演化（5）
苏木素-伊红染色　×400
❶示神经束细胞；❷示过渡性细胞；❸示间质细胞。

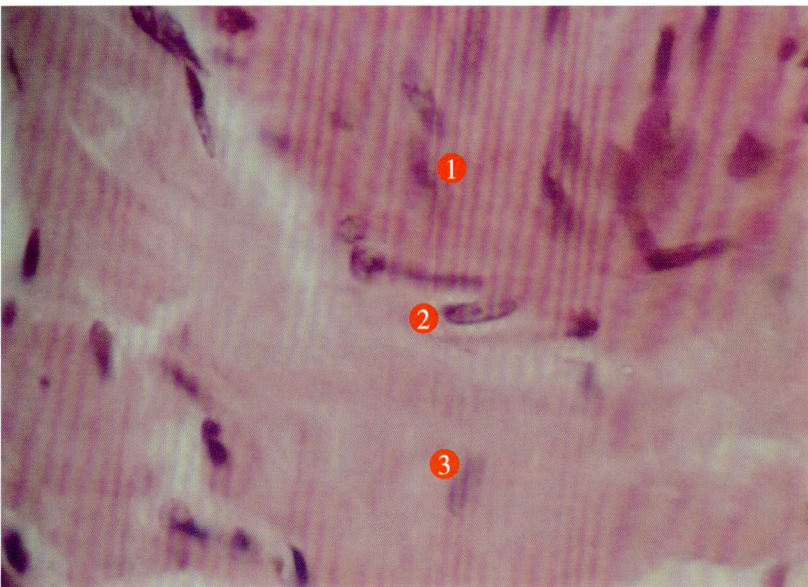

■ 图2-101　神经束与人肝细胞演化（6）
苏木素-伊红染色　×400
❶示神经束细胞；❷示过渡性细胞；❸示间质细胞。

小 结

　　肝细胞动力学是肝组织动力学的基础。在体肝细胞可有横隔式、侧凹型和"8"字型、核多裂等直接分裂方式。肝细胞不对称直接分裂可以使肝细胞群延长旺盛生命期。肝细胞除核固缩、核溶解与核碎裂等一般衰亡特征外，还有核空泡和核包含物等。肝细胞核色素包含物是脂褐素的真正来源。核内色素包含物可以集装和分散两种方式出核。众多或巨大核内色素包含物出核后破损，严重影响核的生存能力。

　　猪肝小叶周围有较完整的门管束包围，轮廓清晰，每个肝小叶就是一个肝内微组织场，中央静脉就是肝小叶的组织场中心。中央静脉可分为上游、中游、下游三段。下游中央静脉延续为小叶下静脉，原肝小叶常被多条裂隙分隔或被间质线分割，分割的肝组织形成新的肝小叶。人肝小叶周围门管束包围不完全，中央静脉乃是人肝小叶的自组织中心。肝小叶中央静脉源于胚胎卵黄静脉，其内皮穿凿于肝细胞密集区内，衬覆密集区细胞裂隙腔面，使之成为中央静脉的发源支。人肝小叶中央静脉流经上游、中游和下游段，移行为小叶下静脉，周围肝细胞形成界板，原属干细胞区块分别归流于邻近肝小叶，也可经连通血窦改成为相邻肝小叶的流域。肝干细胞有胆管源、干细胞巢源、间质源、血源和神经源等多种来源，卵圆细胞是胆管源和干细胞巢干细胞演化成为肝细胞的共同过渡性细胞。肝被膜增生区和肝门管区间质细胞均可演化形成肝细胞，邻近肝被膜退化区或门管毗邻区的肝细胞可见肝细胞退行性演化过程。多种来源干细胞演化形成肝细胞，可增强肝结构功能的适应性。

第二节　胰腺组织动力学

传统的静态组织学通常将胰腺分为外分泌部胰腺和内分泌部胰岛两部分。

一、胰腺结构动力学

（一）外分泌部胰腺结构动力学

主要描述胰卵圆细胞-胰腺细胞系演化过程、胰腺细胞直接分裂过程和胰腺细胞衰亡过程。

1. 胰卵圆细胞-胰腺细胞演化系　外分泌部胰腺来源于胰卵圆细胞，外分泌部胰腺结构动力学的主要内容就是胰卵圆细胞-胰腺细胞演化过程。起源于终末胰管的胰卵圆细胞有较强的迁移能力（图2-102），并可经过渡性细胞演化形成胰腺细胞（图2-103～图2-107），深入胰腺泡内的卵圆细胞可演化形成泡心细胞及闰管（图2-108）。

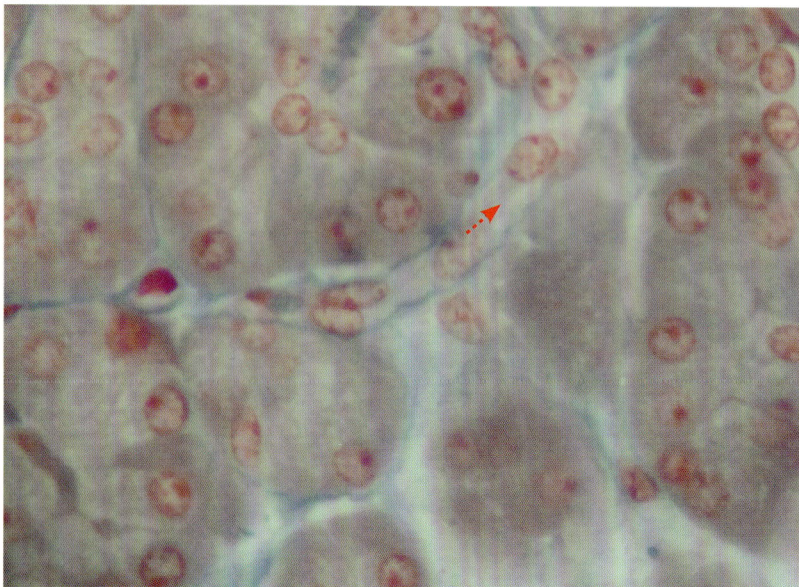

■ 图2-102　人胰卵圆细胞-胰腺细胞演化（1）

Masson染色　×400

↗ 示卵圆细胞流。

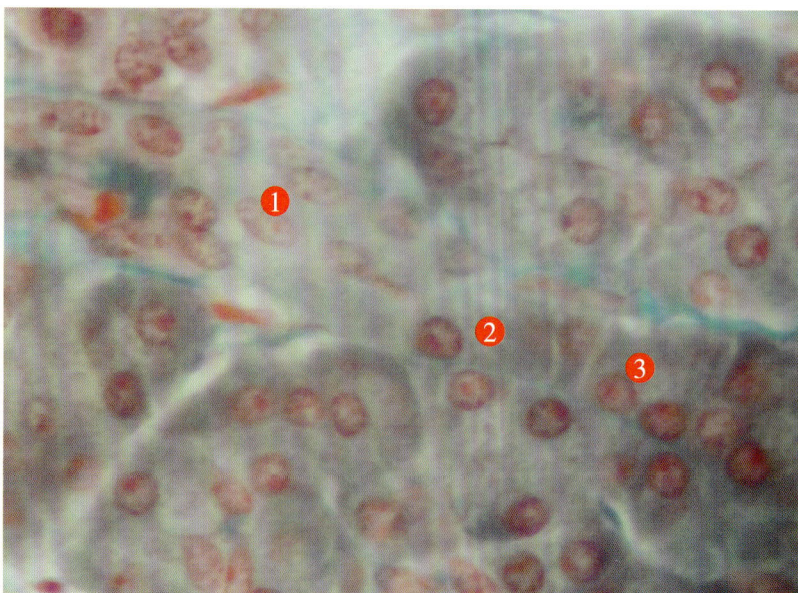

■ 图2-103　人胰卵圆细胞-胰腺细胞演化（2）

Masson染色　×400

❶示卵圆细胞流；❷示过渡性细胞；❸示胰腺细胞。

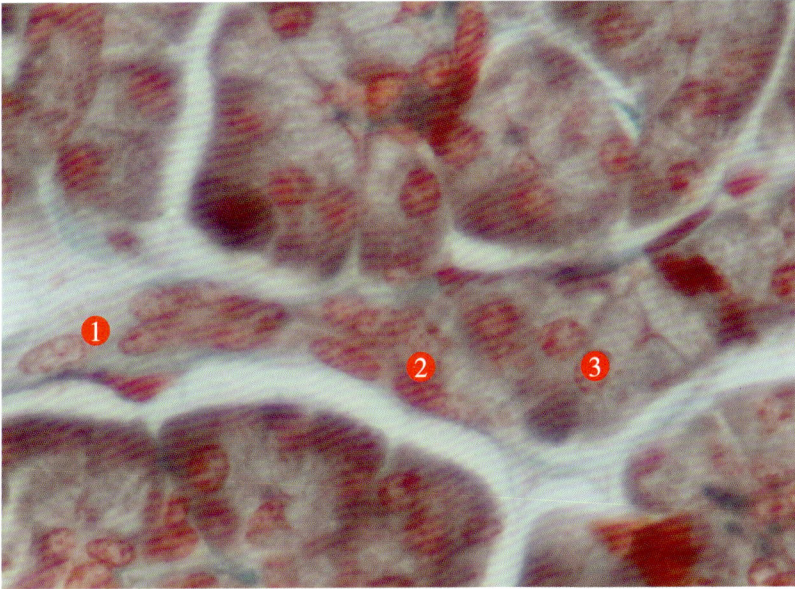

■ 图2-104　人胰卵圆细胞-胰腺细胞演化（3）

Masson染色　×400

❶示卵圆细胞；❷示过渡性细胞；❸示胰腺细胞。

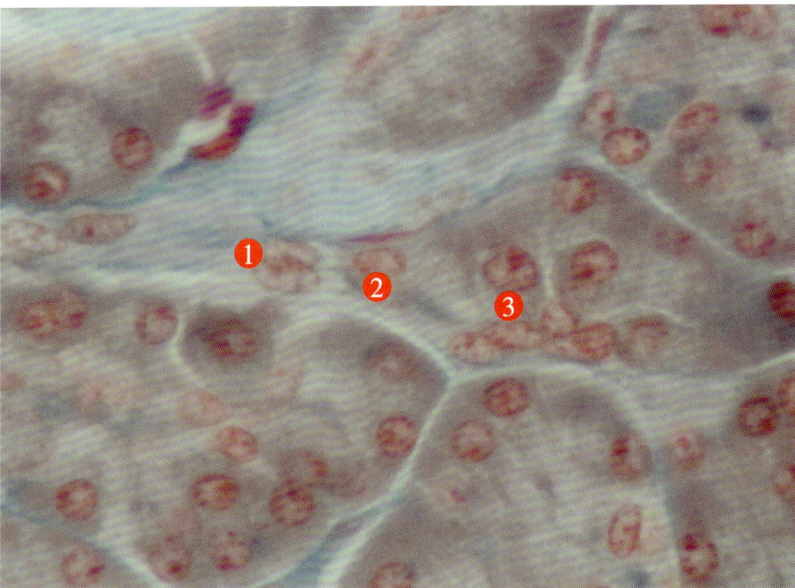

■ 图2-105　人胰卵圆细胞-胰腺细胞演化（4）

Masson染色　×400

❶示卵圆细胞；❷示过渡性细胞；❸示胰腺细胞。

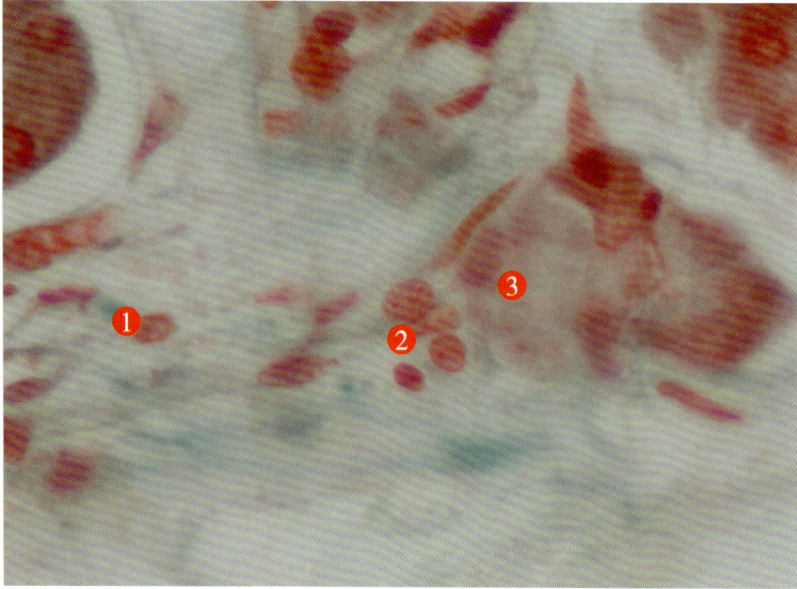

■ 图2-106　人胰卵圆细胞–胰腺细胞演化（5）
Masson染色　×400
❶示卵圆细胞；❷示过渡性细胞；❸示胰腺细胞。

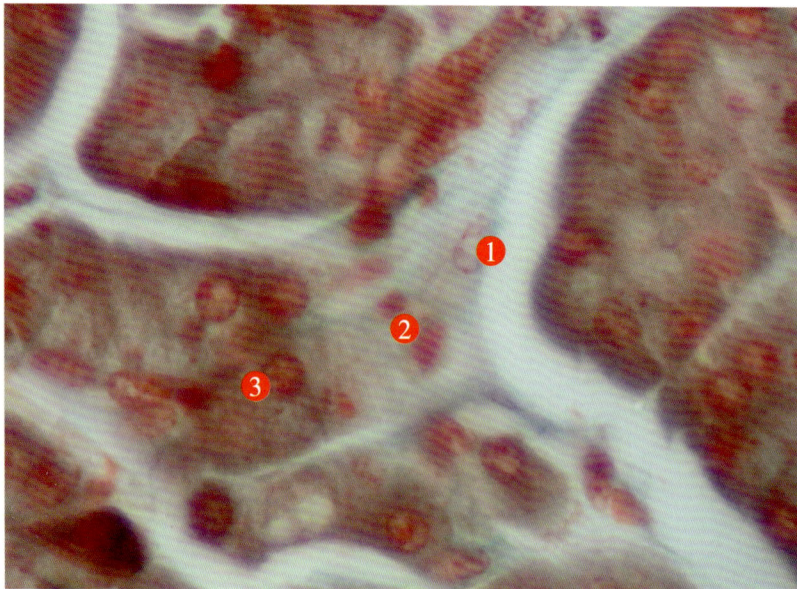

■ 图2-107　人胰卵圆细胞–胰腺细胞演化（6）
Masson染色　×400
❶示卵圆细胞；❷示过渡性细胞；❸示胰腺细胞。

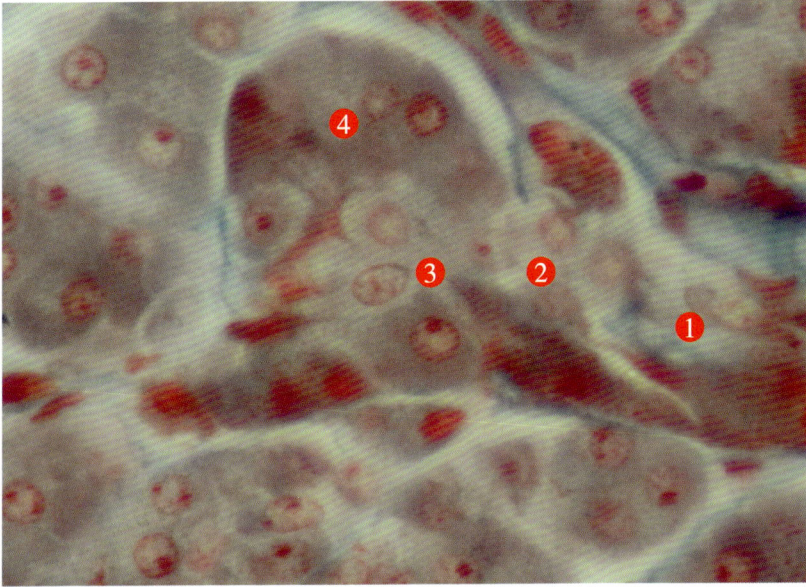

■ 图2-108　人胰卵圆细胞-胰腺细胞演化（7）

Masson染色　×400

❶示卵圆细胞；❷示过渡性细胞；❸示泡心细胞；❹示胰腺细胞。

2. 胰腺细胞直接分裂　胰腺细胞的直接分裂指数比肝细胞低得多，这可能与胰腺干细胞在人体细胞演化树中位阶较高和细胞分裂时程较短有关，但仍可见胰腺细胞横隔式直接分裂象（图2-109～图2-112）。

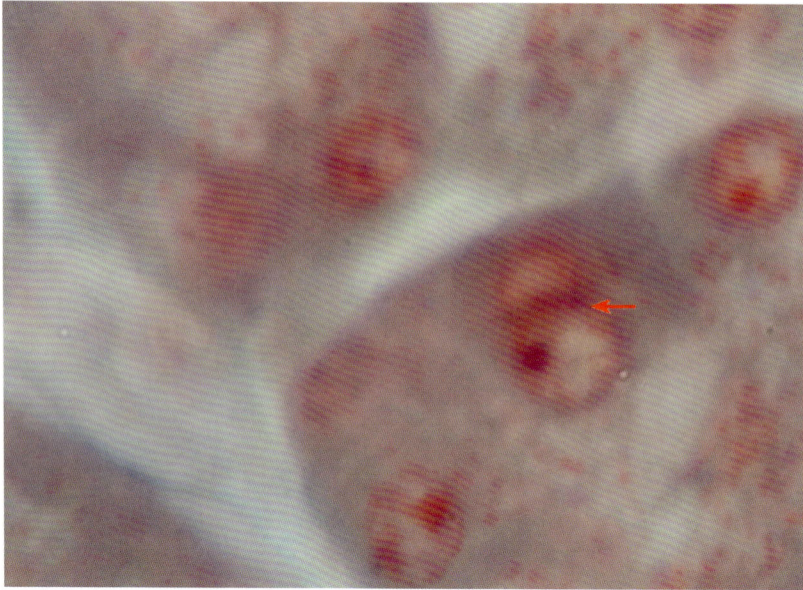

■ **图2-109 人胰腺细胞直接分裂（1）**

Masson染色 ×1 000

← 示胰腺细胞横隔式直接分裂。

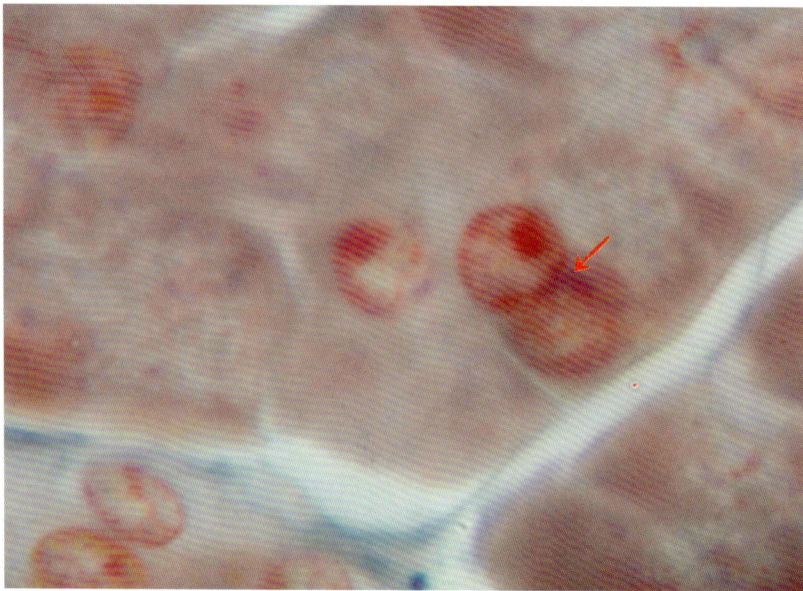

■ **图2-110 人胰腺细胞直接分裂（2）**

Masson染色 ×1 000

↙ 示胰腺细胞横隔式直接分裂。

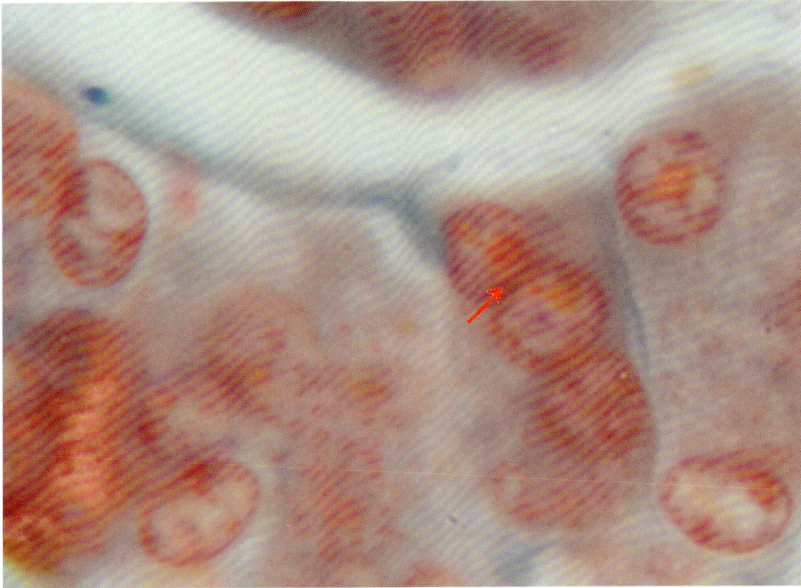

■ 图2-111　人胰腺细胞直接分裂（3）

Masson染色　×1 000

↗ 示胰腺细胞横隔式直接分裂。

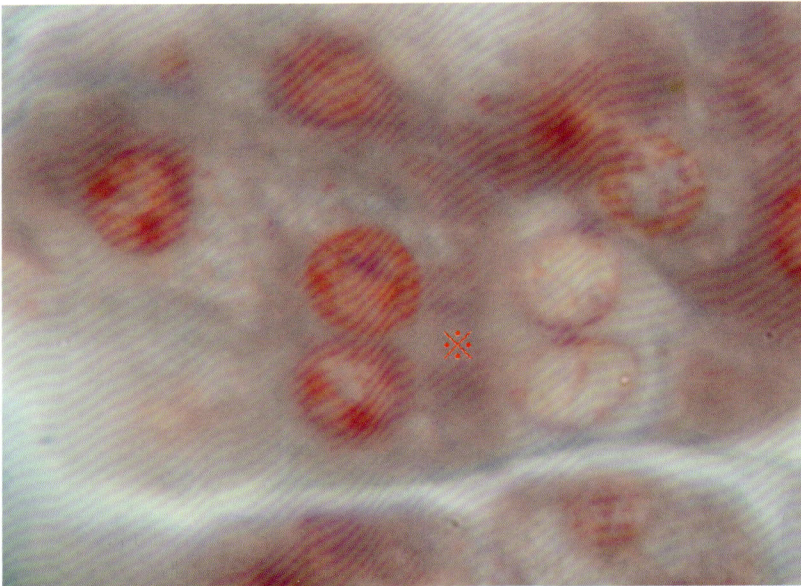

■ 图2-112　人胰腺细胞直接分裂（4）

Masson染色　×1 000

※示其左右两个双核胰腺细胞。

3. 胰腺细胞衰亡　胰腺细胞衰亡首先表现为胰腺泡部分胰腺细胞核及胞质脱色（图2-113、图2-114），而后波及整个腺泡（图2-115），严重衰亡腺泡的全部胰腺细胞失去细胞核（图2-116），最后细胞溶解，湮没于间质之中（图2-117、图2-118）。

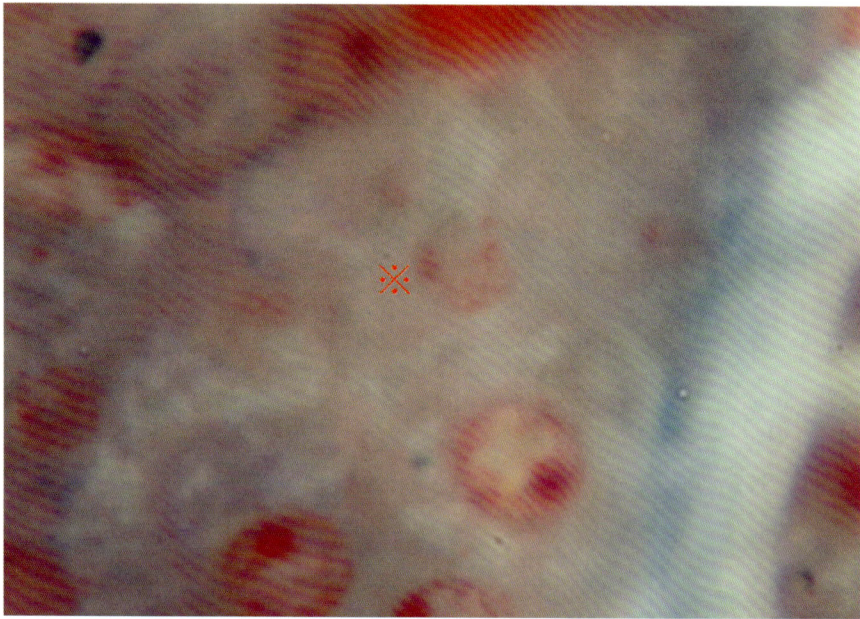

■ 图2-113　人胰腺细胞衰亡（1）

Masson染色　×1 000

※示部分胰腺细胞核及胞质脱色。

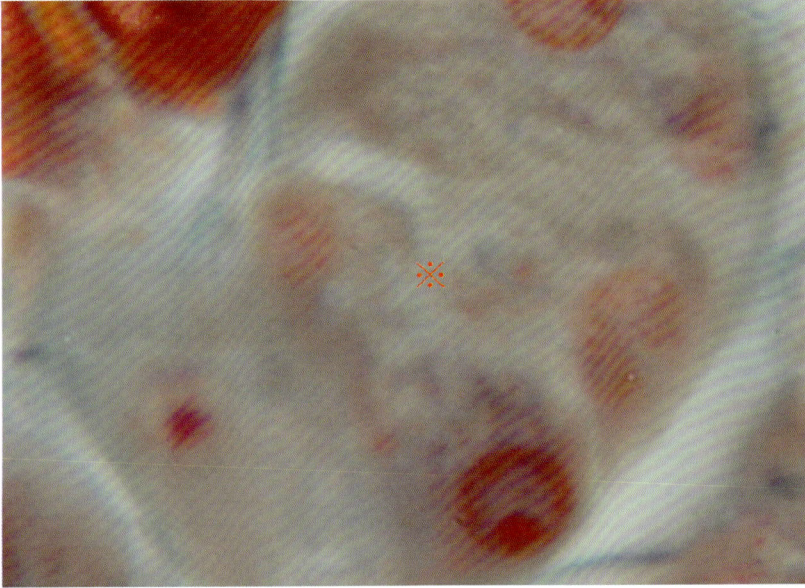

■ 图2-114　人胰腺细胞衰亡（2）

Masson染色　×1 000

※示部分胰腺细胞核及胞质脱色。

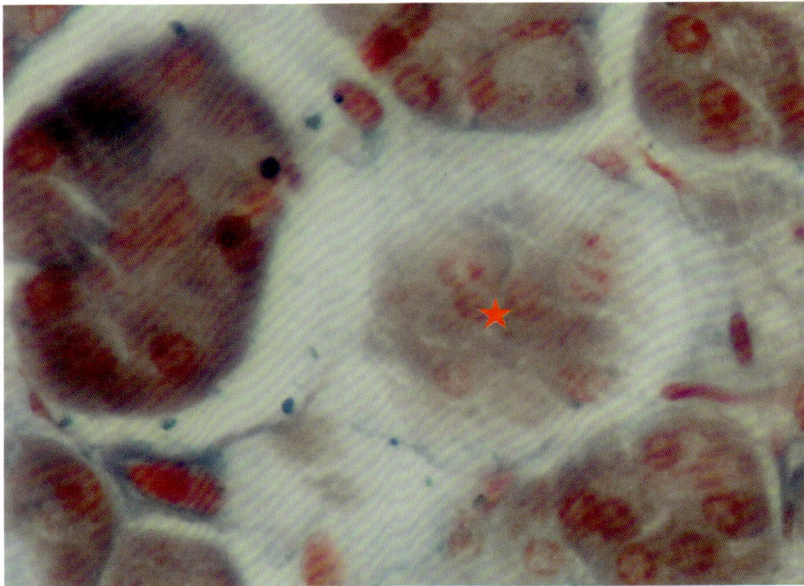

■ 图2-115　人胰腺细胞衰亡（3）

Masson染色　×400

★示腺泡大部分胰腺细胞核及胞质脱色。

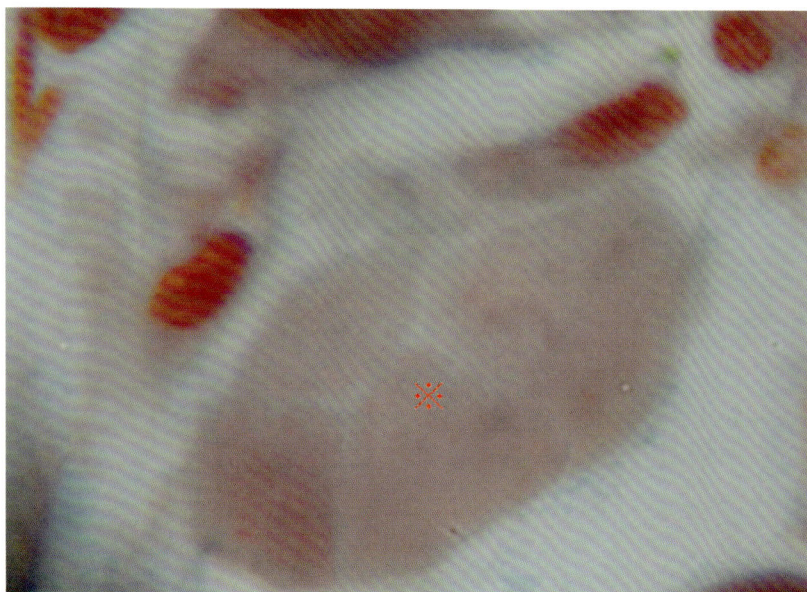

■ 图2-116　人胰腺细胞衰亡（4）

Masson染色　×1 000

※示腺泡全部胰腺细胞失核、胞质脱色。

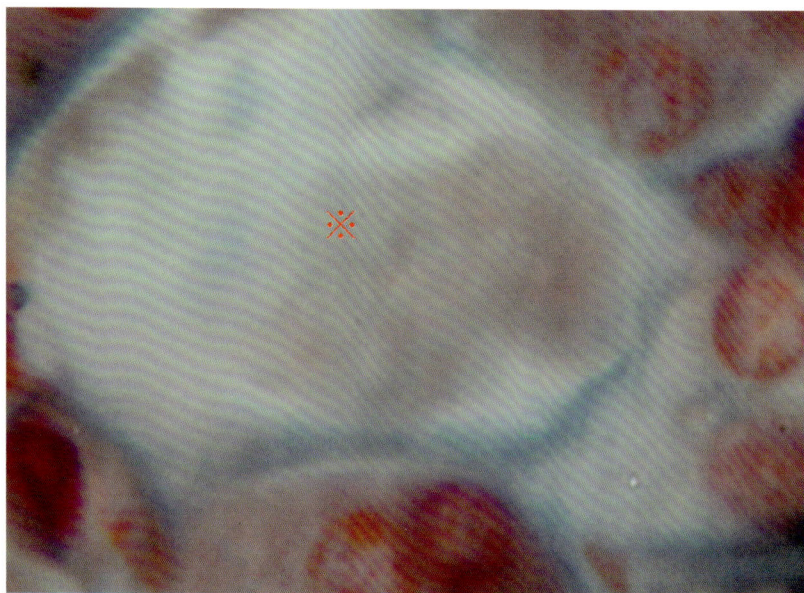

■ 图2-117　人胰腺细胞衰亡（5）

Masson染色　×1 000

※示腺泡大部胰腺细胞溶解。

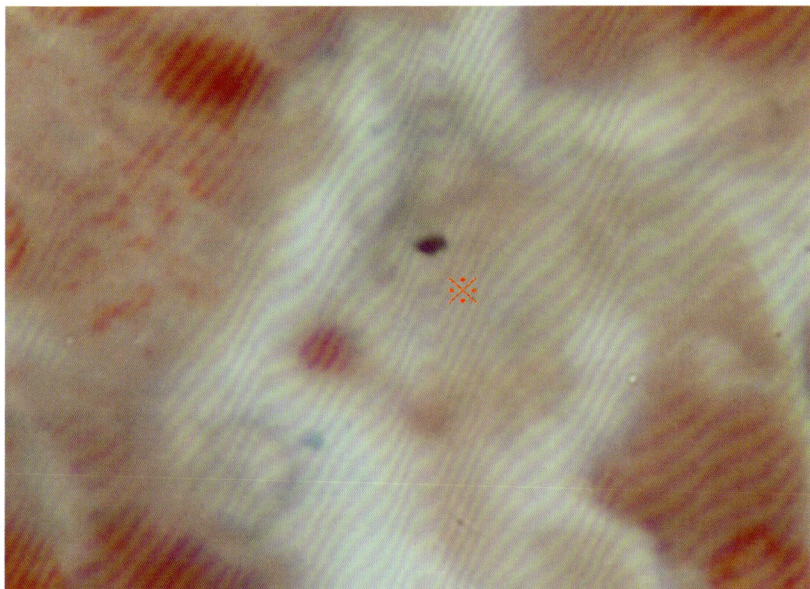

■ 图2-118　人胰腺细胞衰亡（6）

Masson染色　×1 000

※示胰腺细胞残体湮没于间质中。

（二）内部胰岛结构动力学

传统静态组织学将胰岛作为独立的内分泌结构，而大量组织动力学研究发现胰岛是胰腺细胞演化系中的一种过渡性结构。这里胰岛结构动力学主要涉及胰岛以周边蚕食、中心开花、间质分割及整体嬗变等方式演化形成胰腺细胞的过程。

1. 胰岛周边蚕食式演化　只有少数胰岛周围有弹性纤维环绕（图2-119），多数胰岛与部分周围外分泌组织并无明显分界（图2-120）。周边胰岛细胞受邻近外分泌部的诱导逐渐被蚕食而胰腺细胞化（图2-121），在胰岛细胞与胰腺细胞之间可见明显的过渡性细胞（图2-122、图2-123），胰腺化细胞群可演化形成胰腺腺泡结构（图2-124、图2-125）。这一过程逐步波及越来越多的胰岛细胞（图2-126、图2-127），直至该胰岛几乎完全胰腺化（图2-128）。有时也会发现胰岛周边胰岛细胞几乎同步胰腺细胞化而形成雏形腺泡，中部大量胰岛细胞成为泡心细胞（图2-129）。

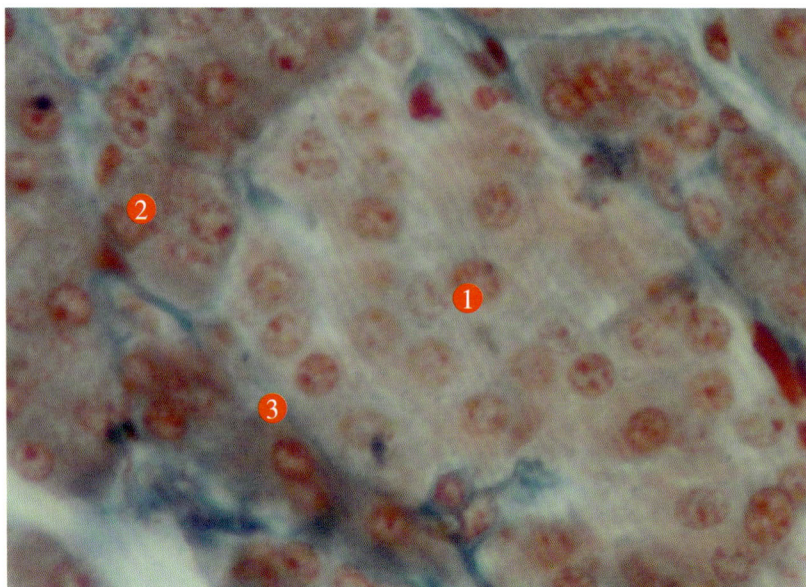

■ 图2-119　人胰岛（1）
Masson染色　×400
❶示胰岛；❷示胰腺外分泌部；❸示网状纤维。

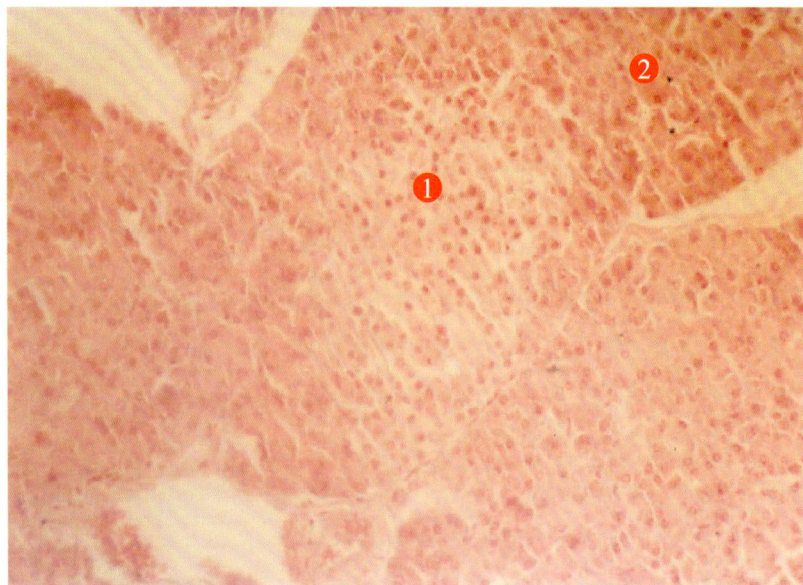

■ 图2-120　人胰岛（2）
苏木素-伊红染色　×100
❶示胰岛；❷示胰腺外分泌部，与胰岛分界不清。

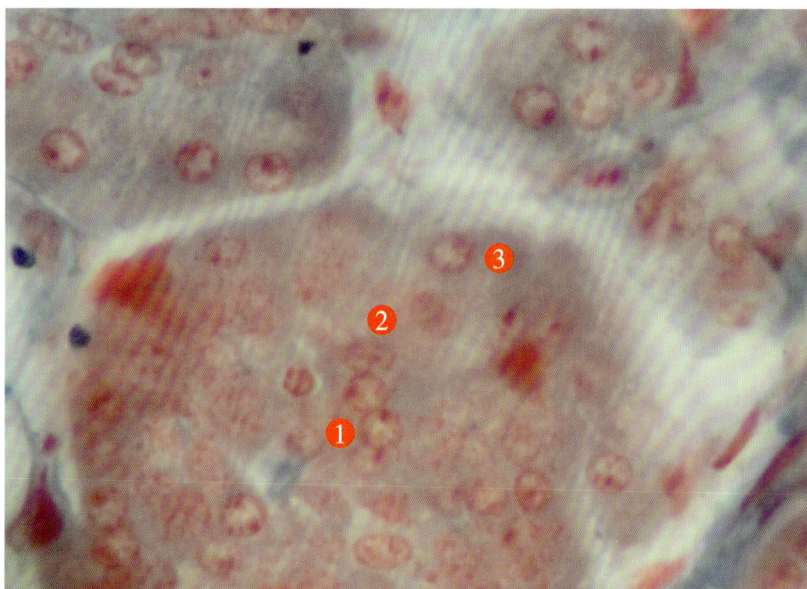

■ 图2-121　人胰岛周边蚕食式演化（1）

Masson染色　×400

❶示胰岛细胞；**❷**示过渡性细胞；**❸**示胰腺细胞化。

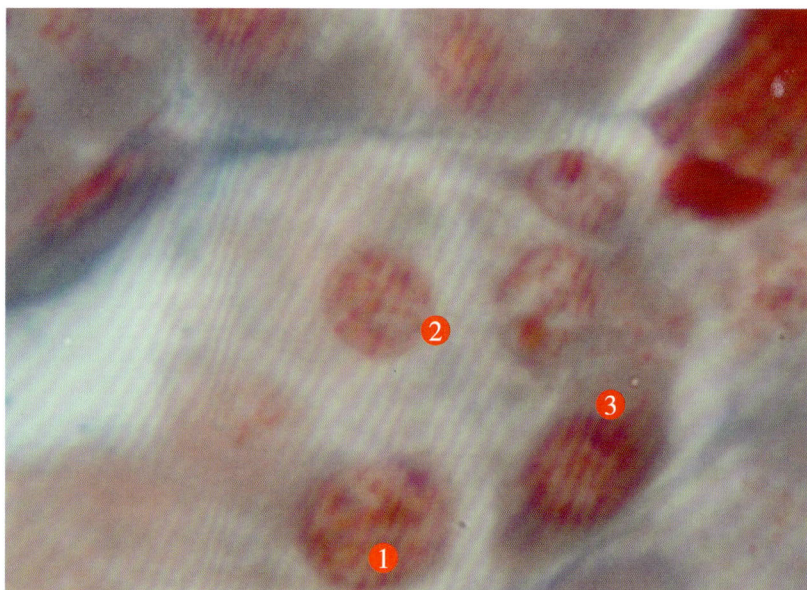

■ 图2-122　人胰岛周边蚕食式演化（2）

Masson染色　×1 000

❶示胰岛细胞；**❷**示过渡性细胞；**❸**示胰腺细胞化。

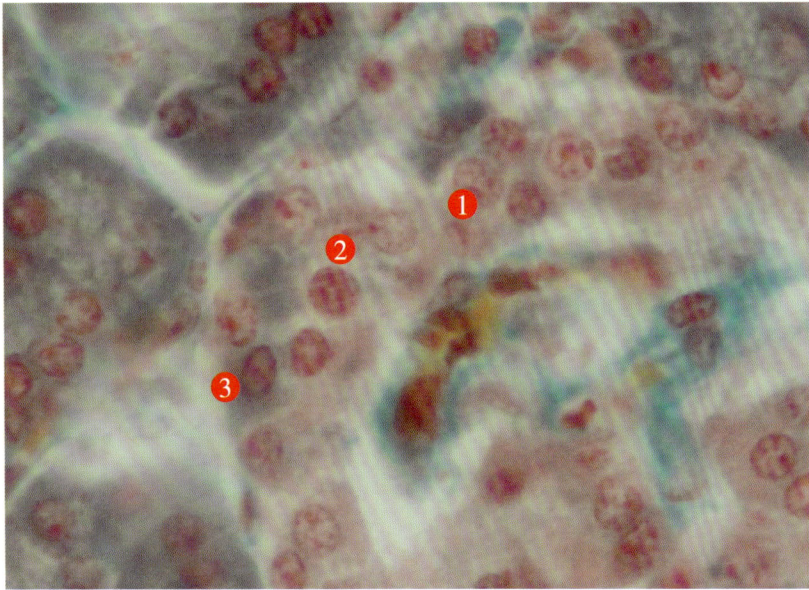

■ 图2-123　人胰岛周边蚕食式演化（3）

Masson染色　　×400

❶示胰岛细胞；❷示过渡性细胞；❸示胰腺化细胞。

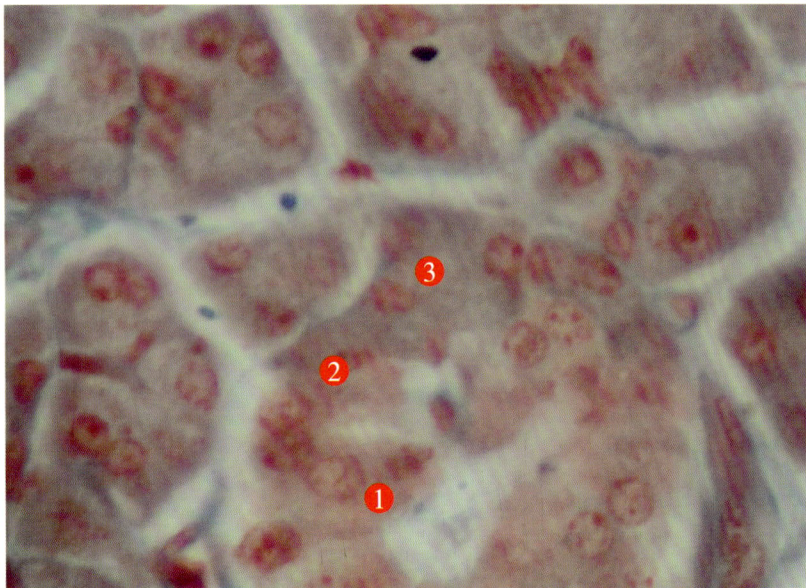

■ 图2-124　人胰岛周边蚕食式演化（4）

Masson染色　　×400

❶示胰岛细胞；❷示过渡性细胞；❸示胰腺化细胞群。

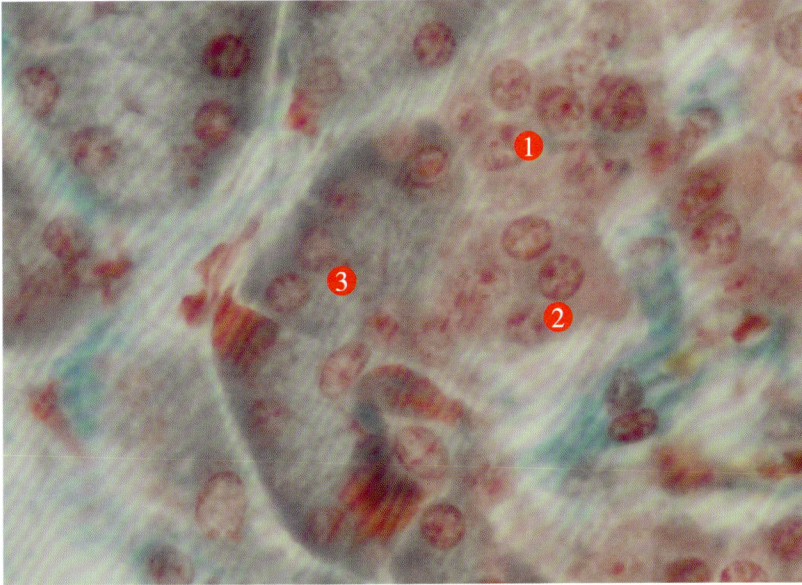

■ 图2-125　人胰岛周边蚕食式演化（5）

Masson染色　×400

❶示胰岛细胞；❷示开始胰腺化的胰岛细胞；❸示胰岛细胞胰腺化形成的胰腺腺泡。

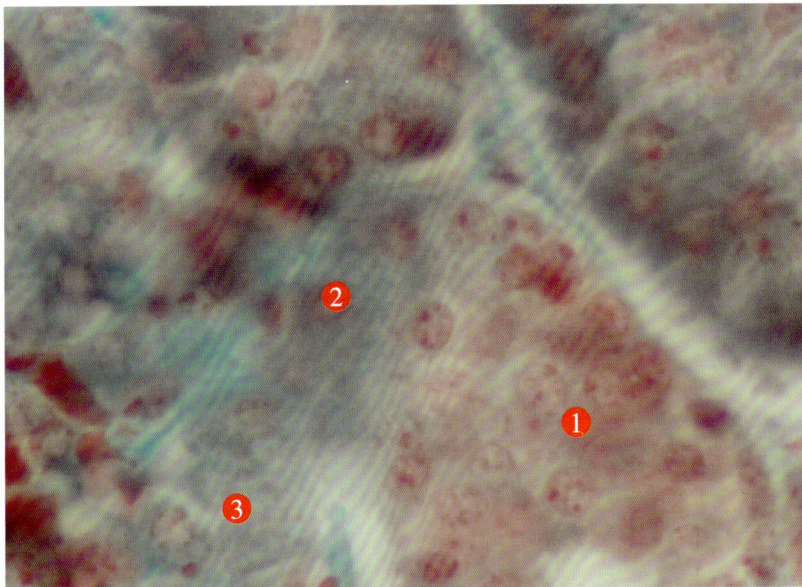

■ 图2-126　人胰岛周边蚕食式演化（6）

Masson染色　×400

❶示开始胰腺化的胰岛细胞；❷示胰腺化细胞群；❸示胰腺腺泡。

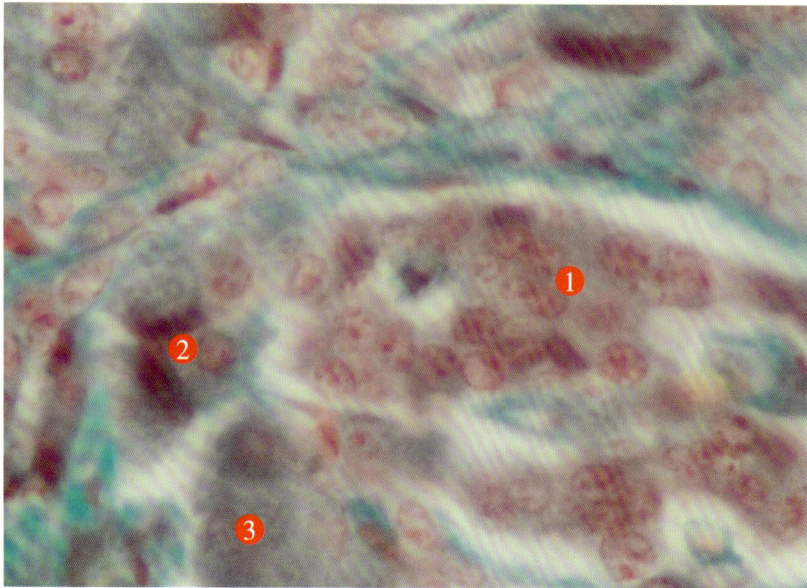

■ 图2-127　人胰岛周边蚕食式演化（7）

Masson染色　×400

❶示开始胰腺化的胰岛细胞；❷示胰腺化细胞群；❸示胰腺腺泡。

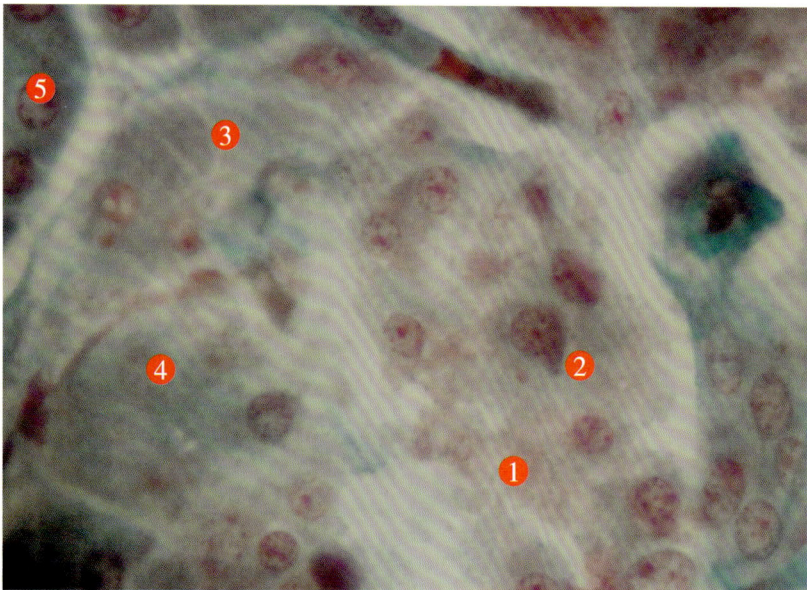

■ 图2-128　人胰岛周边蚕食式演化（8）

Masson染色　×400

❶示开始胰腺化的胰岛细胞；❷示零散胰腺化细胞；❸示胰腺化细胞群；❹示胰腺化细胞群腺泡化；❺示胰腺腺泡。

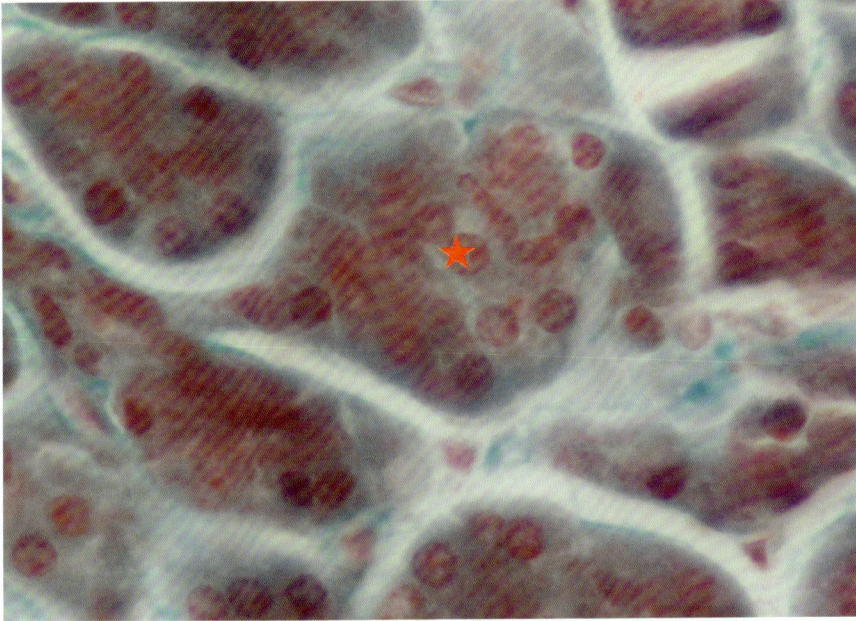

■ 图2-129　人胰岛周边蚕食式演化（9）

Masson染色　×400

★示胰岛周边的胰岛细胞同步胰腺细胞化，中部胰岛细胞成为泡心细胞。

2．胰岛中心开花式演化　胰岛的胰腺细胞化也可从胰岛中心开始（图2-130），逐渐扩展形成成片的具有胰腺细胞特征的细胞（图2-131～图2-133）。

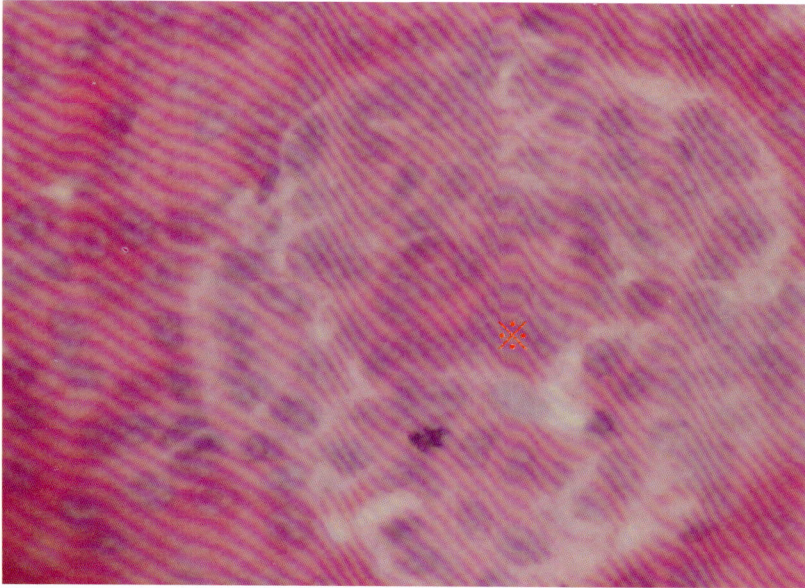

■ 图2-130 人胰岛中心开花式演化（1）

苏木素－伊红染色 ×400

※示胰岛中心胰腺细胞化。

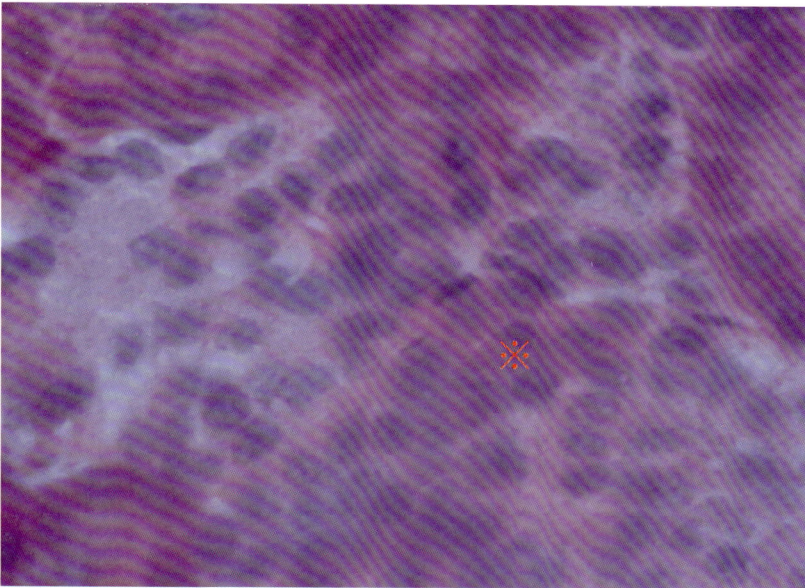

■ 图2-131 人胰岛中心开花式演化（2）

苏木素－伊红染色 ×400

※示胰岛中心胰岛细胞开始获得胰腺细胞染色特征。

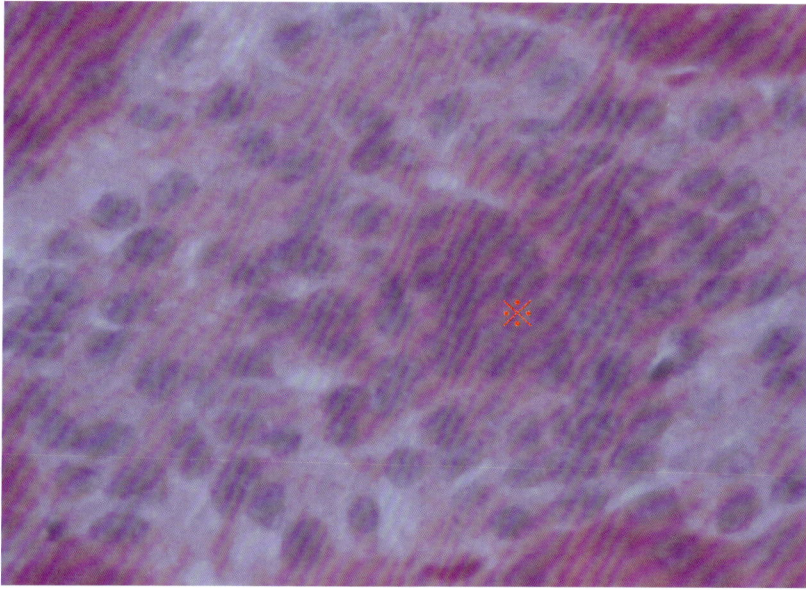

■ 图2-132　人胰岛中心开花式演化（3）

苏木素–伊红染色　×400

※示胰岛中心胰腺细胞特征增强。

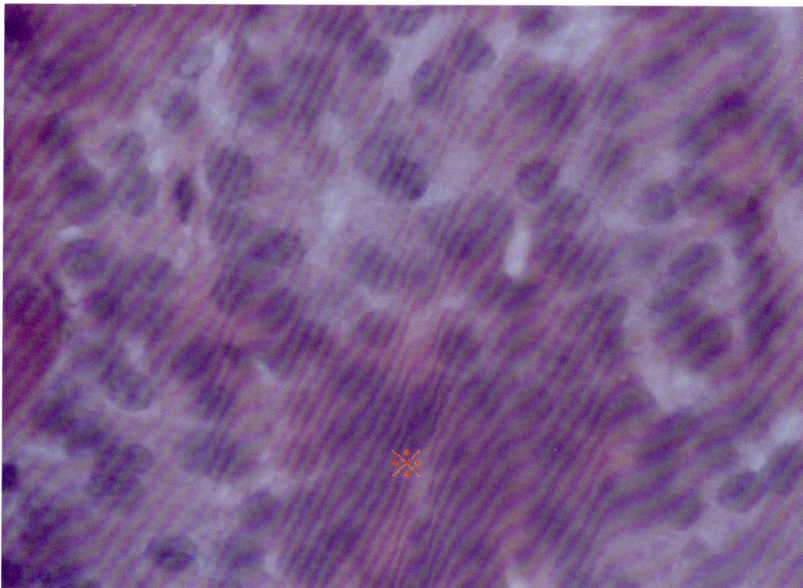

■ 图2-133　人胰岛中心开花式演化（4）

苏木素–伊红染色　×400

※示胰岛中心成片胰腺细胞。

3.胰岛间质分割式演化 在胰尾等胰腺组织场效应较弱部位，胰岛存在时程较长，其演化多见间质条索从周边深入胰岛内部（图2-134～图2-136），并纵横分支，将胰岛切割成若干较大团块（图2-137～图2-139）。每一胰岛团块与其中心的间质芯组成一个雏形胰腺泡（图2-140），而后所属胰岛细胞逐步胰腺细胞化成为胰腺泡，间质芯内干细胞演化形成泡心细胞与闰管（图2-141、图2-142）。另一间质切割方式是，间质将胰岛分隔包裹成许多小的细胞团（图2-143），每个小的胰岛细胞团分别胰腺细胞化（图2-144），结果形成成片的较小胰腺腺泡（图2-145）。

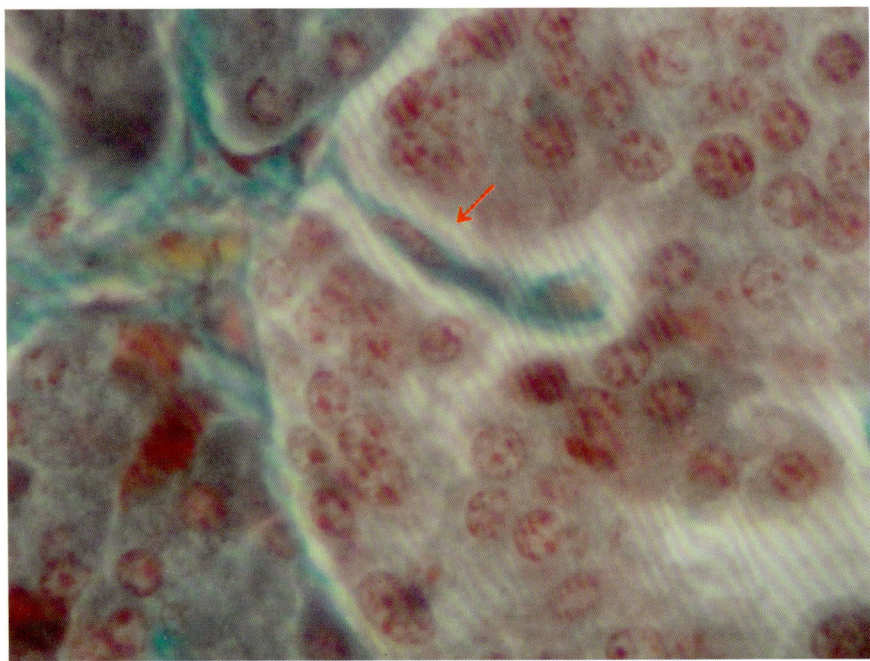

■ **图2-134 人胰岛间质分割式演化（1）**
Masson染色 ×400
↙ 示伸入胰岛内部的间质条索。

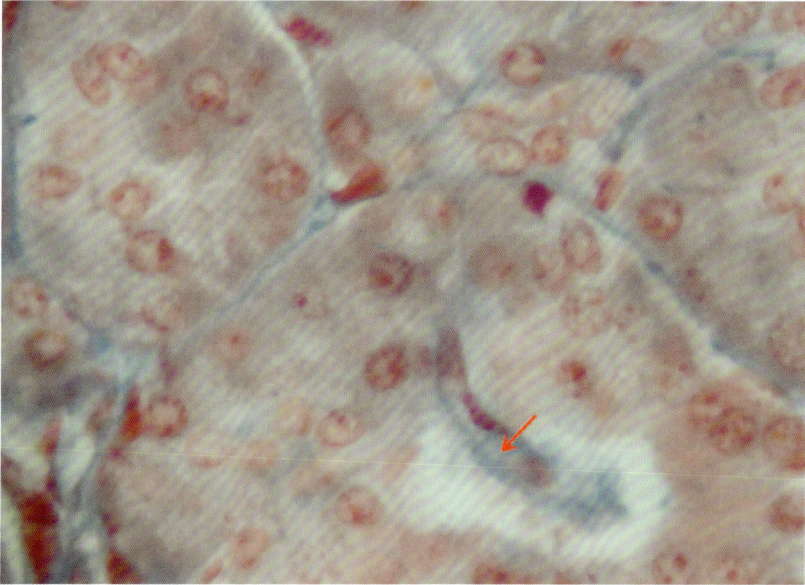

■ 图2-135　人胰岛间质分割式演化（2）

Masson染色　×400

↙ 示伸入胰岛内部的间质条索。

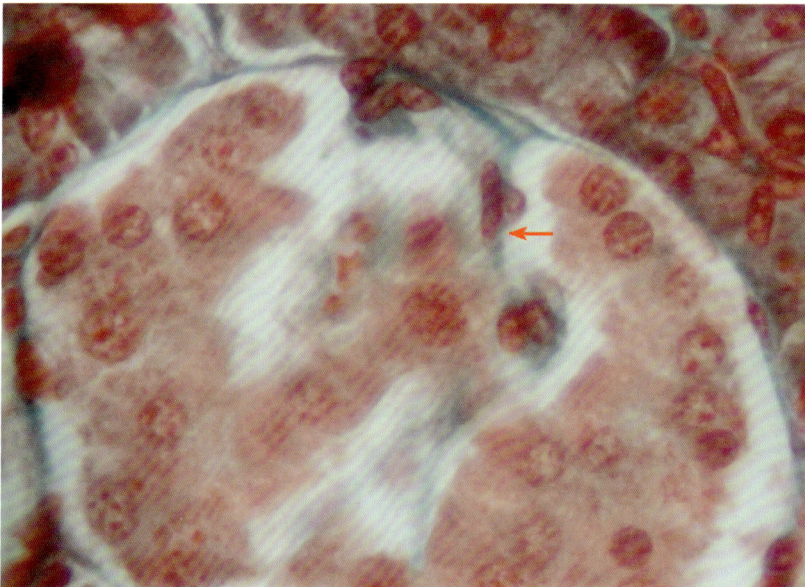

■ 图2-136　人胰岛间质分割式演化（3）

Masson染色　×400

← 示伸入胰岛内部的间质条索。

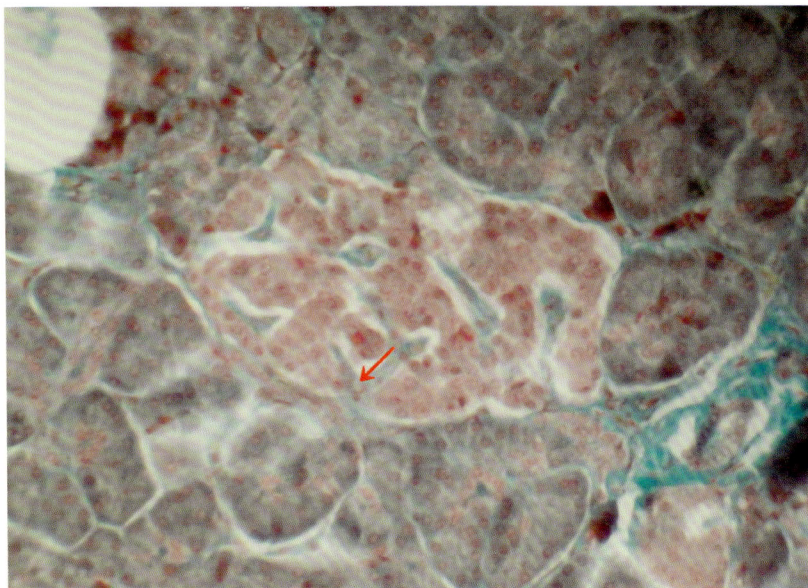

■ 图2-137　人胰岛间质分割式演化（4）

Masson染色　×100

示分割胰岛内的间质条索分支。

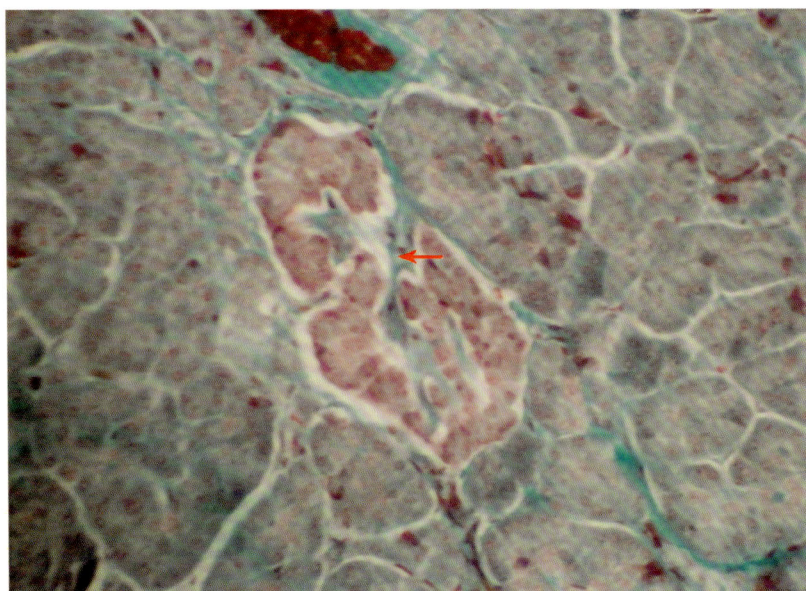

■ 图2-138　人胰岛间质分割式演化（5）

Masson染色　×100

示分支切割胰岛的间质条索。

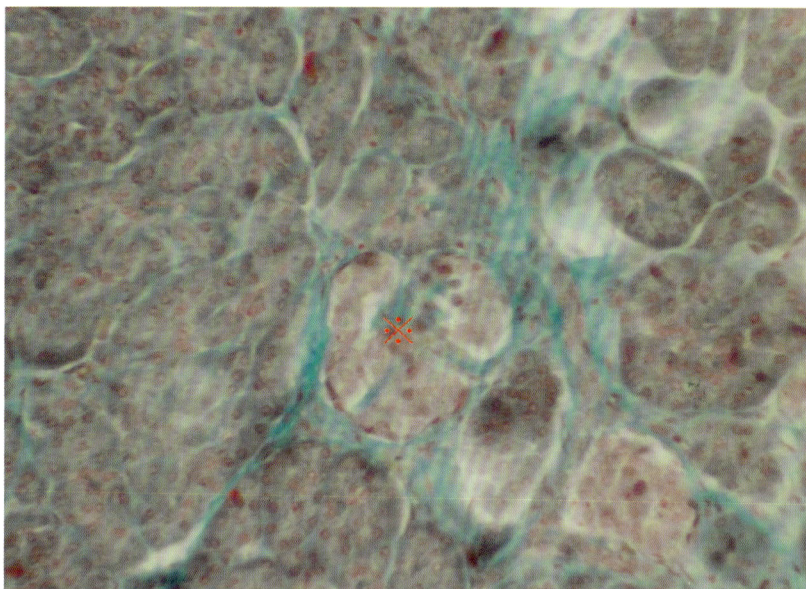

■ 图2-139　人胰岛间质分割式演化（6）

Masson染色　×100

※示胰岛被切割成几个较大团块。

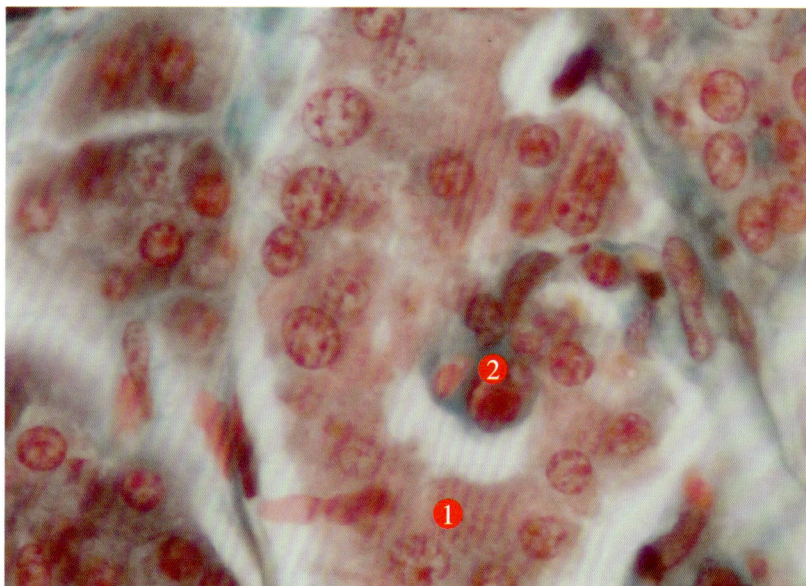

■ 图2-140　人胰岛间质分割式演化（7）

Masson染色　×400

❶示分割形成雏形胰腺泡的胰岛细胞；❷示间质芯。

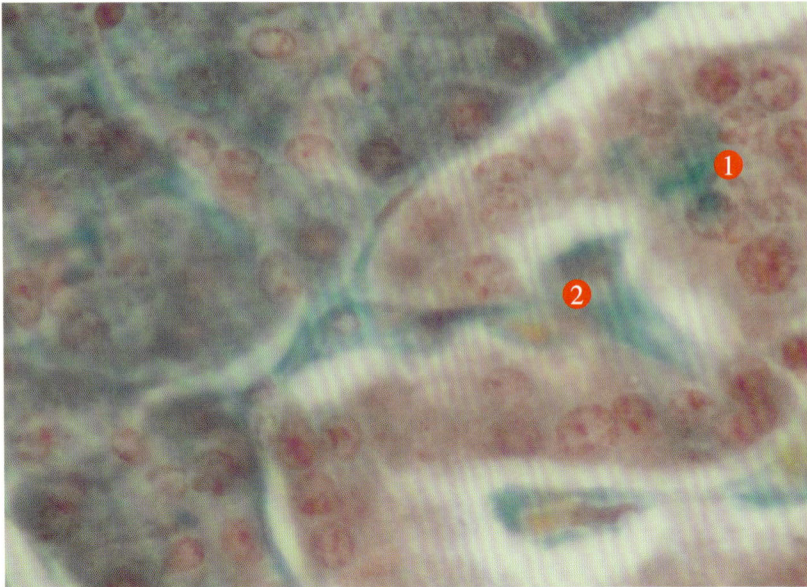

■ 图2-141　人胰岛间质分割式演化（8）

Masson染色　×400

❶示开始胰腺细胞化的胰岛细胞；❷示间质芯。

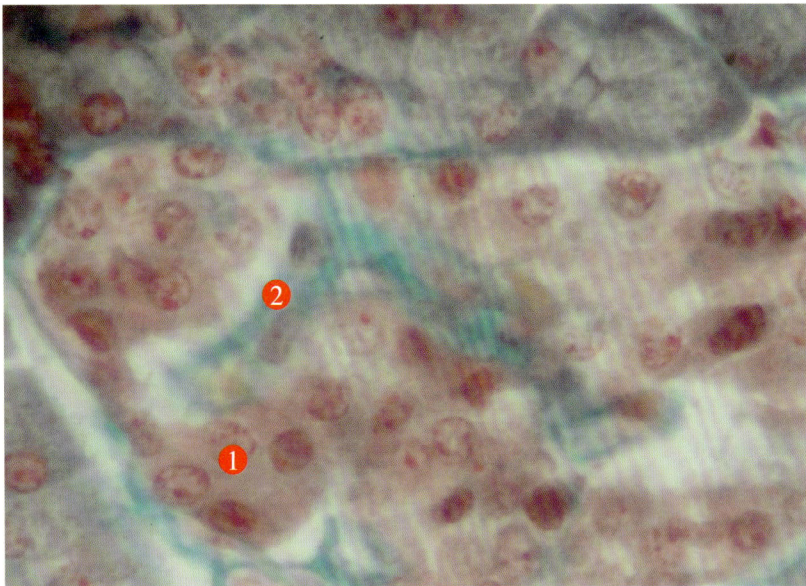

■ 图2-142　人胰岛间质分割式演化（9）

Masson染色　×400

❶示开始胰腺细胞化的胰岛细胞；❷示间质芯。

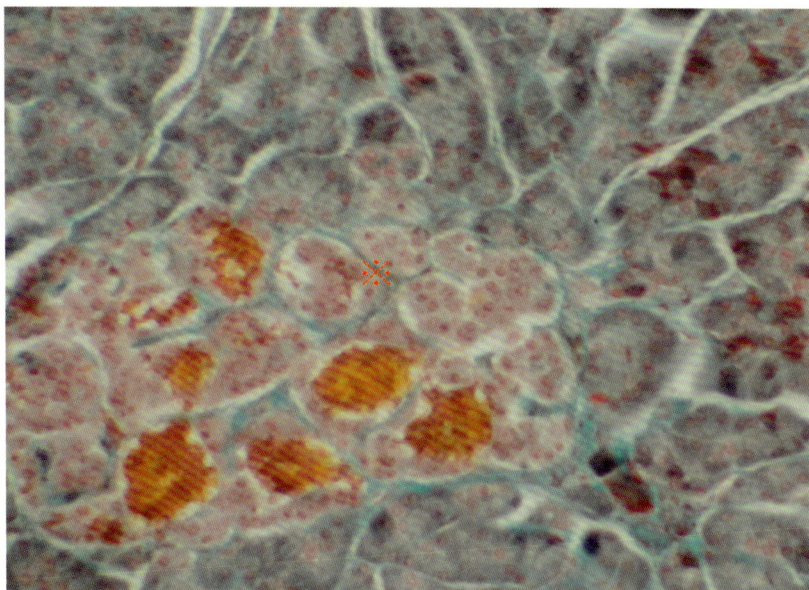

■ 图2-143　人胰岛间质分割式演化（10）
Masson染色　×100
※示被间质分隔包裹的多个胰岛细胞团。

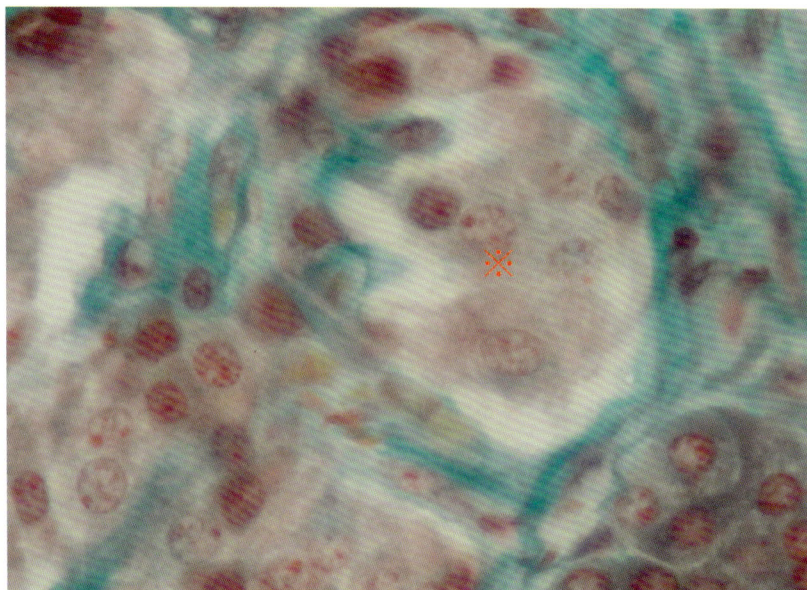

■ 图2-144　人胰岛间质分割式演化（11）
Masson染色　×400
※示一个被间质包裹的胰岛细胞团，大部分胰腺细胞化。

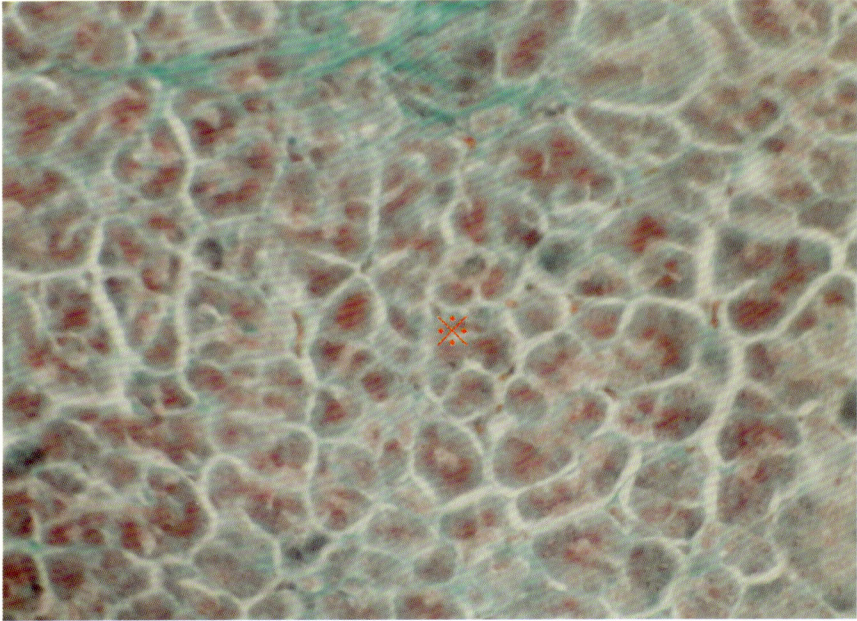

■ 图2-145　人胰岛间质分割式演化（12）

Masson染色　×50

※示成片的较小胰腺腺泡。

4. 胰岛整体嬗变式演化　在胰头等胰腺组织场效应较强部位，胰岛存在时程很短，迅速胰腺细胞化（图2-146），致使胰岛细胞整体向胰腺细胞嬗变（图2-147、图2-148）。有时可见胰岛嬗变演化顿挫，大量胰岛细胞衰亡（图2-149）。

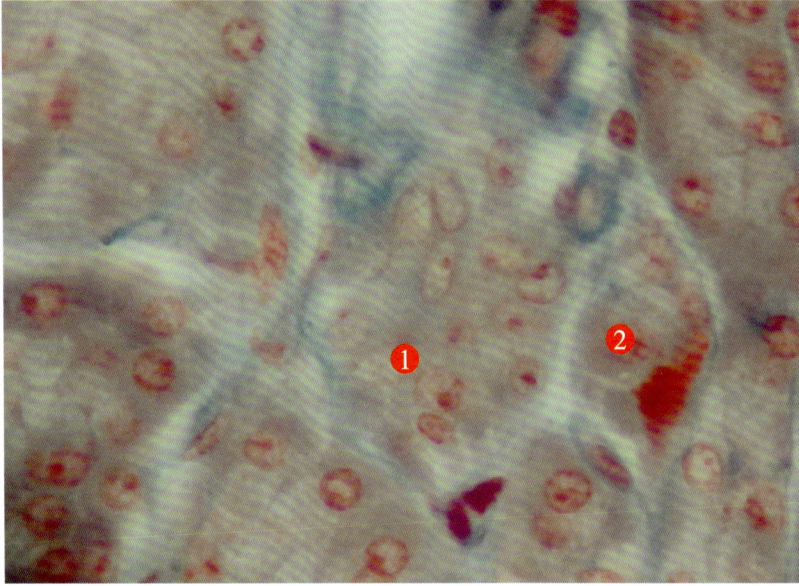

■ 图2-146　人胰岛总体嬗变式演化（1）

Masson染色　×400

❶示整体向胰腺嬗变的小胰岛；❷示被蚕食胰腺细胞化的小胰岛。

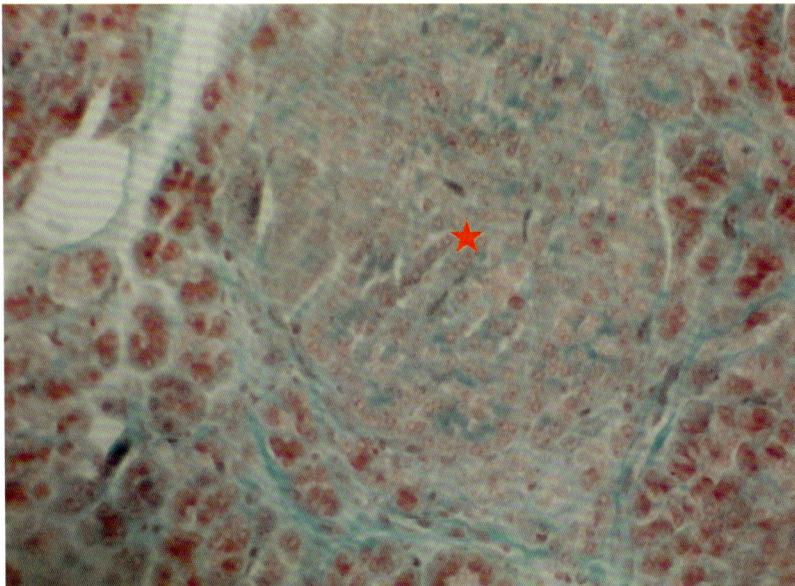

■ 图2-147　人胰岛总体嬗变式演化（2）

Masson染色　×50

★示整体普遍胰腺细胞化的胰岛。

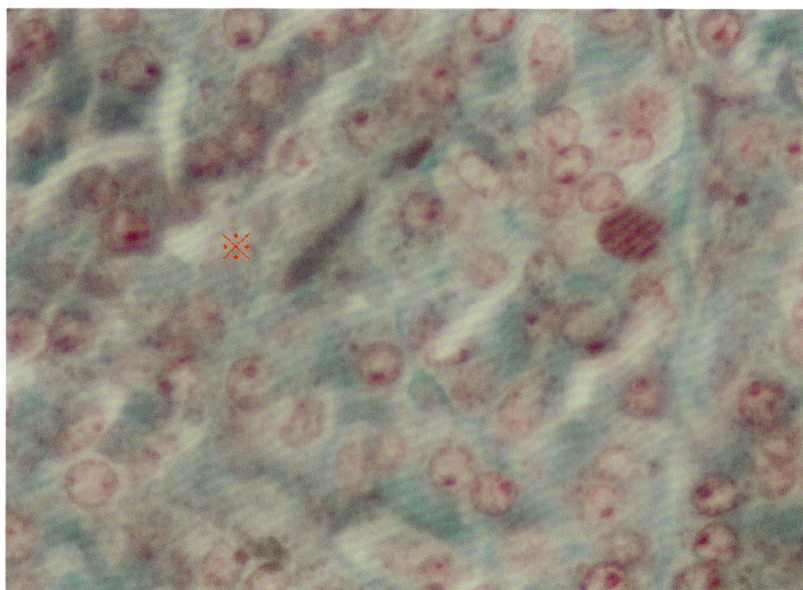

■ 图2-148　人胰岛总体嬗变式演化（3）

Masson染色　×400

※示胰岛细胞普遍胰腺细胞化。

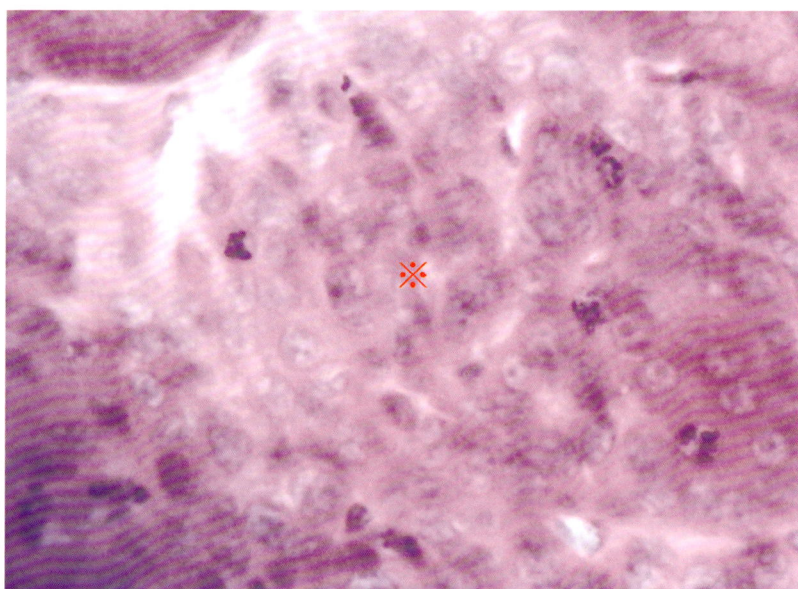

■ 图2-149　人胰岛总体嬗变式演化（4）

苏木素-伊红染色　×400

※示胰岛整体嬗变式演化顿挫，大量胰岛细胞衰亡。

二、胰腺干细胞

胰腺干细胞有多种演化来源，包括胰管源胰干细胞、间质源胰干细胞、胰干细胞巢源干细胞、血源胰干细胞和神经源胰干细胞。

（一）胰管源胰干细胞

胰管干细胞外迁成为胰卵圆细胞（图2-150、图2-151）。如前所述，胰卵圆细胞可演化为胰腺泡及导管，也可增生形成胰岛（图2-152），并可随伸入胰岛的间质条索为胰岛提供后继干细胞（图2-153、图2-154）。

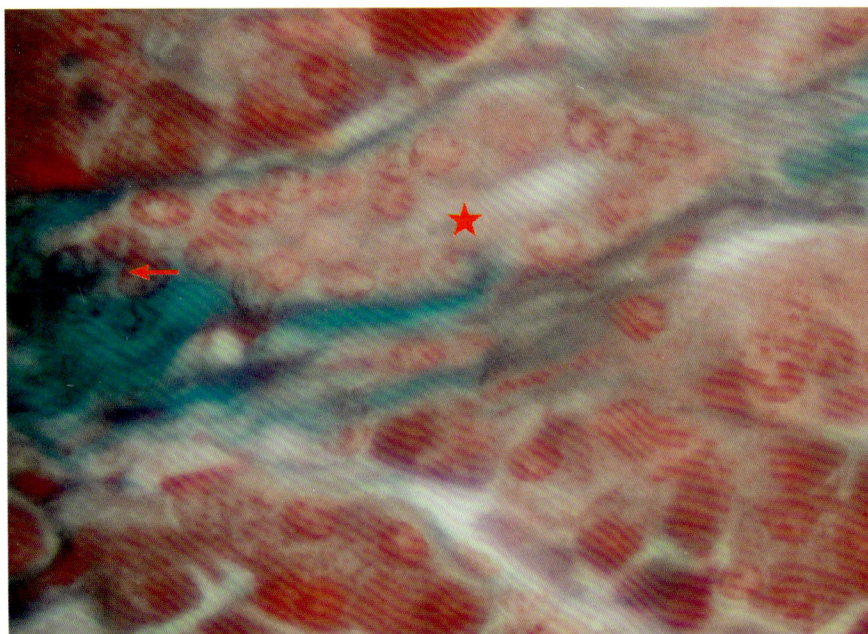

■ 图2-150　人胰管源胰干细胞（1）

Masson染色　×400

★示小胰管。◀━ 示外迁胰管干细胞。

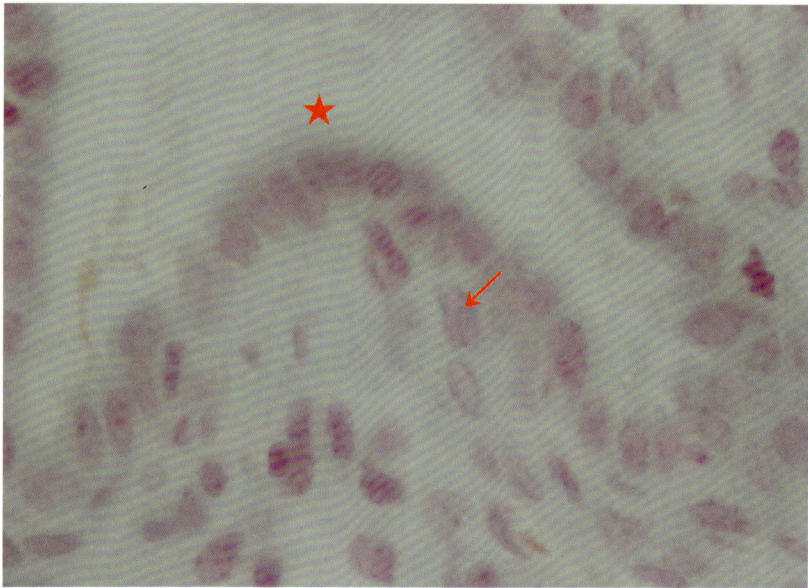

■ 图2-151　人胰管源胰干细胞（2）

Mallory染色　×400

★示小胰管。↙示外迁胰管干细胞。

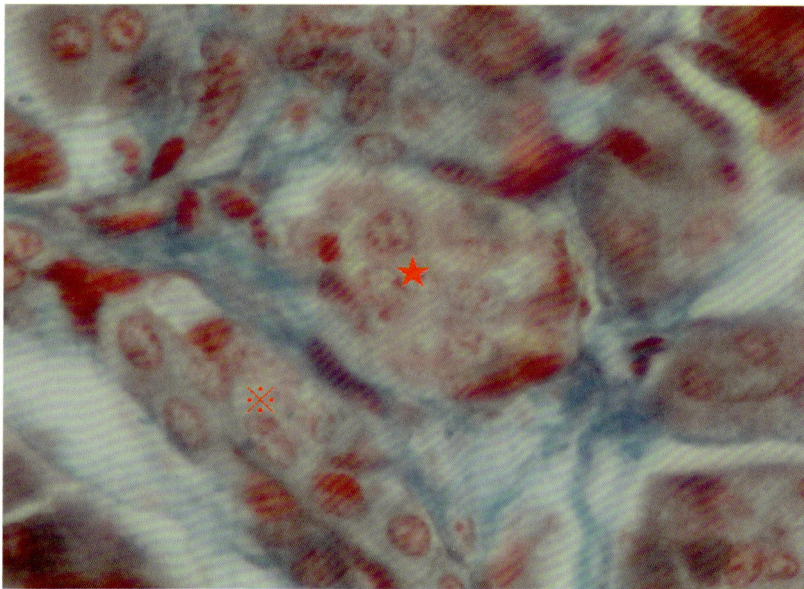

■ 图2-152　人胰管源胰干细胞演化（1）

Masson染色　×400

★示胰管源胰岛。※示胰管源干细胞群。

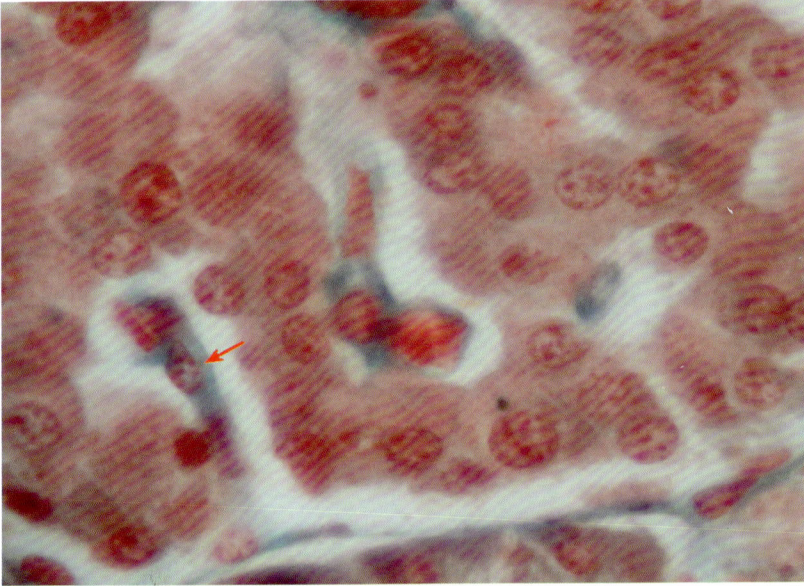

■ 图2-153　人胰管源胰干细胞演化（2）

Masson染色　×400

↖ 示间质细胞索为胰岛提供干细胞。

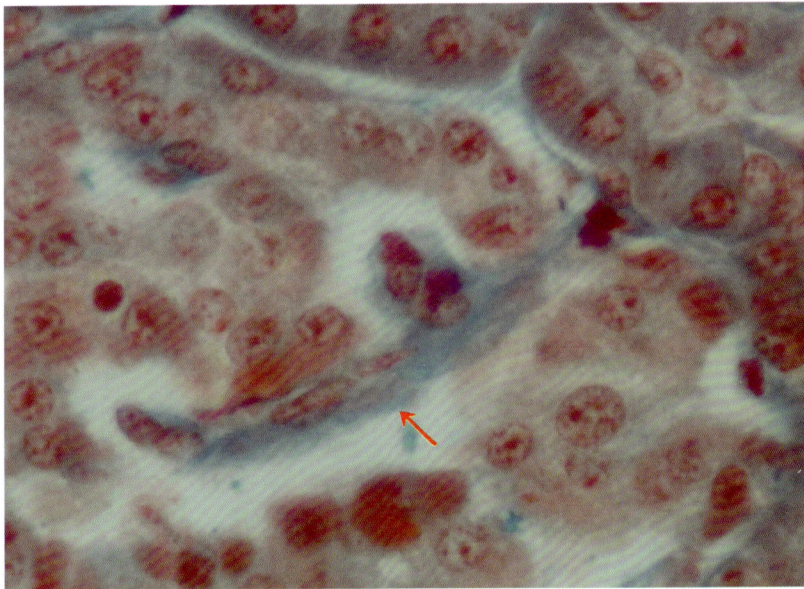

■ 图2-154　人胰管源胰干细胞演化（3）

Masson染色　×400

↖ 示间质条索为胰岛提供干细胞。

（二）间质源胰干细胞

胰腺间质细胞也可演化形成胰卵圆细胞（图2-155、图2-156）。胰卵圆细胞可迁移演化为成胰腺细胞（图2-157），进而经过渡性细胞演化成为胰腺细胞（图2-158）。有时也可见到间质细胞-胰卵圆细胞-过渡性细胞-胰腺细胞连续演化序（图2-159）。

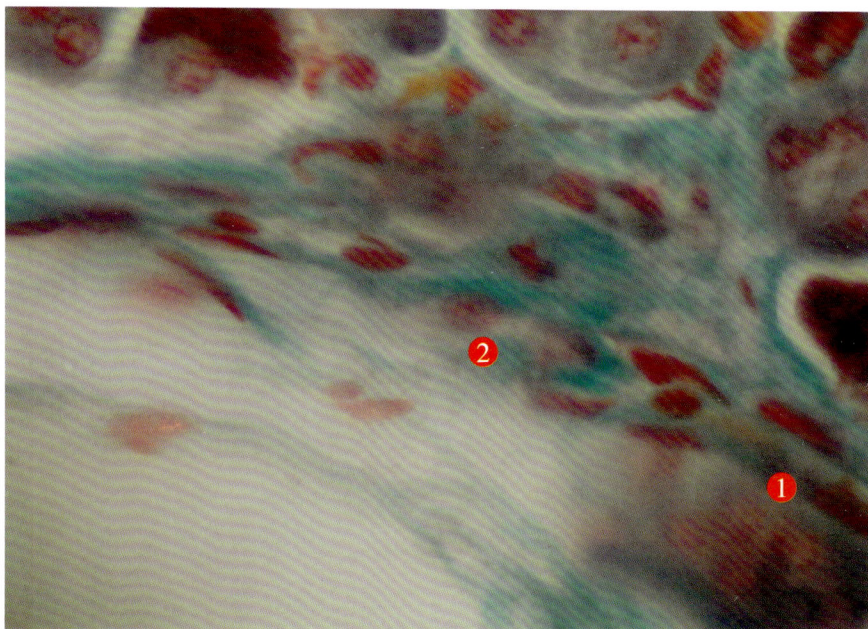

■ **图2-155 人间质源胰干细胞（1）**

Masson染色 ×400

❶示间质细胞；❷示胰卵圆细胞。

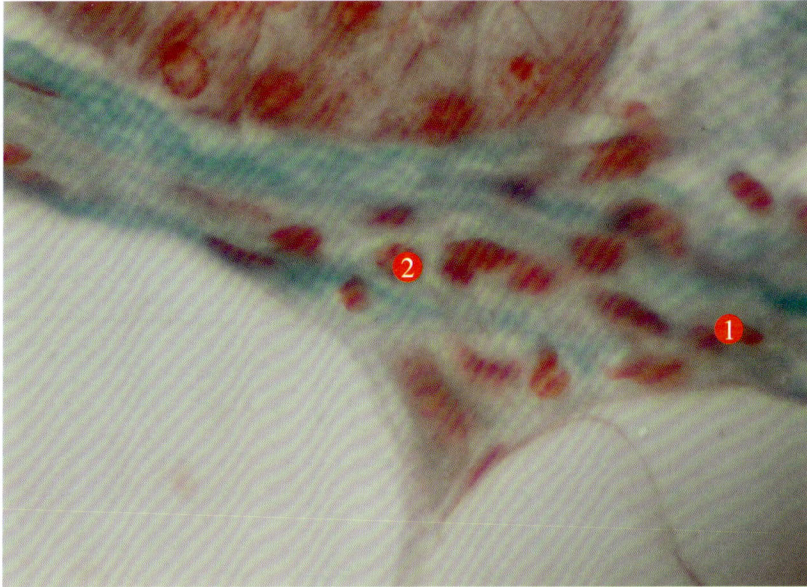

■ 图2-156　人间质源胰干细胞（2）
Masson染色　×400
❶示间质细胞；❷示胰卵圆细胞。

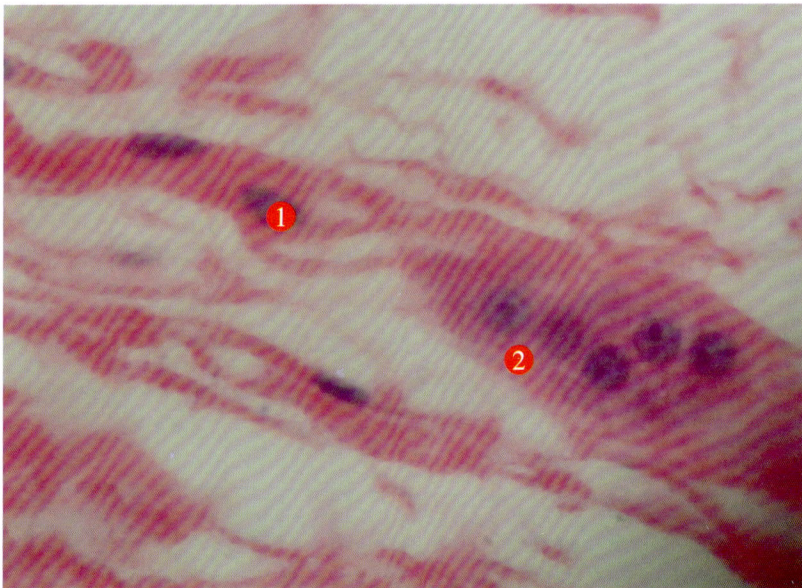

■ 图2-157　人间质源胰干细胞（3）
苏木素-伊红染色　×400
❶示胰卵圆细胞；❷示成胰腺细胞。

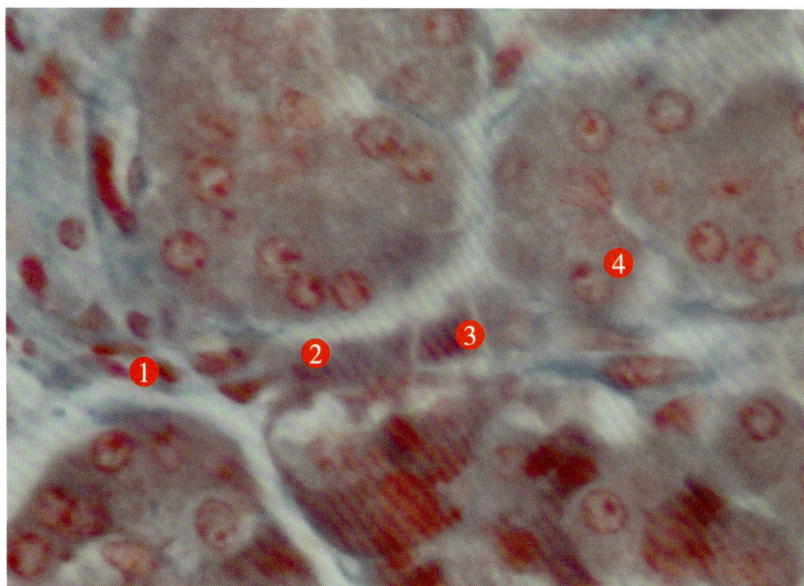

■ 图2-158　人间质源胰干细胞（4）

Masson染色　×400

❶示间质细胞；❷示胰卵圆细胞；❸示过渡性细胞；❹示胰腺
细胞。

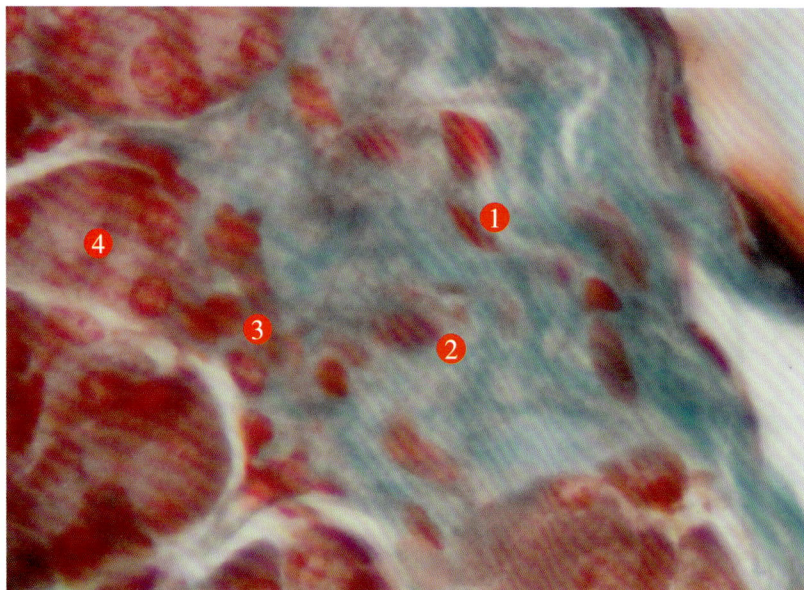

■ 图2-159　人间质源胰干细胞（5）

Masson染色　×400

❶示间质细胞；❷示胰卵圆细胞；❸示过渡性细胞；❹示胰腺
细胞。

（三）胰干细胞巢源干细胞

胰干细胞巢是胰干细胞的另一重要来源（图2-160）。其细胞增生弥散，形成大片过渡性细胞密集区（图2-161、图2-162），其中多见尚不具有腺泡形态的胰腺细胞与成胰腺细胞（图2-163）。

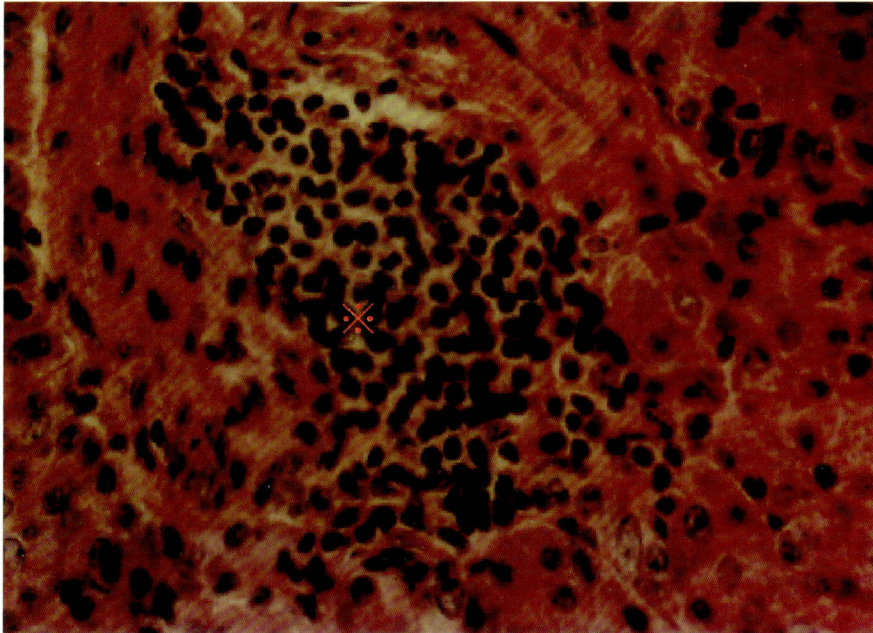

■ 图2-160 人胰干细胞巢（1）
苏木素-伊红染色 ×200
※示胰干细胞巢。

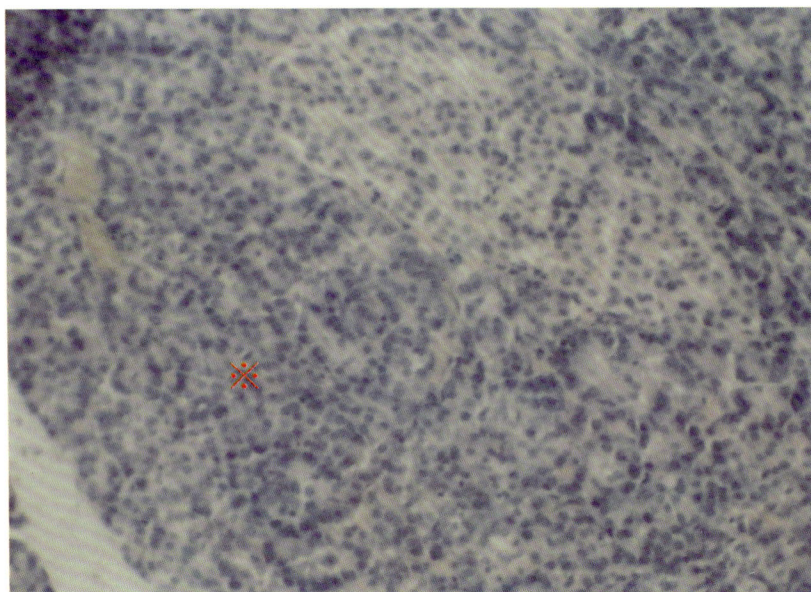

■ 图2-161　人胰干细胞巢（2）

苏木素–伊红染色　×100

※示胰干细胞巢弥散形成的过渡性细胞密集区。

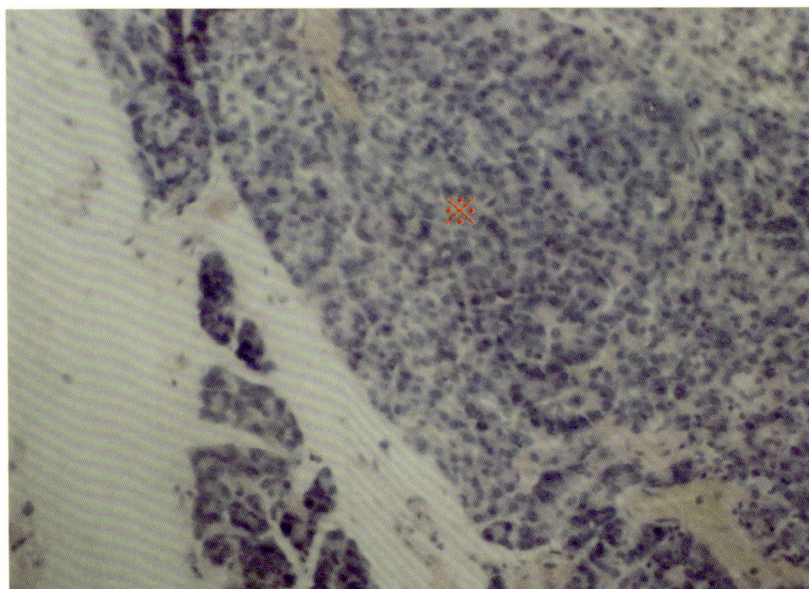

■ 图2-162　人胰干细胞巢（3）

苏木素–伊红染色　×100

※示胰干细胞巢弥散形成的过渡性细胞密集区。

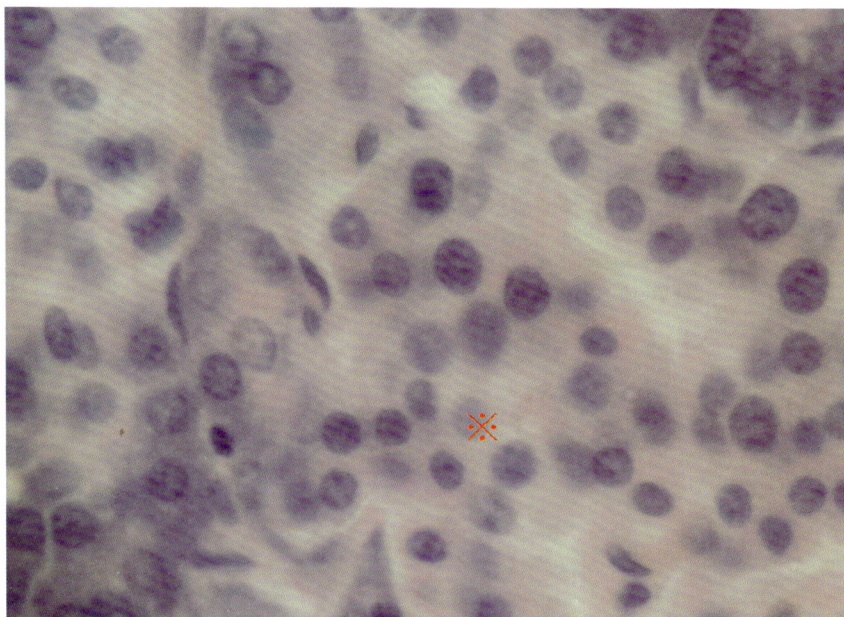

■ 图2-163　人胰干细胞巢（4）

苏木素-伊红染色　×400

※示过渡性细胞密集区内多为尚不具有腺泡结构的胰腺细胞与
成胰腺细胞。

（四）血源胰干细胞

血管腔内干细胞出血管成为胰腺干细胞（图2-164），胰岛内间质芯
血源干细胞也可成为后继胰岛干细胞（图2-165）。源自血源干细胞的血
管壁外周平滑肌细胞可再干细胞化，后经间质干细胞参与包含胰岛细胞在
内的胰腺细胞演化系演化进程（图2-166）。

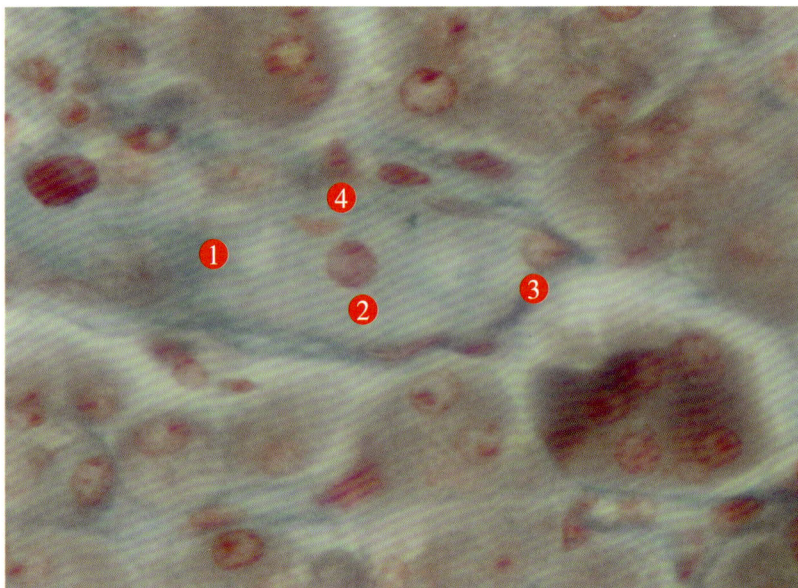

■ 图2-164　人血源胰干细胞（1）

Masson染色　×400

❶示血管腔；❷示血源干细胞；❸和❹示外迁血源干细胞。

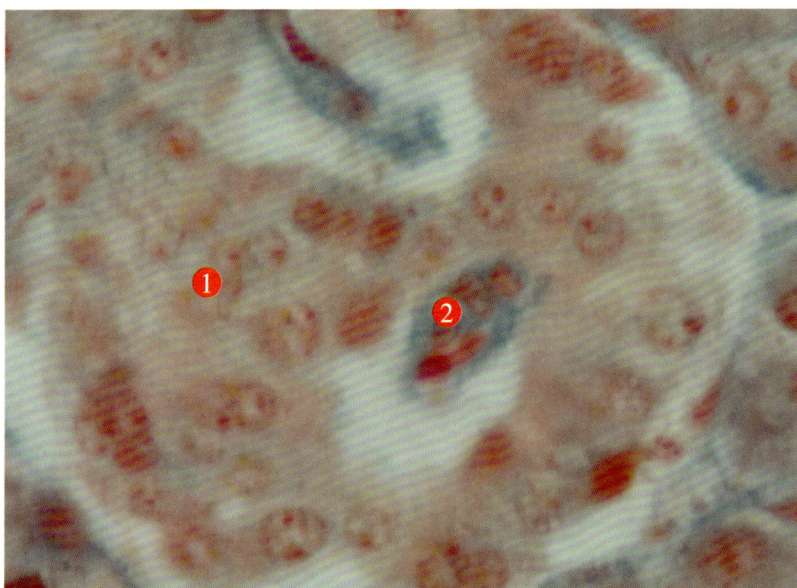

■ 图2-165　人血源胰干细胞（2）

Masson染色　×400

❶示胰岛细胞；❷示胰岛间质芯血源干细胞。

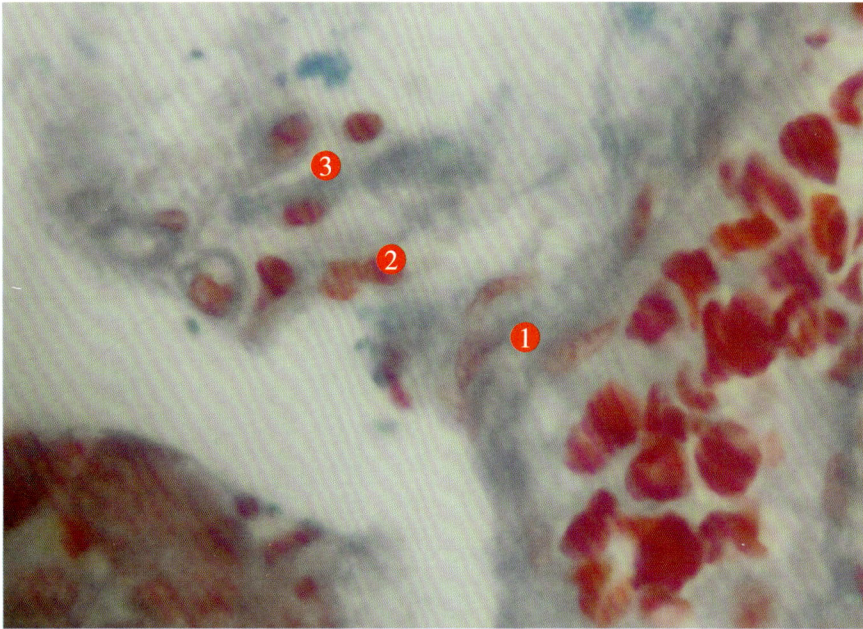

■ 图2-166　人血管源胰干细胞
Masson染色　×400
❶示血管壁平滑肌细胞；❷示间质干细胞；❸示成胰腺细胞。

（五）神经源胰干细胞

胰腺内常见小神经束（图2-167、图2-168）。神经束内神经束细胞可逐渐胰腺细胞化（图2-169、图2-170），也可从一端经过渡性细胞演化形成胰腺细胞（图2-171）。在神经富集区可见神经束解散，神经束细胞分散演化形成间质细胞、卵圆细胞簇（图2-172、图2-173），甚至形成管样结构与腺泡样结构（图2-174），密集的神经源寡质细胞与干细胞巢无异（图2-175）。

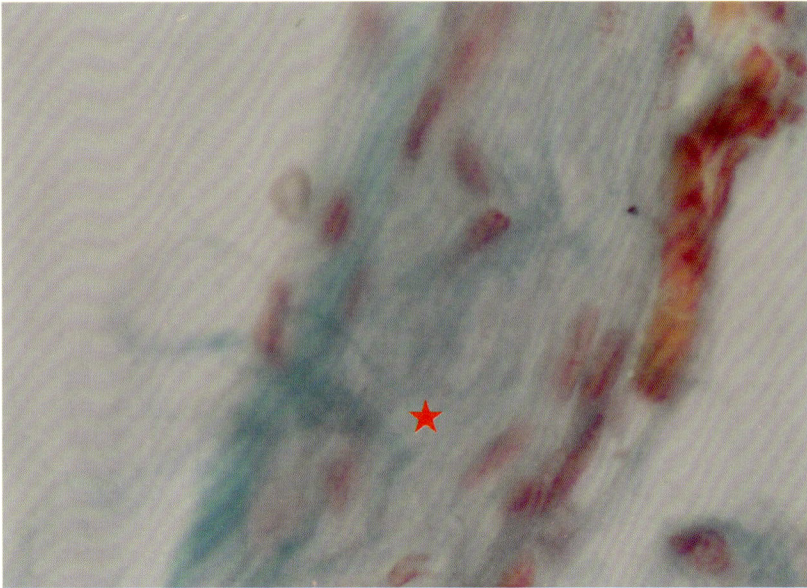

■ 图2-167　人胰内小神经束

Masson染色　×400

★示一小神经束纵切面。

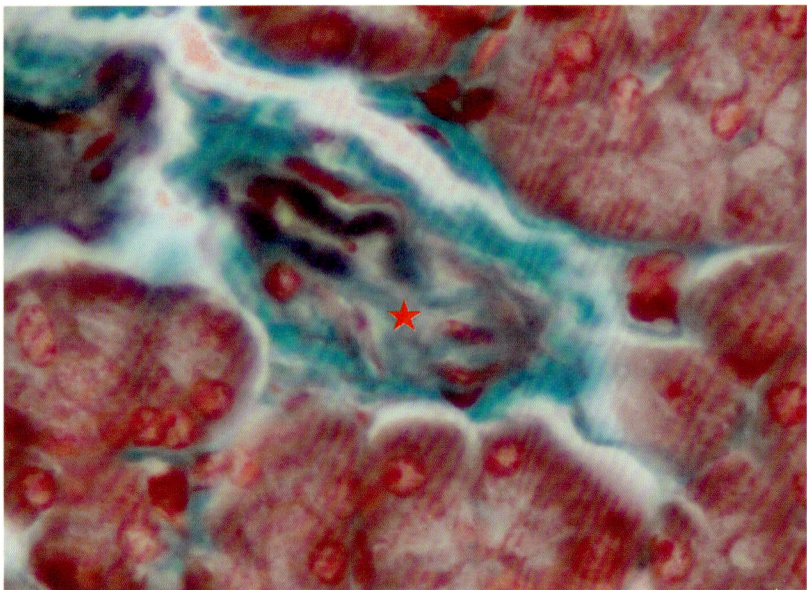

■ 图2-168　人神经源胰干细胞

Masson染色　×400

★示一小神经束纵切面。

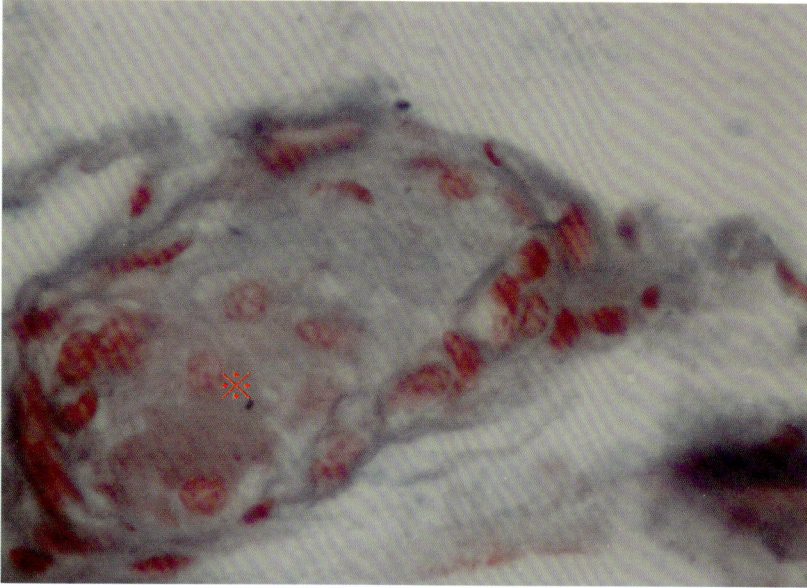

■ 图2-169　人神经源胰干细胞演化（1）

Masson染色　×400

※示小神经束内干细胞胰腺细胞化。

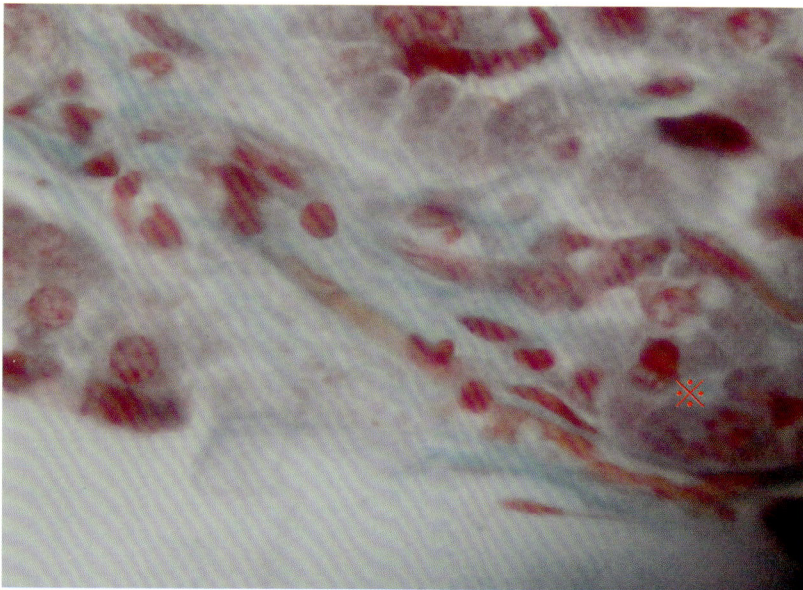

■ 图2-170　人神经源胰干细胞演化（2）

Masson染色　×400

※示小神经束内干细胞胰腺细胞化。

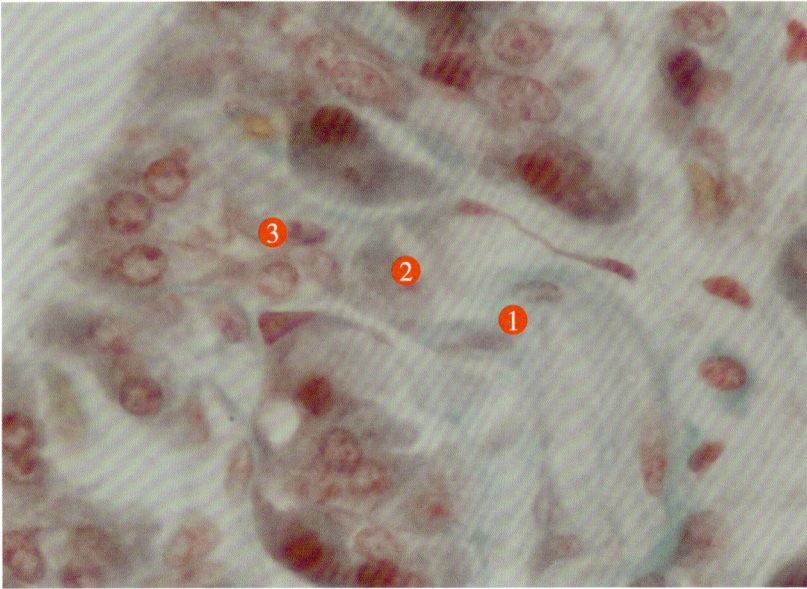

■ 图2-171　人神经源胰干细胞演化（3）

Masson染色　×400

❶示神经束一端神经束细胞；❷示过渡性细胞；❸示胰腺细胞。

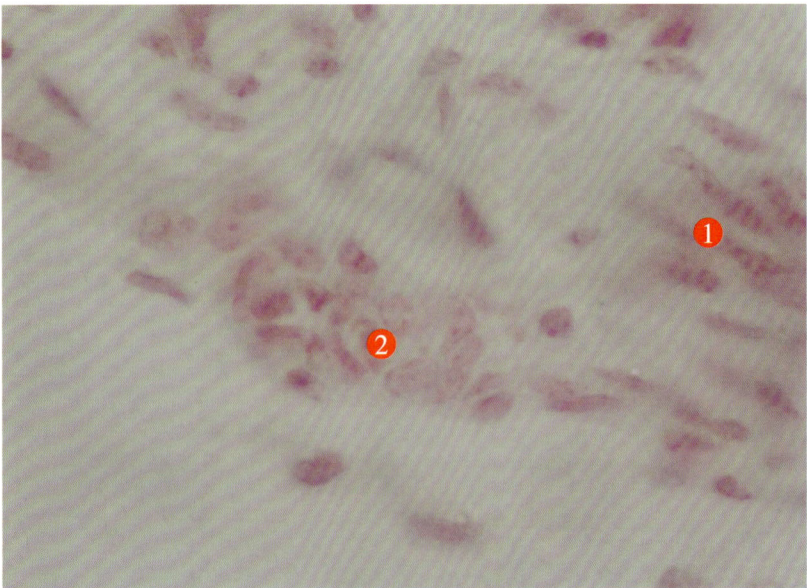

■ 图2-172　人神经源胰干细胞演化（4）

Mallory染色　×400

❶示神经束细胞；❷示卵圆细胞簇。

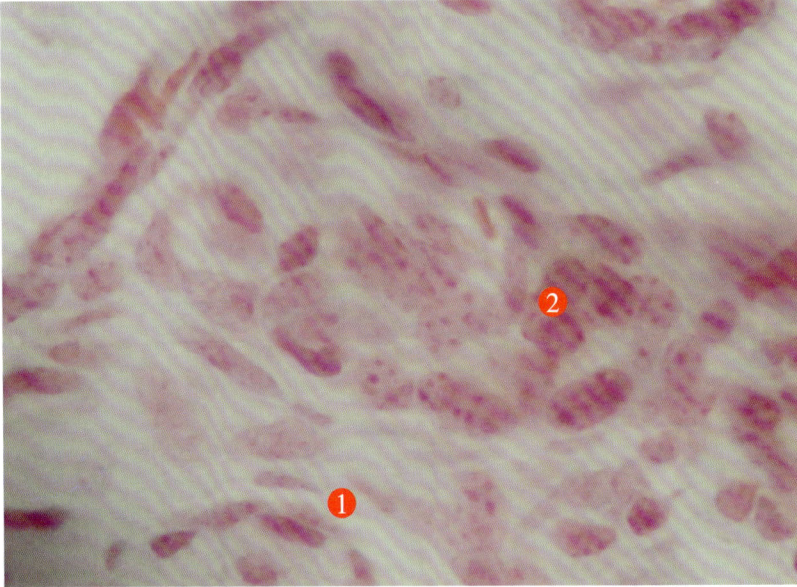

■ 图2-173　人神经源胰干细胞演化（5）
Mallory染色　×400
❶示间质细胞；❷示卵圆细胞簇。

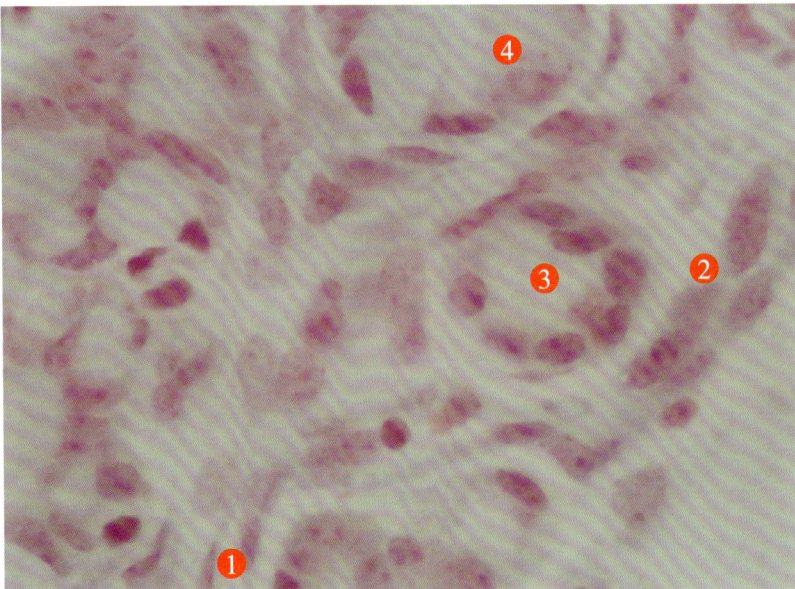

■ 图2-174　人神经源胰干细胞演化（6）
Mallory染色　×400
❶示间质细胞；❷示卵圆细胞；❸示管样结构；❹示腺泡样结构。

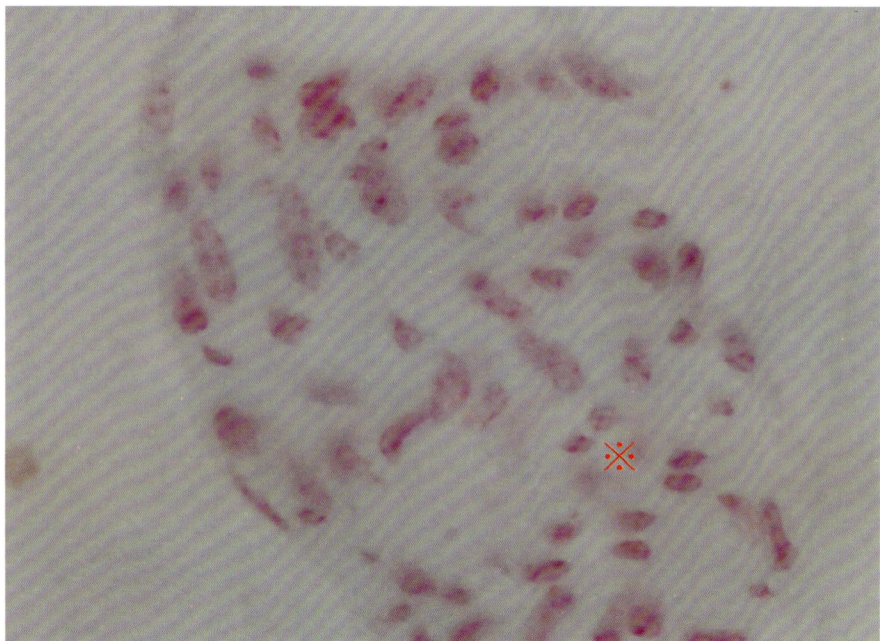

■ 图2-175　人神经源胰干细胞演化（7）

Mallory染色　×400

※示离散神经束细胞衍生的干细胞巢样寡质细胞群。

小　结

　　传统的静态组织学通常将胰腺分为外分泌部胰腺和内分泌部胰岛两部分。外分泌部胰腺结构动力学主要描述胰卵圆细胞-胰腺细胞系演化过程、胰腺细胞直接分裂过程和胰腺细胞衰亡过程。起源于终末胰管的胰卵圆细胞有较强的迁移能力，并可经过渡性细胞演化形成胰腺细胞，伸入胰腺泡内的卵圆细胞可演化形成泡心细胞及闰管。内分泌部胰岛不是恒定的独立结构，而是胰腺细胞演化系中一种过渡性结构。

胰岛可以周边蚕食、中心开花、间质分割及整体嬗变等方式演化形成胰腺外分泌部。胰腺干细胞有多种演化来源，包括胰管源干细胞、间质源干细胞、干细胞巢源干细胞、血源干细胞和神经源干细胞。胰管源干细胞与间质源胰腺干细胞均可演化成为胰卵圆细胞，参与胰卵圆细胞-胰腺细胞演化系和胰岛细胞-胰腺细胞系演化过程。间质源胰腺干细胞也可经间质细胞-胰卵圆细胞-过渡性细胞-胰腺细胞演化序形成胰腺细胞。血源胰腺干细胞与神经源胰腺干细胞除直接演化形成胰腺细胞与胰岛细胞外，还可演化为胰腺间质细胞。干细胞巢也是重要的胰腺干细胞源。

参考文献

[1] 王腾浩，张根华，秦玉梅，等. 哺乳动物味蕾细胞分型及其细胞间信息传递[J]. 生命的化学，2008，28（3）：346‑348.

[2] 殷东敏，王韵. 味觉结构是如何产生的？[J]. 生理科学进展，2007，38（1）：96.

[3] 张颖. 肝干细胞的存在及其起源[J]. 国外医学：消化系疾病分册，2002，22（4）：224‑226.

[4] 胡仲廉，张国霖，朱金凤，等. 人肝双核细胞形成过程电子显微镜观察[J]解剖学通报，1966，（1）：42‑44.

[5] 金辉，冯若，丁一，等. 成年大鼠肝细胞的细胞动力学研究[J]. 河南医学研究，2005，14（2）：126‑128.

[6] 姚忠祥，秦茂林，周德山. 胰腺β细胞的发育与代偿[J]. 生理科学进展，2003，34（1）：42‑44.

[7] 詹勇，周建平，李继光，等. 胰腺内分泌肿瘤中外分泌细胞成分的免疫组织化学研究[J]. 中华实验外科杂志，2000，17（2）：112‑113.

[8] AARON V，LAWRENCE R，GARY L P，et al. Stimulation of pancreatic islet neogenesis: a possible treatment for type1 and type2 diabetes[J]. Curr Opin E ndocind Diabetes Obes，2004，11（3）：125‑140.

[9] ALPINI G，LENZI R，ZHAI W R，et al. Bile secretory function of intrahepatic biliary epithelium in the rat[J]. Am J Physiol，1989，257（1 Part1）：G124‑133.

[10] ARBER N，ZAJICEK G，ARIEL I. The streaming liver？Ⅱ，Hepatocyte life history[J]. Liver，1988，8（2）：80‑87.

[11] BASQUE J R，CHAILLER P，PERREAULT N，e t al. A new primary culture system representative of the human gastric epithelium[J]. Exp Cell Res，1999，253（2）：

493 - 502.

[12] BOLAND C R, KRAUS E R, SCHEIMAN J M, et al. Characterization of mucous cell synthetic functions in a new primary canine gastric mucous cell culture system[J]. Am J Physiol, 1990, 258 (5 Pt 1): G774 - 787.

[13] BONNER - WEIR S. Islet growth and development in the adult[J]. J Mol Endocrinol, 2000, 24 (3): 297 - 302.

[14] BONNER - WEIR S. Life and death of the pancreatic β cells[J]. Trands Endocrinol Metab, 2000, 11 (9): 375 - 378.

[15] BONNER - WEIR S, TANEJA M, WEIR G C, et al. In vitro cultivation of human islets from expanded ductal tissue[J]. Proc Natl Acad Sci USA, 2000, 97 (14): 7999 - 8004.

[16] BOUWENS L. Transdifferentiation versus stem cell hypothesis for the regeneration of islet beta - cells in the pancreas[J]. Microsc Res Tech, 1998, 43 (4): 332 - 336.

[17] BOUWENS L, DEBLAY E. Islet morphogenesis and stem cell markers in rat pancreas[J]. J Histochem Cytochem, 1996, 44 (9): 947 - 951.

[18] CANTZ T, MANNS M P, OTT M. Stem cells in liver regeneration and therapy[J]. Cell Tissue Res, 2008, 331 (1): 271 - 282.

[19] CHEN Y Q, WAN B K. A study on amitosis of the nucleus of the mammalian cell. I. A study under the light and transmission electron microscope[J]. Acta Anat (Basel), 1986, 127 (1): 69 - 76.

[20] CHO C H, PARASHURAMA N, PARK E Y, et al. Homogeneous differentiation of hepatocyte - like cells from embryonic stem cells: applications for the treatment of liver failure[J]. FASEB J, 2008, 22 (3): 898 - 909.

[21] CLARK W H Jr. Electron microscope studies of nuclear extrusion in pancreatic aciner cells of the rat[J]. J Biophys Biochem Cytol, 1960, 7: 345 - 352.

[22] COLEMAN W B, WENNERBERG A E, SMITH G J, et al. Regulation of the differentiation of diploid and some aneuploid rat liver epithelial (stemlike) cells by the hepatic microenvironment[J]. Am J Pathol, 1993, 142 (5): 1373 - 1382.

[23] COSSEL L. Intermediate cells in the pancreas and cell transformation[J]. Zentralal Allg Pathol, 1987, 133 (6): 503 - 516.

[24] DABEVA M D, SHAFRITZ D A. Activation, proliferation and differentiation of progenitor cells into hepatocytes in the D - galactosamine model of liver regeneration[J]. Am J Pathol, 1993, 143（6）: 1606 - 1620.

[25] DAN YY, RIEHLE K J, LAZARO C, et al. Isolation of multipotent progenitor cells from human fetal liver capable of differentiating into liver and mesenchymal lineages[J]. Proc Natl Acad Sci USA, 2006, 103（26）: 9912 - 9917.

[26] DAVID H, UERLINGS I. Ultrastructure of amitosis and mitosis of the liver [J]. Zentralbl Pathol, 1992, 138（4）: 278 - 283.

[27] DESMET V J. Congenital diseases of intrahepatic bile ducts: variations on the theme "ductal plate malformation"[J]. Hepatology, 1992, 16（4）: 1069 - 1083.

[28] DE VOS R, DESMET V. Ultrastructural characteristics of novel epithelial cell types identified in human pathologic liver with chronic ductular reaction[J]. Am J Pathol, 1992, 140（6）: 1441 - 1450.

[29] DUNCAN A W, DORRELL C, GROMPE M. Stem cells and liver regeneration[J]. Gastroenterology, 2009, 137（2）: 466 - 481.

[30] EVARTS R P, NAGY P, MARSDEN E, et al. A precursor - product relationship exists between oval cells and hepatocytes in rat liver[J]. Carcinogenesis, 1987, 8（11）: 1737 - 1740.

[31] EVARTS R P, NAGY P, NAKATSUKASA H, et al. In vivo differentiation of rat liver oval cells into hepatocytes[J]. Cancer Res, 1989, 49（6）: 1541 - 1547.

[32] FAUSTO N, LEMIRE J M, SHIOJIRI N. Cell lineages in hepatic development and the identification of progenitor cells in normal and injured liver[J]. Proc Soc Exp Biol Med, 1993, 204（3）: 237 - 241.

[33] FERNANDES A, KING L C, GUZ Y, et al. Differentiation of new insulin - producing cells is induced by injury in adult pancreatic islets[J]. Endocrinology, 1997, 138（4）: 1750 - 1762.

[34] FERBER S. Can we create new organs from our own tissues? [J]. Isr Med Assoc J, 2000, 2（Suppl）: 32 - 36.

[35] FUJIWARA Y, ARAKAWA T, FUKUDA T, et al. Role of extracellular matrix in attachment, migration, and repair of wounded rabbit cultured gastric cells[J]. J Clin

Gastroenterol, 1995, 21（Suppl）: S125 - 130.

[36] FUKAMACHI H, MIZUNO T, TAKAYAMA S. Epithelial - mesenchymal interactions in 230 differentiation of stomach epithelium in fetal mice[J]. Anat Embryol, 1979, 157（2）: 151 - 160.

[37] GARCIA R L, COLTRERA M D, GOWN A M. Analysis of proliferative grade using anti - PCNA/cyclin monoclonal antibodies in fixed, embedded tissues. Comparison with flow cytometric analysis[J]. Am J Pathol, 1989, 134（4）: 733 - 739.

[38] GERBER M A, THUNG S N, SHEN S, et al. Phenotypic characterization of hepatic proliferation. Antigenic expression by proliferating epithelial cells in fetal liver, massive hepatic necrosis, and nodular transformation of the liver[J]. Am J Pathol, 1983, 110（1）: 70 - 74.

[39] GERMAIN L, NOËL M, GOURDEAU H, et al. Promotion of growth and differentiation of rat ductular oval cells in primary culture[J]. Cancer Res, 1988, 48（2）: 368 - 378.

[40] GU G, DUBAUSKAITE J, MELTON D A. Direct evidence for the pancreatic lineage: NGN3+ cells are islet progenitors and are distinct from duct progenitors[J]. Development, 2002, 129（10）: 2447 - 2457.

[41] GRISHAM J W, PORTA E A. Origin and fate of proliferated hepatic ductal cells in the rat: Electron microscopic and autoradiographic studies[J]. Exp Mol Pathol, 1964, 3: 242 - 261.

[42] HERRERA M B, BRUNO S, BUTTIGLIERI S, et al. Isolation and characterization of a stem cell populati on from adult human liver[J]. Stem Cells, 2006, 24（12）: 2840 - 2850.

[43] HERRERA P L, NEPOTE V, DELACOUR A. Pancreatic cell lineage analyses in mice[J]. Endocrine, 2002, 19（3）: 267 - 278.

[44] HINO H, TATENO C, SATO H, et al. A long term culture of human hepatocytes which show a high growth potential and express their differentiated phenotypes[J]. Biochem Biophys Res Commun, 1999, 256（1）: 184 - 191.

[45] HURLE J M. Cell death in developing systems[J]. Methods Achiev Exp Pathol, 1988, 13: 55 - 86.

[46] HUANG H, TANG X. Phenotypic determination and characterization of nestin - positive

precursors derived from human fetal pancreas[J]. Lab Invest, 2003, 83（4）: 539 - 547.

[47] JENSEN J, HELLER R S, FUNDER - NIELSEN N T, et al. Independent development of pancreatic alpha - and beta - cells from neurogenin3 - expressing precursors: a role for the notch pathway in repression of premature differentiation[J]. Diabetes, 2000, 49（2）: 163 - 176.

[48] KAMISAWA T, TU Y, EGAWA N, et al. Ductal and acinar differentiation in pancreatic endocrine tumors[J]. Dig Dis Sci, 2002, 47（10）: 2254 - 2261.

[49] KARAM S M, ALEXANDER G, FAROOK V, et al. Characterization of the rabbit gastric epithelial lineage progenitors in short - term culture[J]. Cell Tissue Res, 2001, 306（1）: 65 - 74.

[50] KARAM S, LEBLOND C P. Origin and migratory pathways of the eleven epithelial cell types present in the body of the mouse stomach[J]. Microsc Res Tech, 1995, 31（3）: 193 - 214.

[51] KINOSHITA Y, HASSAN S, NAKATA H, et al. Establishment of primary epithelial cell culture from elutriated rat gastric mucosal cells[J]. J Gastroenterol, 1995, 30（2）: 135 - 141.

[52] KOIKE T, YASUGI S. In vitro analysis of mesenchymal influences on the differentiation of stomach epithelial cells of the chicken embryo[J]. Differentiation, 1999, 65（1）: 13 - 25.

[53] KORDES C, H USSINGER D. Hepatic stem cell niches[J]. J Clin Invest, 2013, 123（5）: 1874 - 1880.

[54] LEMIRE J M, SHIOJIRI N, FAUSTO N. Oval cell proliferation and the origin of small hepatocytes in liver injury induced by D - galactosamine[J]. Am J Pathol, 1991, 139（3）: 535 - 552.

[55] LENZI R, LIU MH, TARSETTI F, et al. Histogenesis of bile duct - like cells proliferating during ethionine hepato carcinogenesis: evidence for a biliary epithelial nature of oval cells[J]. Lab Invest, 1992, 66（3）: 390 - 402.

[56] LOEFFLER M, BIRKE A, WINTON D, et al. Somatic mutation, monoclonality and stochastic models of stem cell organization in the intestinal crypt[J]. J Theor Biol, 1993, 160（4）: 471 - 491.

[57] LUMELSKY N, BLONDEL O, LAENG P, et al. Differentiation of embryonic stem cells to insulin – secreting structures similar to pancreatic islets[J]. Science, 2001, 292: 1389 – 1394.

[58] MACDONALD R A. Lifespan of liver cells. Autoradio – graphic study using tritiated thymidine in normal, cirrhotic, and partially hepatectomized rats[J]. Arch Inten Med, 1961, 107: 335 – 343.

[59] MAKINO T, USUDA N, RAO S, et al. Transdifferentiation of ductular cells into hepatocytes in regenerating hamster pancreas[J]. Lab Invest, 1990, 62 (5): 552 – 561.

[60] MARSHMAN E, BOOTH C, POTTEN C S. The intestinal epithelial stem cell[J]. Bioessays, 2002, 24 (1): 91 – 98.

[61] MAYACK S R, SHADRACH J L, KIM F S, et al. Systemic signals regulate ageing and rejuvenation of blood stem cell niches[J]. Nature, 2010, 463 (7280): 495 – 500.

[62] MICHALOPOULOS G K. Liver regeneration[J]. J Cell Physiol, 2007, 213 (2): 286 – 300.

[63] PETERS J, JÜRGENSEN A, KLÖPPEL G. Ontogeny, differentiation, growth of the endocrine pancreas[J]. Virchows Arch, 2000, 436 (6): 527 – 538.

[64] PETERSEN B E, BOWEN W C, PATRENE K D, et al. Bone marrow as a potential source of hepatic oval cells[J]. Science, 1999, 284 (5417): 1168 – 1170.

[65] PETERSEN B E, GOFF J P, GREENBERGER J S, et al. Hepatic oval cells express the haematopoietic stem cell marker Thy – 1 in the rat[J]. Hepatology, 1997, 27 (2): 433 – 445.

[66] PICK A, CLARK J, KUBSTRUP C, et al. Role of apoptosis in failure of beta – cell mass compensation for insulin resistance and beta – cell defects in the male Zucker diabetic fatty rat[J]. Diabetes, 1998, 47 (3): 358 – 364.

[67] PLACHOT C, MOVASSAT J, PORTHA B. Impaired beta – cell regeneration after partial pancreatectomy in the adult Goto – Kakizaki rat, a spontaneous model of type II diabetes[J]. Histochem Cell Biol, 2001, 116 (2): 131 – 139.

[68] POOT J, HOFFMAN J. Further studies on the replication of rat liver cells in vivo[J]. Exptl Cell Reas, 1965, 40 (2): 333 – 339.

[69] POUR P M, SCHMIED B. The link between exocrine pancreatic cancer and endocrine pancreas[J]. Int J Pancreatol, 1999, 25（2）: 77 - 87.

[70] RAMIYA V K, MARAIST M, ARFORS K E, et al. Reversal of insulin - dependent diabetes using islets generated in vitro from pancreatic stem cells[J]. Nat Mrd, 2000, 6（3）: 278 - 282.

[71] RAO M S, DWIVEDI R S, YELDANDI A V, et al. Role of periductal and ductular epithelial cells of the adult rat pancreas in pancreatic hepatocyte lineage. A change in the differentiation commitment[J]. Am J Pathol, 1989, 134（5）: 1069 - 1086.

[72] RAO M S, YELDANDI A V, REDDY J K. Differentiation and cell proliferation patterns in rat exocrine pancreas: role of type Ⅰ and type Ⅱ injury[J]. Pathobiology, 1990, 58（1）: 37 - 43.

[73] REGITNIG P, SPULLER E, DENK H. Insulinoma of the pancreas with insular - ductular differentiation in its liver metastasisindication of a common stem - cell origin of the exocrine and endocrine components[J]. Virchows Arch, 2001, 438（6）: 624 - 628.

[74] RIEHLE K J, DAN Y Y, CAMPBELL J S, et al. New concepts in liver regeneration[J]. J Gastroenterol Hepatol, 2011, 26（Suppl 1）: 203 - 212.

[75] ROBRECHTS C, DE VOS R, VAN DEN HEUVEL M, et al. Primary liver tumour of intermediate（hepatocyte - bile duct cell）phenotype: a progenitor cell tumour?[J]. Liver, 1998, 18（4）: 288 - 293.

[76] ROSKAMS T, DE VOS R, DESMET V. 'Undifferentiated progenitor cells' in focal nodular hyperplasia of the liver[J]. Histopathology, 1996, 28（4）: 291 - 299.

[77] ROSKAMS T A, LIBBRECHT L, DESMET V J. Progenitor cells in diseased human liver[J]. Semin Liver Dis, 2003, 23（4）: 385 - 396.

[78] ROSKAMS T A, THEISE N D, BALABAUD C, et al. Nomenclature of the finer branches of the biliary tree: canals, ductules, and ductular reactions in human livers[J]. Hepatology, 2004, 39（6）: 1739 - 1745.

[79] SCHARFMANN R. Control of early development of the pancreas in rodents and humans: implications of signals from the mesenchyme[J]. Diabetologia, 2000, 43（9）: 1083 - 1092.

[80] SCHMIED B M, ULRICH A, MATSUZAKI H, et al. Transdifferentiation of human islet cells in a long - term culture[J]. Pancreas, 2001, 23（2）: 157 - 171.

[81] SCHMELZER E, WAUTHIER E, REID L M. The phenotypes of pluripotent human hepatic progenitors[J]. Stem Cells, 2006, 24（8）: 1852 - 1858.

[82] SCHMELZER E, ZHANG L, BRUCE A, et al. Human hepatic stem cells from fetal and postnatal donors[J]. J Exp Med, 2007, 204（8）: 1973 - 1987.

[83] SCHWITZGEBEL V M, SCHEEL D W, CONNERS J R, et al. Expression of neurogenin3 reveals an islet cell precursor population in the pancreas[J]. Development, 2000, 127（16）: 3533 - 3542.

[84] SELL S. Liver stem cells[J]. Mod Pathol, 1994, 7（1）: 105 - 112.

[85] SELL S. Is there a liver stem cell? [J]. Cancer Res, 1990, 50（13）: 3811 - 3815.

[86] SIGAL S H, Bill S, FIORINO A S, et al. The liver as a stem cell and lineage system[J]. Am J Physiol, 1992, 263（2 Pt1）: G139 - G148.

[87] SIRICA A E, MATHIS G A, SANO N, et al. Isolation, culture, and transplantation of intrahepatic biliary epithelial cells and oval cells[J]. Pathobiology, 1990, 58（1）: 44 - 64.

[88] SORIA B. In vitro differentiation of pancreatic beta - cells[J]. Differentiation, 2001, 68（4 - 5）: 205 - 219.

[89] SUZUKI A, ZHENG Y W, KANEKO S, et al. Clonal identification and characterization of self - renewing pluripotent stem cells in the developing liver[J]. J Cell Biol, 2002, 156（1）: 173 - 184.

[90] TAKAHASHI M, OTA S, SHIMADA T, et al. Hepatocyte growth factor is the most potent endogenous stimulant of rabbit gastric epithelial cell proliferation and migration in primary culture[J]. J Clin Invest, 1995, 95（5）: 1994 - 2003.

[91] TANI S, OKUDA M, MORISHIGE R, et al. Gastric mucin secretion from cultured rat epithelial cells[J]. Biol Pharm Bull, 1997, 20（5）: 482 - 485.

[92] TASAKI K, NAKATA K, KATO Y, et al. A physiological role of epidermal growth factor in cell kinetics of gastric epithelium[J]. Life Sci, 1993, 52（13）: 1135 - 1139.

[93] TERADA T, NAKANUMA Y. Development of human intrahepatic peribiliary glands. Histological, keratin immunohistochemical, and mucus histochemical analyses[J]. Lab

Invest, 1993, 68 (3) : 261 - 269.

[94] TERANO A, IVEY K J, STACHURA J, et al. Cell culture, of rat gastric fundic mucosa[J]. Gastroenterology, 1982, 83 (6) : 1280 - 1291.

[95] THEISE N D, SAXENA R, PORTMANN B C, et al. The canals of Hering and hepatic stem cells in humans[J]. Hepatology, 1999, 30 (6) : 1425 - 1433.

[96] THORGEIRSSON S S. Hepatic stem cells[J]. Am J Pathol, 1993, 142 (5) : 1331 - 1333.

[97] THORGEIRSSON S S. Hepatic stem cells in liver regeneration[J]. FASEB J, 1996, 10 (11) : 1249 - 1256.

[98] TRAVIS J. The search for liver stem cells picks up[J]. Science, 1993, 259 (5103) : 1829.

[99] VAN DER FLIER L G, CLEVERS H. Stem cells, self - renewal, and differentiation in the intestinal epithelium[J]. Annu Rev Physiol, 2009, 71 : 241 - 260.

[100] VANDERSTEENHOVEN A M, BURCHETTE J, MICHALOPOULOS G. Characterization of ductular hepatocytes in end - stage cirrhosis[J]. Arch Pathol Lab Med, 1990, 114 (4) : 403 - 406.

[101] VAN EYKEN P, SCIOT R, CALLEA F, et al. The development of the intrahepatic bile ducts in man: a keratin - immunohistochemical study[J]. Hepatology, 1988, 8 (6) : 1586 - 1595.

[102] WACLAWCZYK S, BUCHHEISER A, FLOGEL U, et al. In vitro differentiation of unrestricted somatic stem cells into functional hepatic - like cells displaying a hepatocyte - like glucose metabolism[J]. J Cell Physiol, 2010, 225 (2) : 545 - 554.

[103] YASUI O, MIURA N, TERADA K, et al. Isolation of oval cells from Long - Evans cinnama rats and their transformation into hepatocytes in vivo in the rat liver[J]. Hepatology, 1997, 25 (2) : 329 - 334.

[104] ZULEWSKI H, ABRAHAM E J, GERLACH M J, et al. Multipotential nestin - positive stem cells isolated from adult pancreatic islets differentiate ex vivo into pancreatic endocrine, exocrine, and hepatic phenotypes[J]. Diabetes, 2001, 50 (3) : 521 - 533.